離散数学のすすめ

伊藤大雄・宇野裕之　編著

現代数学社

執筆者紹介

- **伊藤大雄**（いとう ひろお）
  京都大学 大学院情報学研究科

- **宇野裕之**（うの ゆうし）
  大阪府立大学 大学院理学系研究科

- **中野眞一**（なかの しんいち）
  群馬大学 大学院工学研究科

- **岡本吉央**（おかもと よしお）
  東京工業大学 大学院情報理工学研究科

- **山本真基**（やまもと まさき）
  東海大学 理学部情報数理学科

- **茨木俊秀**（いばらき としひで）
  京都情報大学院大学・京都大学名誉教授

- **上原隆平**（うえはら りゅうへい）
  北陸先端科学技術大学院大学

- **松浦昭洋**（まつうら あきひろ）
  東京電機大学 理工学部

- **福田　宏**（ふくだ ひろし）
  北里大学 一般教育部

- **中村義作**（なかむら ぎさく）
  東海大学 教育開発研究所

- **河原林健一**（かわらばやし けんいち）
  国立情報学研究所

- **石井利昌**（いしい としまさ）
  小樽商科大学 商学部社会情報学科

- **岩田　覚**（いわた さとる）
  京都大学 数理解析研究所

- **牧野和久**（まきの かずひさ）
  東京大学 大学院情報理工学系研究科

- **玉置　卓**（たまき すぐる）
  京都大学 大学院情報学研究科

- **宮崎修一**（みやざき しゅういち）
  京都大学 学術情報メディアセンター

- **堀山貴史**（ほりやま たかし）
  埼玉大学 大学院理工学研究科

- **増山　繁**（ますやま しげる）
  豊橋技術科学大学 大学院工学研究科

- **阿久津達也**（あくつ たつや）
  京都大学 化学研究所 バイオインフォマティクスセンター

- **辻　孝吉**（つじ こうきち）
  愛知県立大学情報科学部

- **巳波弘佳**（みわ ひろよし）
  関西学院大学 理工学部

はじめに

　本書は科学雑誌「理系への数学」(現代数学社) に 2007 年 4 月号から 2009 年 3 月号まで連載された記事「離散数学のすすめ」に加筆修正してまとめたものです．この連載は高校生から大学生を主な対象に「楽しく，分かりやすく離散数学の魅力を伝える」というコンセプトで開始され，多くの研究者に声を掛けて分担執筆で進められました．当初 15 回程度の予定だったのが，連載が進むほどにまだまだ書いて欲しい項目が増え，結局連載は丸 2 年間に及びました．(それでもまだ書いていただきたい研究者が多数おられました．) 著者連は若手から大ベテランまで広範囲で，内容もパズル・ゲームから最先端理論まで多岐にわたり，難易度においてもバラつきがあります．ただ共通しているのは，全員が各々の専門分野で世界的に名の通ったトップ研究者であることです．彼らがそれぞれ得意な項目を，上記のコンセプトに従って執筆しています．その意味で，一般向けの書籍でこれだけ豪華な執筆陣はあまり例がないと思っています．

　今回単行本化するにあたって，各著者に再度お願いして，必要に応じて修正していただいた他，記事の順番も整理しました．すなわち，連載時の第 1 回をプロローグ，最終回をエピローグとし，その他の 22 回を「基礎理論編」「ゲーム・パズル編」「発展理論編」「応用編」の 4 編に分けてまとめました．こうすることによって読みやすさが増したと思います．

　プロローグでは「離散数学へのいざない」と題して，「ピックの定理」「一筆書き定理」「ポーサのスープの問題」など離散数学の美しさを代表する定理を紹介します．読者にはまずプロローグを最初に読むことをお勧めしますが，その後の 23 項目は基本的に独立していますので，タイトルを眺めて興味のある項目から読んでいけば良いでしょう．以下で各編の概要を解説しておきます．

　基礎理論編は「数列と数え上げ」「順序木の列挙」「平面上の点集合から見た離散数学」「最短路問題」「離散数学における確率的手法」「計算の複雑さ —P と NP のはなし—」の 6 項目からなります．それぞれ離散数学を理解するには必須の基礎理論です．ここをざっと読むだけで，離散数学のおおよその全体像はつかめると思います．

　ゲーム・パズル編では，「ケーキ分割問題」「頭とパソコンを使ってパズルを解こう—『数の六角パズル』を題材にして—」「フランク・ハラリィの一般化三並べ」「ハノ

i

イの塔」「ゴスパー曲線とその一般化」の5項目を説明します．ゲーム・パズルといった題材が離散数学の中で重要な位置を占めていることが良く分かるでしょう．話題は柔らかいのですが意外と骨のある項目もありますので，ご注意を．

発展理論編は比較的難解で，一般読者にとってもっとも取りつきにくい所でしょう．「グラフマイナー」「連結度と関連問題」「マトロイドと組合せ最適化」「論理関数における双対性」「計算量理論の最先端」の5項目で，執筆者は他の章に比べてやや若いのですが，専門家ならば誰もが納得する一流の面々です．この編が楽しめるようでしたら，あなたの離散数学への適性は専門家並と言えます．

応用編は特定の話題に特化した問題を主に集めています．「安定結婚問題」「オンライン問題」「ビザンティン合意問題とその周辺」「バイオインフォマティックス」「ペトリネットとその拡張モデル」「複雑ネットワーク」の6項目からなり，近年注目を浴びている新しい話題が多いのが特徴です．

エピローグは，連載時の最終回でもあり，少し趣向を変えて「論文ができるまで」について筆者の体験に基づいて書いています．現場の緊迫感が伝わっていれば幸いです．

著者の先生方には，多忙にもかかわらず，こころよく執筆を引き受け，さらに単行本化も御快諾下さったことを心からお礼を申し上げます．共同編集者の宇野裕之先生には，単行本化における面倒な作業を一手に引き受けて下さったことを感謝しています．彼が居なければこの本の完成はあり得ませんでした．そして連載を誘って下さった現代数学社の故富田栄・前社長と，その後を継がれた富田淳・現社長のお二方には，連載時から単行本の取りまとめまでたいへんお世話になりました．ここに深謝するとともに，連載終了直後に故人となられた前社長の冥福を改めて祈る次第です．

本書を通じて離散数学のファンが一人でも増えれば，望外の幸せです．

2009年1月吉日　京都にて　著者・編集者代表　伊藤大雄

目次

はじめに …………………………………………………………………………… i
プロローグ　離散数学へのいざない（伊藤大雄／京都大学）……………… 1

基礎理論編

第1章　数列と数え上げ（宇野裕之／大阪府立大学）……………………… 20

第2章　順序木の列挙（中野眞一／群馬大学）……………………………… 38

第3章　平面上の点集合から見た離散数学（岡本吉央／東京工業大学）…… 48

第4章　最短路問題（伊藤大雄／京都大学）………………………………… 58

第5章　離散数学における確率的手法（山本真基／東海大学）…………… 71

第6章　計算の複雑さ　―PとNPのはなし―
　　　　（茨木俊秀／京都情報大学院大学）……………………………… 85

ゲーム・パズル編

第7章　ケーキ分割問題（伊藤大雄／京都大学）…………………………… 100

第8章　頭とパソコンを使ってパズルを解こう
　　　　―『数の六角パズル』を題材にして―
　　　　（上原隆平／北陸先端科学技術大学）………………………… 115

第9章　フランク・ハラリィの一般化三並べ（伊藤大雄／京都大学）…… 124

第10章　ハノイの塔（松浦昭洋／東京電機大学）………………………… 136

第11章　ゴスパー曲線とその一般化
　　　　（福田宏／北里大学・中村義作／東海大学）……………… 152

発展理論編

第12章 グラフマイナー（河原林健一／国立情報学研究所）……… 170

第13章 連結度と関連問題（石井利昌／小樽商科大学）……… 182

第14章 マトロイドと組合せ最適化（岩田覚／京都大学）……… 197

第15章 論理関数における双対性（牧野和久／東京大学）……… 207

第16章 計算量理論の最先端（玉置卓／京都大学）……… 218

応用編

第17章 安定結婚問題（宮崎修一／京都大学）……… 232

第18章 オンライン問題（堀山貴史／埼玉大学）……… 246

第19章 ビザンティン合意問題とその周辺（増山繁／豊橋技術科学大学）261

第20章 バイオインフォマティクス（阿久津達也／京都大学）……… 270

第21章 ペトリネットとその拡張モデル（辻孝吉／愛知県立大学）…… 283

第22章 複雑ネットワーク（巳波弘佳／関西学院大学）……… 295

エピローグ

論文のできるまで ── 一般化ハムサンドイッチ定理を題材にして ──
　　　　　　　　　　　　　　　　　（伊藤大雄／京都大学）……… 308

あとがき ……… 322

索引 ……… 323

プロローグ

離散数学へのいざない

1. はじめに

1.1 ピックの定理

図1の方眼の単位は1とします．この図形の面積を求めて下さい．

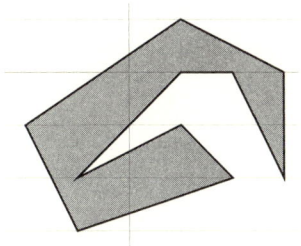

図1　この図形の面積は？

この本の読者ならば，やればできるでしょうが，ちょっと面倒ですね．しかし，これを簡単に求める公式があります．

図形の内部に含まれる点の数 a と境界上に現れる点の数 b を数えて下さい．図2で示したように $a=4, b=12$ です．実はこれだけの情報から，この図の面積が $4+\dfrac{12}{2}-1=9$ であると，直ちに求まるのです！

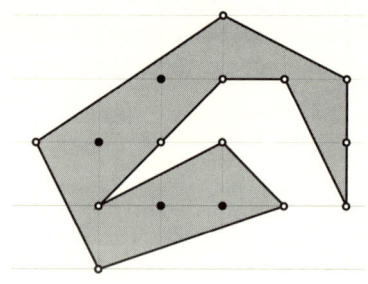

図2　内部の格子点(黒点)と境界上の格子点(白点)

平面上の整数座標点を頂点とする多角形のことを**格子多角形**と呼ぶことにすると，一般に格子多角形の面積 S は上記の a, b の値を用いて下式で表すことが出来ます．

$$S = a + \frac{b}{2} - 1 \tag{1}$$

初めて聞くと，ちょっと信じられない性質かもしれませんが，自分でいくつか例を作って確かめて下さい．この式のことを**ピックの公式**(Pick's Formula)，この性質を**ピックの定理**(Pick's Theorem)と言います．

1.2 オイラー路

図3を見て下さい．(a)の図は一筆書きできますか？(b)はどうですか？

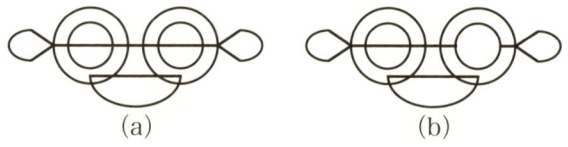

図3　一筆書きできますか？

やってみれば分かると思いますが，(a)はできますが(b)はできません((a)の正解の例は末尾に記しておきます)．しかし一筆書きができるか否かは試行錯誤する必要が無く，簡単に判定する方法があります．

線の端点，あるいは線が交差している所に点（白点と黒点）を付けたのが図4です．奇数本の線が集まっている点（**奇点**）は白点，偶数本の線が集まって

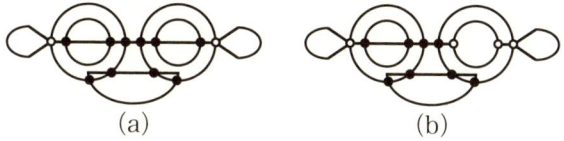

図4 偶点（黒点）と奇点（白点）

いる点（**偶点**）は黒点としました．実は

> 奇点の数が0または2の場合に一筆書きが出来，それ以外の場合[1]には出来ない．

という定理がオイラー（L.Euler, 1707-1783）によって証明されているのです．

一筆書きできるか否かは，書き方のすべての可能性を列挙してみせれば，一応判定可能です．しかし複雑な図になると，その方法はそう簡単ではありませんし，どこかで間違えてしまうかもしれません．実際，交点が何千何百ともなると，コンピュータを使って確かめようとしても，計算時間がかかりすぎて不可能なのです．しかし，このオイラーの定理を使えば，いとも簡単に「できない」ことが証明できるのです．

このことから，一筆書きのことを「オイラー路（Eulerian path）」と言い，その中で，書き始めの点と書き終わりの点とが一致しているもののことを「オイラー閉路（Eulerian circuit）」と言います[2]．

---

[1] なお，奇点の数は必ず偶数個になります．このことは，「線にはかならず両端点がある．」ということに気付けば簡単に証明することができます．
[2] 実は奇点の数が0ならば閉路になり，2だとそれらが始終点になります．

1.3 ハミルトン閉路

図5の(a)の図において，点(白丸)間の線をたどりながら，すべて点を丁度一度ずつ通過して最初の点に戻ってくる経路は存在するでしょうか？さきほどの一筆書きとの違いは，こちらはすべての「点」を一度ずつ通るのであって，通らない線はあってもかまいません．(b)はどうでしょうか？

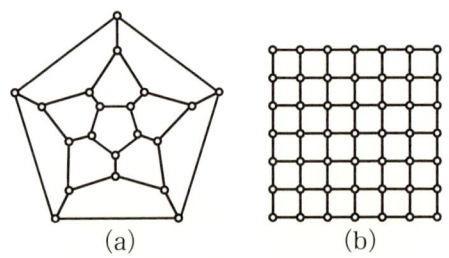

図5 すべての点を通る閉路はあるか？

これも答を言ってしまうと，(a)には存在します(解答は末尾に記します)が，(b)には存在しません．(a)の図は実際にハミルトン(W.R.Hamilton, 1805-1865)が発表した世界周遊パズル(Traveller's Dodecahedron)というもので，正十二面体を平面に潰した形になっています．このことから，すべての点を丁度一度ずつ通過する経路のことを「ハミルトン路(Hamiltonian path)」，それの始めと終わりが一致しているものを「ハミルトン閉路(Hamiltonian circuit)」と呼びます．

(a)のハミルトン閉路は試行錯誤で求められるでしょうが，「**(b)にはハミルトン閉路は存在しない**」ということはどうやって確認するのでしょうか？もちろん，すべての可能性を列挙するという方法でも原理的には証明可能ですが，この図の場合には，もっと鮮やかな方法があります．

図6の様に点を白と黒で交互に塗ってしまいます．すると経路は明らかに，

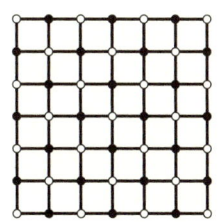

図 6　存在しないことの証明

白→黒→白→黒→…のように，白点と黒点を交互にたどっていかなければいけません．従って，ハミルトン閉路は白点と黒点を同数含んでいる必要があります．しかし白点は 25 個，黒点は 24 個と数が違うので，すべての点を一度ずつ含むのは不可能ということになります．

この証明はすべての奇数×奇数の格子に同様に適用できます．列挙する方法には，そのような一般性はありません．

ただしこの白黒に塗り分ける証明法は，残念ながら「ハミルトン閉路が存在しないもの」すべてに適用できるわけではありません．オイラー路・オイラー閉路の場合は，存在についての奇麗な必要十分が得られていましたが，実はハミルトン閉路には，そういう万能な法則は見つかっていないのです．そして多分存在しないだろうと多くの数学者は予想しています[3]．

1.4 ポーサのスープの問題

1 から 10 までの整数から 6 個抜き出して，そのうちのどの 2 数も「互いに素でない」様にできますか？　なお，1 と任意の正整数は互いに素であると考えます[4]．

---

[3] この問題は数学の 20 世紀 7 大未解決問題の一つ「P 対 NP 問題」そのもので，その解決に 100 万ドルの賞金がかけられています．「P 対 NP 問題」については第 6 章をご覧下さい．

[4] 1 と任意の正整数の公約数は 1 しか無いからです．

プロローグ

例えば $2, 4, 6, 8, 10$ と 5 つならば出来ますが，6 つはできそうにありませんね．実は次のことが証明できます．

> **命題 1** 整数 $1, 2, \cdots, 2n$ から任意に $n+1$ 個選んで作った集合は，互いに素な 2 数を必ず含む．

この命題の $n=5$ の場合を考えれば，上記のことが不可能であることが分かります．命題 1 の証明は良い頭の体操になりますので，一度挑戦してみて下さい．正解は末尾に書いておきます．ただし，分からなかった人がこれを見ると，そのあまりの簡単さに，あっけにとられると思います．

では次はどうでしょうか？

> **命題 2** 整数 $1, 2, \cdots, 2n$ から任意に $n+1$ 個選んで作った集合は，片方が片方の倍数になっている 2 数を必ず含む．

これも正しい命題ですが，その証明は芸術的ともいうべき鮮やかな方法でなされます．これについては普通の頭脳の持ち主が自力で発見するのは困難でしょう．この証明は 2.6 で説明します．

なお，これらの二つの命題について，n 個選ぶのならば，それぞれ $\{2, 4, \cdots, 2n\}$ と $\{n+1, n+2, \cdots, 2n\}$ という集合が存在するので，$n+1$ というのは限界の数値ということになります[5]．

---

[5] なお，この節のタイトルは，ラホス・ポーサという若者がスープを飲み終わるまでに証明を考えついたという逸話に基づいています．2 つの命題のうち，どちらがそれであるかについては，文献 [1, 7] によって異なっています．

6

2. 基本概念

2.1 離散数学とは何か

　以上見てきた話題はすべて離散数学に関するものです．離散数学は計算機科学やオペレーションズ・リサーチとの密接な関係で，20世紀に急激に発展し，様々な分野に分かれています．「離散」の反対は「連続」で，すなわち離散とは，直感的に言えば「とびとび」になっているもののことです．

　以下では，基本概念の解説をしつつ，上に挙げた性質の証明を示していきます．なお，基本概念については，分量の関係で，ここではほんの一部紹介するのみで，あとは本講座を進めていく間に順次解説していきます．なお，この講座では，読者は高卒程度の数学知識は持ち合わせているという前提で話を進めますが，難解な用語はあまり出てこないので，数学好きの高校生ならば十分楽しめる内容になると考えています．用語についてさらに詳しく知りたい方は，参考文献に上げた教科書[2,3,4,5,6]などをご参照下さい[6]．

2.2 グラフ

　1.2で述べたオイラーの一筆書きの定理は，「プロイセンのケーニヒスベルグにある7つの橋（図7参照）すべてを，ちょうど一度ずつ渡って戻ってくる経路が存在するか？」という問題に対する解答として与えられました．

---

[6] ここでは非専門家でも比較的親しみやすい本を中心に挙げておきました．この他にも良書は多数あるので，興味のある人は，大学内の書店などで探すと良いでしょう．

プロローグ

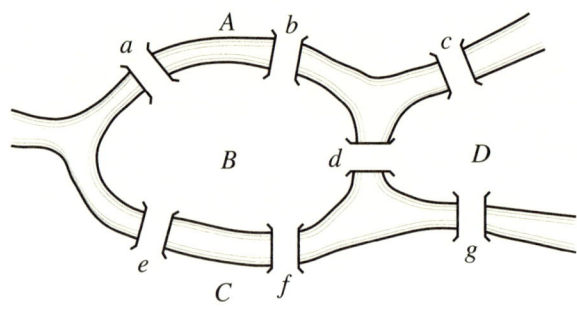

図7　ケーニヒスベルグの橋の問題

オイラーの解答に従ってこの問題をモデル化すると図8のようになります．

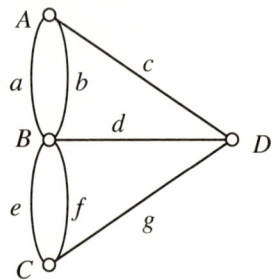

図8　ケーニヒスベルグの橋の問題に対応するグラフ

白丸が陸地（A-D）に対応し，白丸間の線が陸地間の橋（a-g）に対応しています．この図で奇数本の線がつながっている白丸の数が0であることが，所望の経路が存在する必要十分条件ということです．つまり，この問題に関する限り，**図7は図8の情報で十分**だということになります．

　グラフとは図8の様なモデルのことを言います．数学的に定義すれば，**グラフ**（graph）とは集合 V（図8の白丸に対応するもの）とその要素間の関係を表す集合 $E \subseteq V \times V$（図8の白丸間の線に対応するもの）の組合せで

$$G = (V, E)$$

で定義されます．V の要素を**節点**，**頂点**，**点**（英語では vertex, node）などと

8

呼び，E の要素を**枝**，**辺**（英語では edge, link, branch）などと呼びます．

グラフは集合の要素（節点）間に「関係（枝）」を加えただけの非常にシンプルなものですが，様々なものがモデル化できる，たいへん有用な概念です．

2.3 オイラーの一筆書き定理の証明

ではオイラーの一筆書きの定理の証明をしましょう．

> **命題3** 連結[7]なグラフにオイラー閉路が存在する必要十分条件は奇点が存在しないことである．

ここで対象とするグラフは同じ節点組間に複数の枝（これを**並列枝**と呼びます）や，両端点が等しい枝（これを**自己ループ**と呼びます）を持っても良いとします．このようなグラフを**多重グラフ**と呼び，並列枝や自己ループの存在を許さないようなグラフを**単純グラフ**と呼びます[8]．

定理 3 の証明 必要性は明らか．なぜならば，もしオイラー閉路が存在するならば，それに沿って進めば，各節点について，そこに入る枝があればそれに対応した出る枝が存在するからである．

十分性は帰納法で証明する．節点数が 1 のときは，その節点に自己ループがあるだけなので，明らかにそれは偶点であり，かつオイラー閉路が存在する．次に節点数が $n-1$ 以下のときに性質が成り立つと仮定して，節点数が n の場合も成立することを導く．奇点を持たない節点数 n の連結なグラフ G を考える．任意の節点 v を選ぶと，仮定より偶数本

---

[7] グラフが連結であるとは，枝を経由してすべての節点間を行き来できるもののことを言います．連結で無ければオイラー閉路が無いのは当然のことです．

[8] 例えば図 8 のグラフは並列枝 a と b を持つなどしているので，多重グラフです．一方図 5 (a), (b) のグラフは単純グラフです．

の枝が接続している．v に接続している枝のうち自己ループで無いものを $(v, u_1), (v, u_2), \cdots, (v, u_{2k})$ とする．G から v とそれに接続している枝をすべて削除し，かわりに新しい枝 $(u_1, u_2), (u_3, u_4), \cdots, (u_{2k-1}, u_{2k})$ を付与してできたグラフを G' とする(図 9 参照)．

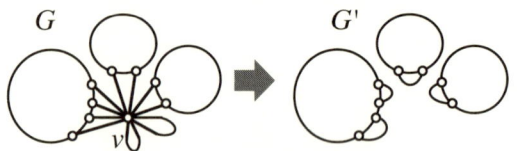

図 9 定理 3 の証明

G' はいくつかの連結なグラフに分かれるかもしれないが，それらはすべて「連結」で「奇点が無く」「節点数は $n-1$ 以下」なので，仮定よりそれぞれにオイラー閉路が存在する．それらのオイラー閉路から G のオイラー閉路は容易に構築できる[9]．よって G にもオイラー閉路が存在する． □

定理 3 を使えば，オイラー路に対する性質も容易に証明することができます．

系 4 連結なグラフにオイラー路が存在する必要十分条件は奇点の数が 2 以下であることである．

証明 奇点が二つある場合は，その間に枝を付すことによって，奇点が無いグラフを作ることができる．また，オイラー閉路が存在する場合は，そのうちの任意の枝を 1 本削除したものはオイラー路になる．これらのことを定理 3 と合わせれば証明される． □

---

[9] すべての閉路を v を介してつなげて一つの閉路にすることができることに注意．

2.4 平面グラフとオイラーの公式

平面上に枝を交差させることなく書いた[10] グラフのことを**平面グラフ**と言います．さらに平面に書くことのできるグラフを**平面的グラフ**と言います[11]．

図 5 の (a) と (b) や図 8 のグラフはすべて平面グラフです．一方，図 10 の (a) と (b) は共に「平面グラフで無い」のはもちろんのこと，平面的グラフでさえもありません．

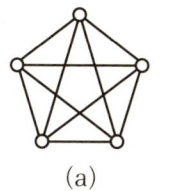
(a)
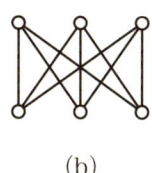
(b)

図 10　非平面的グラフ

さて，平面グラフは枝によって平面をいくつかの部分に分割します．それらを**面**(face) と呼びます．例えば図 5 の (a)，(b) のグラフには図 11 で示すように各々 12 個と 37 個の面があります（グラフの外側も一つの面

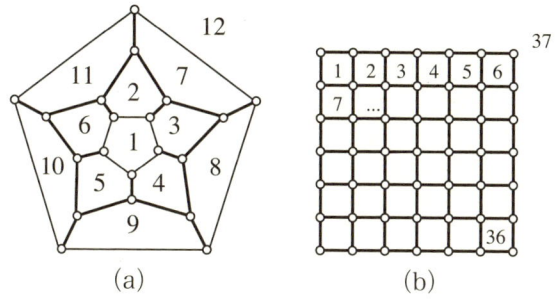

図 11　平面グラフの面

---
[10] 枝が節点の上を横切るのも駄目です．断るまでも無いとは思いますが．
[11] したがって平面グラフはかならず平面的グラフです．

プロローグ

と数えることに注意して下さい).

任意の連結な平面グラフについて，その節点数を n，枝数を m，面数を f としたとき以下の関係式が成立します.

$$n + f = m + 2 \tag{2}$$

これを**オイラーの公式**(Euler's Formula)と呼びます．この公式を証明しておきましょう．

式(2)の証明 帰納法で証明する．節点ただ一つのみで枝は存在しない自明なグラフを G_0 とする．G_0 については，$n = f = 1$，$m = 0$ より，式(2)は明らかに成立している．任意の連結な平面グラフは G_0 に以下の操作 A と B を有限回適用して作ることができる(図 12 参照)．

[**操作 A**] 面を一つ選び，その面の周囲にある節点を 2 つ選び，その間に新しい枝を 1 本付与する．

[**操作 B**] 面を一つ選び，その面の中に一つ新しい節点を置き，その節点と，その面の周囲にある節点 1 つとの間に枝を付与する．

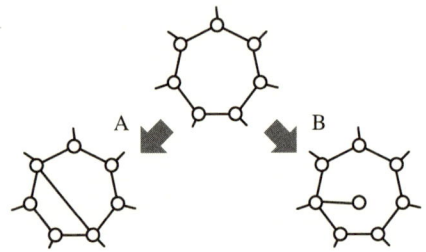

図 12 操作 A と操作 B

よって操作 A, B によって式(2)が壊れないことを証明すれば良い．操作 A では n に変化は無く m と f が各々 1 ずつ増え，操作 B では f に変化は無く n と m が各々 1 ずつ増える．よっていずれの場合も元のグラフが式(2)を満たせば操作適用後のグラフも式(2)を満たす．以上から帰納法により，任意の平面グラフが式(2)を満たすことが分かる． □

2.5 オイラーの公式とピックの公式の関係

1.1で提示したピックの公式(式(1))はオイラーの公式(式(2))を使って証明することができます．以下でその証明の概略を示します．

まず格子三角形 a, b, c がその内部に格子点を含まず，境界上にも a, b, c 以外の格子点が存在しないとき，**基本三角形**と呼ぶことにします．ここで次のことが証明できます．

補題5 基本三角形の面積は $1/2$ である．

証明 基本三角形に，それを点対称に180度回転させた図形を，対応する辺の一つで張り合わせて作った図形(平行四辺形)は基本四角形になる(図13(a)参照)．

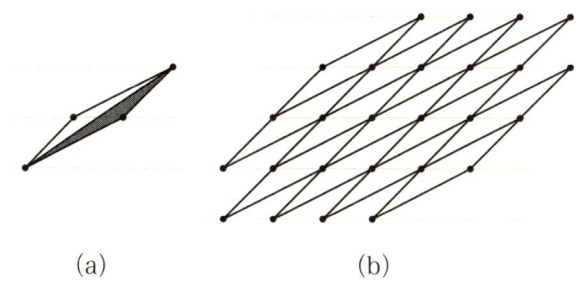

図13 基本三角形と基本四角形(a)と基本四角形による平面充填(b)

この基本四角形で格子平面を無限に埋め尽くすことができる(図13(b)参照)．この埋め尽くした状態で，各格子点の周りには基本四角形が4つずつあり，各基本四角形の周囲には格子点が4つずつあるので，格子点と基本四角形が同数[12]あることが分かる．このことは基本四角形の面積が1であることを意

---

[12] 厳密に言えば，無限個のものの話をしているので「同数」と言う用語を使うのは不適切です．しかし，読者にはこれで十分納得がいくでしょうし，ここであまり厳密な議論に踏み込むことは本書の趣旨に反するので，やめておきます．

プロローグ

味する．よって，基本三角形の面積は 1/2 である． □

次に格子多角形は基本三角形で分割できることが観察できます[13]（図14参照）．上記の2つの事実を用いればオイラーの公式からピックの定理を導くことができます．

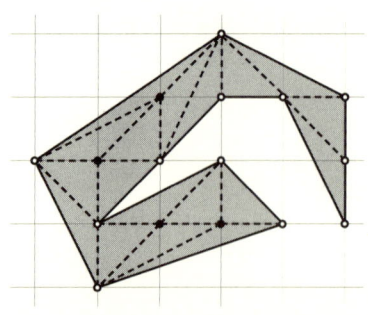

図14 格子多角形の基本三角形分割

式(1)の証明　格子多角形 P を三角形分割してできた図をグラフ G と考える．すなわち，P 内および境界の格子点が節点で，境界および三角形分割でできた線分を枝と考える．G の節点数と枝数と面数を各々 n, m, f とおくと，この3者の間には式(2)が成立している．また，明らかに次式が成立する．

$$n = a + b \tag{3}$$

さらに，各枝の両側に面があり，各面の周りには，多角形の外側の面（これを**外面**と呼ぶことにする）を除いて，3本の枝があり，外面の周りには丁度 b 本の枝が有ることから，次式を得る．

$$2m = 3(f-1) + b \tag{4}$$

式(3)と(4)を式(2)に代入して n と m を消去して整理すると，次式を得る．

$$f = 2a + b - 1 \tag{5}$$

ここで補題5より，格子多角形の面積 S は，外面以外の面の数の半分，す

---

[13] このことは必ずしも自明ではありませんが，分量の関係で証明は省略します．

なわち次式で表される．

$$S = \frac{1}{2}(f-1) = \frac{1}{2}(2a+b-2) = a + \frac{b}{2} - 1$$

□

2.6 鳩の巣原理

100羽の鳩が99個の巣に入っているとすると，どれかの巣にはかならず2羽以上入っていることになります．この自明な性質のことを数学用語で「鳩の巣原理」と言います．もう少し一般化して以下のように言うこともあります．

鳩の巣原理（pigeon hole principle）

n, p, q を $n > pq$ である3つの自然数とする．n 個の要素が p 個の互いに素な集合に含まれているならば，$q+1$ 個以上の要素を含んでいる集合が必ず存在する．

この中の「要素」と「互いに素な集合」が各々「鳩」と「巣」に対応します．

鳩の巣原理は自明な性質で，それを何故「原理」などと呼んでいるかと言うと，たいへん使い道があるからです．実は，命題2の証明は鳩の巣原理を使えば非常に鮮やかにできるのです．

命題2の証明 集合 $\{1, 2, \cdots, 2n\}$ から $n+1$ 個選んで作った任意の集合を A とする．A の各要素を $2^k m$ という形で書く．ただし，k は非負整数で m は奇数である．すると明らかに m の候補は $\{1, 3, \cdots, 2n-1\}$ の n 通りしか無い．A の要素数は $n+1$ なので，鳩の巣原理より，同じ m を持つ2数が存在する．その2数のどちらか一方は他方の倍数となる． □

どうです，この証明はちょっと思いつかないと思いませんか？ こういう鮮やかな証明に出会うと本当に幸せな気分になります．

3. おわりに

3.1 離散数学の魅力

　離散数学は 20 世紀から大いに発展しましたが，その理由の一つに計算機との関係があります．現在の生活に計算機（コンピュータ）は不可欠のものですが，計算機は 0 と 1 の 2 進数で表現された数の演算によって動作します．これは当然，離散数学の対象であり，計算機のソフトウェア部分は根源的にはすべて離散数学に基づいていると言っても過言では有りません．

　しかし離散数学の魅力はただ単に，役立つから，必要だから，というだけでは無く，もう一つ大きな要素が有ると私は考えています．それは「身びいき」かもしれませんが，**離散数学はそれそのものが面白い**ということです．

　例えば離散数学の多くはパズル的な要素を含みます．実際，一筆書きやハミルトンの世界周遊パズルはパズルそのものです．

　ただしパズルと離散数学の間には根本的な違いがあります．それは，後者は**「一般的な性質を導く」ことを目的としている．**という点にあります．パズルとしての一筆書きは，それぞれの図を一筆書きで書くことができればそれで良いのですが，オイラーはそれに「一般的な法則」を発見することで数学に高めたのです．

3.2 本書の目的

　本書の一番の目的を**離散数学の魅力を伝える**ということに置きました．知識を伝えることはたいへん重要ですし，もちろん本書でもオロソカにするつもりは有りませんが，あまりそれに拘泥すること無く，「楽しさ」を伝えることを重視しようということです．人間，楽しいと思ってしまえば，知識はそれからどんどん吸収できていくものです．

　離散数学と一言で言っても，その範囲は非常に広く，とても一人で伝えきれるものではありません．そのため，多くの研究者に声をかけて，執筆を分担していただくことにしました．その執筆陣は若手から世界的に名の通った

トップ研究者まで広範囲ですが，どの方も，離散数学の魅力を十分に伝えることのできる人たちばかりです．

本書を通じて離散数学のファンが増え，その中の若い方々が近い将来，計算機科学，数理工学，理学，情報学などの分野へ進学し，離散数学の道を志して下されば，これに勝る喜びはありません．

4. 解答

各設問の解答例を記しておきます．なお，これ以外にも解は存在します．

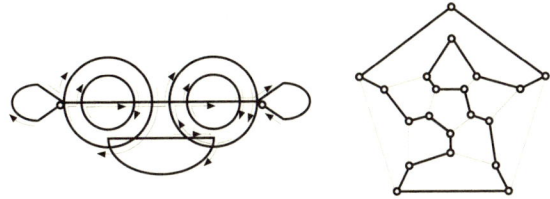

図15　一筆書きとハミルトン閉路の解答

命題1の証明　整数 $1, 2, \cdots, 2n$ から $n+1$ 個選んで作った集合は，かならず隣り合う2数を持つ．隣り合う2数は互いに素である．　□

参考文献

[1] M.アイグナー，G.M.ツィーグラー，(蟹江幸博 訳)，天書の証明，シュプリンガー・フェアラーク東京，2002.

[2] 秋山仁，R.L.Graham，離散数学入門，朝倉書店，1993.

[3] 伊藤大雄，パズル・ゲームで楽しむ数学，森北出版，2010.

[4] 茨木俊秀，情報学のための離散数学，昭晃堂，2004.

[5] 滝根哲哉，伊藤大雄，西尾章治郎，ネットワーク設計理論，岩波講座「インターネット」，5，岩波書店，2001.

[6] 徳山豪，工学基礎 離散数学とその応用，数理工学社，2003.

[7] ポール・ホフマン，(平石律子 訳)，放浪の天才数学者エルデシュ，草思社，2000.

基礎理論編

第1章
数列と数え上げ

1. はじめに

よくある問題です.

> 例：数当てクイズ．
> 数字がある規則に従って並んでいるとき，次の □ にあてはまる数字を答えよ．
> 　　　　1, 3, 7, 15, 31, □, ...　　　　　　　　　　　　　　　　(a)

　これは数学では「数列」の問題です．**数列**とは，ある規則に従って次々に並んだ数，あるいは規則的に並んだ数の系列のことを言います．数列は $a_1, a_2, ..., a_n, ...$，あるいは簡単に $\{a_n\}$ のように表記し，数列中の各数を項，a_1 を初項，a_n は第 n 項と呼びます．したがって，例 (a) を数列の言葉で書くと，初項から第 5 項までが順に 1, 3, 7, 15, 31 であるような数列の第 6 項は何かということになります．

　この問題に対してある人はこう考えました．いま『ある項に注目すると，それを 2 倍して 1 を加えると次の項になる』(規則 (∗)) という性質を発見した．この規則は与えられた 5 つ目の数までは満たしている．だから，□ に入る数は $31 \times 2 - 1 = 63$ だ．これは正しいでしょうか．

　では，次の数当てクイズはどうでしょう．

> **例**（つづき）：数当てクイズ．
> $$0, 1, 0, 0, \Box, 1, \ldots \tag{z}$$

この □ に当てはまる答えは 0 でしょうか 1 でしょうか，それともそれ以外の数でしょうか．何が入るにせよ，相応の説明ができそうです．

この例 (z) は，数当てクイズの答えは出題者が規則を定めていない限り唯一の正解はない，逆に言うと，数列はそれを生成する規則によってのみ厳密に定義されるということを意味しています．例 (a) では，大多数の人が規則 (*) を思いつくので，クイズとしては正解というわけです．

数列を定義する規則を表す方法にはいろいろあります．例 (a) の数列を説明する規則 (*) は，数式では $a_n = 2a_{n-1} + 1$ と書けます．このような，数列の再帰的な表現を**漸化式**といいます．これに対して，数列 $\{a_n\}$ の第 n 項 a_n を n の式で表現したものを**一般項**といいます．このとき漸化式は，任意の n に対して反復で a_n を計算する手続きを与えてくれますが，その値を直接求めることはできません．したがって数学的には，数列の規則が漸化式で厳密に定義されたときでも，その一般項を求めることに興味があります．また数列は，単に数字がある規則に従って並んでいるだけでなく，実際には何らかの対象物の個数の**数え上げ**を行っている場合が多く，その対象物の構造や性質を知ることで，一般項を求めることが容易になることがあります．

そこでこれからは，すでに示した例に加えて以下のようなよく知られた数列をとりあげ，数え上げようとする対象物の性質を調べ，その一般項の導出を試みます．

> **例**（つづき）：数列の例，あるいは数当てクイズ．
> $$0, 1, 3, 6, \Box, 15, \ldots \tag{d}$$
> $$1, 1, 2, 3, 5, \Box, \ldots \tag{F}$$
> $$1, 2, 5, 14, \Box, 132, \ldots \tag{C}$$
> $$1, 2, 5, 15, \Box, 203, \ldots \tag{B}$$

2. 数列の一般項の導出方法

2.1 類推と帰納法

数列を定義する規則が与えられると，それにもとづいて数列の最初の数項が実際に計算できます．すると，それらから一般項が類推できるかも知れません．たとえば，例（a）の数列を定義する規則が（＊）であるとし，その上で一般項が $a_n = 2^n - 1$ だと類推したとしましょう．そうなると**数学的帰納法**の出番です．

まず $n = 1$ のとき，$a_1 = 2^1 - 1 = 1$ で成り立っています．いま $n = k$ のとき，すなわち第 k 項が，$a_k = 2^k - 1$ で表されると仮定します（帰納法の仮定）．すると第 $k + 1$ 項は，

$$\begin{aligned}
a_{k+1} &= 2a_k + 1 && (規則（＊）) \\
&= 2(2^k - 1) + 1 && (帰納法の仮定) \\
&= 2^{k+1} - 1
\end{aligned}$$

となり，$a_n = 2^n - 1$ が任意の $n(\geq 1)$ に対して成り立つことが証明されます．これがみなさんもよくご存知の数学的帰納法です．

2.2 漸化式

数列を定義する規則は，漸化式の形で与えられることが多くあります．例（a）の数列を説明する規則（＊）も，厳密には初期条件をともなう次の漸化式で表されます．

$$a_n = \begin{cases} 1 & (n = 1) \\ 2a_{n-1} + 1 & (n \geq 2) \end{cases}$$

漸化式が簡単な場合には，漸化式を解くことで直接一般項を導出できる場合があります．漸化式から一般項 a_n を求めるための常套手段の一つは，もとの漸化式を $a_n - \alpha = \beta(a_{n-1} - \alpha)$ と変形し，新しく $b_n \equiv a_n - \alpha$ で定義される公比が β の等比数列として扱うことです．この例の漸化式において

は $\beta=2$ であり,α は漸化式で $a_n=a_{n-1}=x$ と置いて得られる**特性方程式** $x=2x+1$ を解くことで求められます.これを解くと $x=-1$ なので,もとの漸化式は $a_n+1=2(a_{n-1}+1)$,すなわち $b_n=a_n+1$ と置くことで,$b_n=2b_{n-1}$(ただし $b_1=a_1+1=2$)という b_n に関する漸化式を得ます.この漸化式から一般項 b_n を求めることは容易で,$b_n=2\cdot 2^{n-1}=2^n$ となり,最終的に $\{a_n\}$ の一般項が $a_n=b_n-1=2^n-1$ であることがわかりました.

2.3　1対1対応

例 (d) の数列を考えます.この数列 $\{d_n\}$ は,「参加者が n 人のパーティーで,各参加者が自分以外の全員と握手をするとき,全体で行われる握手の回数」を数え上げているとしましょう.たとえば,参加者数 $n=1$ 人のとき握手の総回数は 0 回,$n=2$ 人のときは 1 回というわけです.

いま,数え上げを行いたい対象物を要素とする集合を S とします.これに対して,S とは異なる集合 T があって,2 つの集合 S と T の要素間に 1 対 1 対応(S から T への全単射)が存在するならば,2 つの集合の要素数 $|S|, |T|$ の間に $|S|=|T|$ が成り立ちます.この例では,いま数え上げたい握手全体の集合 S と 1 対 1 対応をもつ集合 T としてどのようなものが考えられるでしょうか.握手が 2 人の間で交わされることに注目すると,参加者中の 2 人組(ペア)が 1 つの握手に対応していることがわかります.つまり,参加者中のペアの集合を T としてその要素数を数えればよいことになります.これは異なる n 要素から 2 要素を選ぶ場合の数であり,

$$d_n = \binom{n}{2} = \frac{1}{2}n(n-1)$$ と求められます.

これらは一見明らかなことですが,この性質を利用して間接的に対象物の個数の数え上げを行う(数列では一般項を求める)ことができます.とくに,集合 S の要素の数え上げを直接行うことが難しい場合には,これが有効かつ強力な手段となることがあるのです.

3. 組合せ数と格子経路

数え上げを行う対象物として(数学的にも)もっとも基本的なものの一つは，おそらく**組合せ数**でしょう．すなわち，異なる n 個の要素の中から k 個を選ぶ組合せの数で，$\binom{n}{k}$ と書きます[1]．この値は

$$\binom{n}{k} = \frac{n!}{k!(n-k)!}$$

によって計算することができ，これを定義とする場合もあります．ただし便宜的に $0! = 1$，したがって $\binom{0}{0} = 1$ と定義されるものとします．

この値を，異なる n, k の組合せに対して組織的に書き上げたものが**パスカルの三角形**です．組合せ数の基本的な性質として，

$$\binom{n}{k} = \binom{n}{n-k}, \quad \binom{n-1}{k-1} + \binom{n-1}{k} = \binom{n}{k} \tag{1}$$

などがありますが，これらはいずれもパスカルの三角形から読みとることができます．

n								行和 2^n
1			1	1				2
2			1	2	1			4
3		1	3	3	1			8
4		1	4	6	4	1		16
5	1	5	10	10	5	1		32
6	1	6	15	20	15	6	1	64
...								...

---

[1] 組合せ数 $\binom{n}{k}$ は $_nC_k$ とも書きますが，ここでは $\binom{n}{k}$ の表記を用います．

また，$\binom{n}{k}$ は **2項係数** とも呼ばれます．それは，$(x+y)^n$ を展開したときの各項の係数として現れるから，すなわち

$$(x+y)^n = \sum_{k=0}^{n} \binom{n}{k} x^{n-k} y^k$$

となるからであり，これは **2項定理** として知られています．この式に $x = y = 1$ を代入することにより $\sum_{k=0}^{n} \binom{n}{k} = 2^n$ であることがわかりますが，このことは，パスカルの三角形の第 n 行の和が 2^n になっていることで確かめられます．

組合せ数は，**格子経路**[2] の数と見ることもできます (図1)．すなわち，原点 $(0, 0)$ と x-，y-軸を含む第1象限に無限に広がる整数格子において，原点から点 (x, y) までの異なる格子経路の数が，$x + y = n$ として $\binom{n}{x} = \binom{n}{n-x} = \binom{n}{y}$ で表されます．

また，点 (x, y) への格子経路数が，点 $(x-1, y)$ と点 $(x, y-1)$ への格子経路数の和になっていることは明らかですが，これは組合せ数の性質 (1) の右式を意味しています．

4．フィボナッチ数と個体増殖

冒頭の例 (F) の数列は，有名な **フィボナッチ数** F_n を表しています．しかしながら，冒頭のいくつかの項から，フィボナッチ数列 $\{F_n\}$ の一般項 F_n を類推することは容易ではありません．そこでここでは，漸化式を直接解くことで一般項を求めてみます．みなさんも，一度はこの漸化式を解いた経験

---

[2] 厳密には **最短** 格子経路ですが，本稿では最短のもののみを対象とするので，これ以降も単に格子経路と表記します．

25

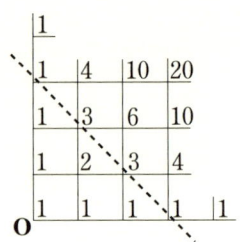

図1 格子経路と組合せ数. 直線 $x+y=n$ 上に組合せ数 $\binom{n}{k}$ が現れる.

があるかと思いますが，それを思い出してみましょう．

フィボナッチ数は，厳密には以下の漸化式で定義されます．

$$F_n = \begin{cases} 1 & (n=1) \\ 1 & (n=2) \\ F_{n-1}+F_{n-2} & (n \geq 3) \end{cases} \quad (2)$$

フィボナッチ数は隣接3項間の漸化式で定義されていますので，これをまずは $F_n - \alpha F_{n-1} = \beta(F_{n-1} - \alpha F_{n-2})$ のように，$g_n \equiv F_n - \alpha F_{n-1}$ が定める数列 $\{g_n\}$ を定義する形に変形することを目指します．このため，$F_n = x^2$, $F_{n-1} = x$, $F_{n-2} = 1$ と置いた $x^2 - x - 1 = 0$ という特性方程式の2つの解 $\dfrac{1 \pm \sqrt{5}}{2}$ を手がかりに，

$$F_n - \frac{1-\sqrt{5}}{2} F_{n-1} = \frac{1+\sqrt{5}}{2}\left(F_{n-1} - \frac{1-\sqrt{5}}{2} F_{n-2}\right) \quad (3)$$

が得られます（ただし，$\alpha = \dfrac{1-\sqrt{5}}{2}$, $\beta = \dfrac{1+\sqrt{5}}{2}$）．この式の右辺を繰り返し計算することにより，

$$\begin{aligned} F_n - \frac{1-\sqrt{5}}{2} F_{n-1} &= \frac{1+\sqrt{5}}{2}\left(F_{n-1} - \frac{1-\sqrt{5}}{2} F_{n-2}\right) \\ &\vdots \\ &= \left(\frac{1+\sqrt{5}}{2}\right)^{n-2}\left(F_2 - \frac{1-\sqrt{5}}{2} F_1\right) \\ &= \left(\frac{1+\sqrt{5}}{2}\right)^{n-2}\left(1 - \frac{1-\sqrt{5}}{2}\right) \\ &= \left(\frac{1+\sqrt{5}}{2}\right)^{n-1}, \end{aligned}$$

すなわち

$$F_n = \frac{1-\sqrt{5}}{2} F_{n-1} + \left(\frac{1+\sqrt{5}}{2}\right)^{n-1} \tag{4}$$

となり，これでもとの隣接3項間の漸化式(2)(あるいは(3))は，隣接2項間の漸化式(4)に変形されたことになります．

つづいてこの漸化式を解くわけですが，右辺の第2項を定数にするために両辺を $\left(\frac{1+\sqrt{5}}{2}\right)^{n-1}$ で割ると

$$\frac{F_n}{\left(\frac{1+\sqrt{5}}{2}\right)^{n-1}} = \frac{\frac{1-\sqrt{5}}{2}}{\frac{1+\sqrt{5}}{2}} \frac{F_{n-1}}{\left(\frac{1+\sqrt{5}}{2}\right)^{n-2}} + 1$$

となります．式が繁雑なので $h_n \equiv F_n \Big/ \left(\frac{1+\sqrt{5}}{2}\right)^{n-1}$ と置き，右辺第1項の分数を計算することで

$$h_n = \frac{1-\sqrt{5}}{1+\sqrt{5}} h_{n-1} + 1 \quad \left(\text{ただし，} h_1 = F_1 \Big/ \left(\frac{1+\sqrt{5}}{2}\right)^0 = 1\right)$$

で定義される数列 $\{h_n\}$ を得ます．この数列を等比数列にするために，再び特性多項式 $x = \frac{1-\sqrt{5}}{1+\sqrt{5}} x + 1$ の解 $x = \frac{1+\sqrt{5}}{2\sqrt{5}}$ を用いて変形した上で，右辺の計算を反復すると，

$$h_n - \frac{1+\sqrt{5}}{2\sqrt{5}} = \frac{1-\sqrt{5}}{1+\sqrt{5}} \left(h_{n-1} - \frac{1+\sqrt{5}}{2\sqrt{5}}\right)$$
$$\vdots$$
$$= \left(\frac{1-\sqrt{5}}{1+\sqrt{5}}\right)^{n-1} \left(h_1 - \frac{1+\sqrt{5}}{2\sqrt{5}}\right)$$
$$= -\frac{1-\sqrt{5}}{2\sqrt{5}} \left(\frac{1-\sqrt{5}}{1+\sqrt{5}}\right)^{n-1}$$

となります．ここで h_n を元に戻すと

$$F_n \Big/ \left(\frac{1+\sqrt{5}}{2}\right)^{n-1} = \frac{1+\sqrt{5}}{2\sqrt{5}} - \frac{1-\sqrt{5}}{2\sqrt{5}} \left(\frac{1-\sqrt{5}}{1+\sqrt{5}}\right)^{n-1}$$

となり，簡単な計算で

$$F_n = \frac{1}{\sqrt{5}}\left\{\left(\frac{1+\sqrt{5}}{2}\right)^n - \left(\frac{1-\sqrt{5}}{2}\right)^n\right\} \tag{5}$$

という，フィボナッチ数列のよく知られた，しかし美しく驚くべき一般項が導かれました．ちなみに，式(3)でαとβの役割りを入れ替えても同じ結論が得られます．ぜひ試してみてください．またこの一般項からは，フィボナッチ数列の隣接2項間の比F_n/F_{n-1}が，$n \to \infty$のとき$\frac{1+\sqrt{5}}{2}$に収束することがわかり，これは**黄金比**と呼ばれるものです．

一方，フィボナッチ数が表す意味として，しばしば生物の増殖の様子が例えられます．すなわち，ある生物の個体は，それが誕生した世代の次世代と次々世代にそれぞれ1個体ずつの子孫を残して死滅し，第1世代に1個体が存在するときの第n世代の個体数がF_nだというものです(図2)．第n世代の個体は，1世代前と2世代前の個体(それぞれF_{n-1}とF_{n-2}個)から誕生し，第1世代と第2世代の個体数はそれぞれ1 ($F_1 = 1, F_2 = 1$)であることが容易に確認できます．

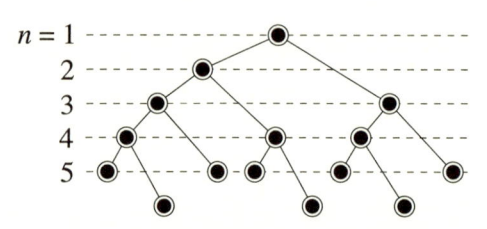

図2 フィボナッチ数の例え．第5世代まで．

フィボナッチ数列の一般項を手にして，あらためて最初の数項から一般項を類推することは困難であることがわかります．しかしながら，もし一般項(5)を類推できたとすれば，数学的帰納法で証明することが可能になります．いま$n = 1, 2$に対して式(5)が成り立つことは容易に確認できますが，F_{n-2}, F_{n-1}が正しいことを仮定して$F_n = F_{n-1} + F_{n-2}$，すなわち

$$\frac{1}{\sqrt{5}}\left\{\left(\frac{1+\sqrt{5}}{2}\right)^{n-1}-\left(\frac{1-\sqrt{5}}{2}\right)^{n-1}\right\}$$
$$+\frac{1}{\sqrt{5}}\left\{\left(\frac{1+\sqrt{5}}{2}\right)^{n-2}-\left(\frac{1-\sqrt{5}}{2}\right)^{n-2}\right\}$$
$$=\frac{1}{\sqrt{5}}\left\{\left(\frac{1+\sqrt{5}}{2}\right)^{n}-\left(\frac{1-\sqrt{5}}{2}\right)^{n}\right\}$$

は本当に成り立っているでしょうか．ぜひ一度，計算して確かめてください．

5．カタラン数とかっこのつけ方

複数個の実数や行列のかけ算のように，結合法則が成り立つ計算を考えます．いまたとえば，4つの実数 x, y, z, w の積 $x \cdot y \cdot z \cdot w$ を（数値の順序は入れ替えずに）求めるには，3回のかけ算・を行う順序に自由度があります．その計算順序は，たとえば $(x \cdot ((y \cdot z) \cdot w))$ のように，演算回数分のかっこ（開きかっとと閉じかっこのペア）を与えることで一意に定まります．

それではいま，かけ算の回数が n 回である積の計算に，その計算順序を表す異なるかっこのつけ方は全部で何通りあるでしょうか．これが，例（C）が与える**カタラン数** C_n です．たとえば $n=3$（したがって，かけ合わせたい数値は4個）のときは，

$$(((x \cdot y) \cdot z) \cdot w), ((x \cdot (y \cdot z)) \cdot w), (x \cdot ((y \cdot z) \cdot w)),$$
$$(x \cdot (y \cdot (z \cdot w))), ((x \cdot y) \cdot (z \cdot w))$$

の5通りの異なる計算順序があるので，$C_3 = 5$ ということになります．ただしここでも，便宜的に $C_0 = 1$ と定義します．

いま，順序の決まった $n+1$ 個の数値の積 $x_1 \cdot x_2 \cdots x_n \cdot x_{n+1}$ の計算に必要な n 回のかけ算の計算順序を定める異なるかっこのつけ方の総数 C_n を表す漸化式を求めることを考えます．そのために，いま $n+1$ 個の数値の最後のかけ算が，すでに計算された積 $(x_1 \cdots x_k)$ と $(x_{k+1} \cdots x_{n+1})$ との間で行われたとしましょう．このとき，前半と後半の積を求めるための計算順序を定める

異なるかっこのつけ方の数は，定義よりそれぞれ C_{k-1} と C_{n-k} です．その様子を図示すると次のようになります．

$$\underbrace{(\underbrace{x_1 \cdots x_k}_{C_{k-1}通り}) \cdot (\underbrace{x_{k+1} \cdots x_{n+1}}_{C_{n-k}通り})}_{C_n通り}$$

この観察から，前半の積を計算する C_{k-1} 通りの各計算順序それぞれに対して，後半の積を計算する C_{n-k} 通りの各計算順序が可能で，そのすべてが全体の積を計算する異なる計算順序を表すので，最後のかけ算をこの場所としたときの異なる計算順序は $C_{k-1} C_{n-k}$ 通りになります．最後のかけ算を行う場所は，$k=1$ から n まであることを考えると，C_n を求める漸化式は次のように表せることがわかります．

$$C_n = \begin{cases} 1 & (n=0) \\ \sum_{k=1}^{n} C_{k-1} C_{n-k} & (n \geq 1) \end{cases}$$

この定義に従うと，かけ算が1回の場合の C_1 は，$C_1 = C_0 C_0 = 1$，かけ算が2回の場合の C_2 は，$C_2 = C_0 C_1 + C_1 C_0 = 2$，以下 $C_3 = 5$，$C_4 = 14, \ldots$ と計算でき，実際に例(C)の数列が得られることが確かめられます．

では，この数列の冒頭数項から一般項を類推できるかというと，すぐには思いつきません．また，漸化式を直接解いて一般項を導出できるかというと，これもなかなか難しそうです．そこでここでは1対1対応を利用します．

多少天下り的ですが，以下のような観察をしてみましょう．いま，積を求めるかけ算の計算順序を表す式，たとえば $((x \cdot (y \cdot z)) \cdot w)$ から，開きかっこと演算子だけを順に取り出してみると，「$(((\cdot (\cdot \cdot$」となります．逆に，開きかっこと演算子の系列「$(((\cdot (\cdot \cdot$」が与えられると，閉じかっこと被演算子 x, y, z, w を補う方法は一通りに定まり，もとの計算式 $((x \cdot (y \cdot z)) \cdot w)$ が復元できることを確認してください．演算子の数 $n=3$ の場合の5通りすべての開きかっこと演算子だけを取り出した系列を列挙してみると，

$$(((\bullet \bullet \bullet, \ ((\bullet (\bullet \bullet, \ (\bullet ((\bullet \bullet, \ (\bullet (\bullet (\bullet, \ (\bullet \bullet (\bullet$$

となります[3].そのいずれも,6 カ所のうち 3 カ所にかっこ(あるいは演算子)を置いたものですが,$\binom{6}{3} = 20$ 通りのすべての場合が現れているわけではありません.一般に,n 個のかっこと n 個の演算子を合わせて $2n$ カ所のうち,かっこを置く n カ所を選ぶ組合せの中で,どのような性質を持ったものが現れているのでしょうか.もとの問題の意味をよく考えると,系列を左から右に見るときに,開きかっこより多くの演算子が現れてはいけないことがわかります.また,その条件を満たすものがすべて現れていることもわかります.

この条件は,実は図3(a)のように $n \times n$ 正方(整数)格子の右下三角部分だけをとりだしたときの,原点 P(0, 0) から点 Q(n, n) への格子経路に対応しています.すなわち,右に 1 進むことが開きかっこ 1 つ,上に 1 進むことが演算子 1 つに対応し,正方格子を右下三角部分に限定することで,開きかっこより多くの演算子が現れないように制限しているわけです.これで,かっこのつけ方と格子経路に美しい 1 対 1 対応ができたことになり,すべてのかっこの付け方 S の数を求めるためには,すべての $n \times n$ 右下三角格子経路 T の数を求めればよいことになりました.

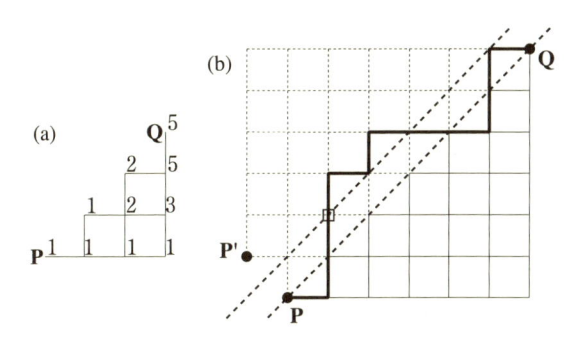

図 3(a) カタラン数と格子経路,(b) その数え方.

---

[3] ここでは,積演算子・を目立たせるために,$\bullet$ で表しています.

これを求めるために，もうひと工夫します．いま数え上げたい T は，$n \times n$ 正方格子の P から Q へのすべての格子経路 U の中で，直線 $x = y$ 以下の部分だけを経由するものです．そこで T を数え上げるのに，不要な T 以外の経路（すなわち $U \setminus T$）を U から除くと考えます．いま $U \setminus T$ に属する格子経路（たとえば図3(b)中の太線）は，直線 $x = y$ を越えて次の1歩で必ず直線 $y = x + 1$ に到達しています．この到達点（□印）までの経路を直線 $y = x + 1$ に関して対称に折り返すと，点 $P'(-1, 1)$ から終点 Q までの格子経路に変換されます．この操作で，P から Q への格子経路で $U \setminus T$ に属するものは，すべて P' から Q への異なる格子経路に変換され，逆も成り立ちます（これも1対1対応）．したがってその総数は，大きさ $(n+1) \times (n-1)$ 格子の格子経路の数，すなわち $\binom{2n}{n-1}$ になります．それを $n \times n$ 格子のすべての格子経路の数 $\binom{2n}{n}$ から除けばよいので，

$$C_n = \binom{2n}{n} - \binom{2n}{n-1} = \frac{2n}{n!\,n!} - \frac{2n}{(n+1)!\,(n-1)!}$$
$$= 2n \cdot \frac{n+1-n}{(n+1)!\,n!} = \frac{1}{n+1} \cdot \frac{2n}{n!\,n!} = \frac{1}{n+1} \binom{2n}{n}$$

となり，カタラン数を表す例(C)の数列の一般項が求められました．

6．ベル数と源氏香

　江戸時代に流行した遊びの一つに源氏香というものがあります．これは，順に5つの香りを嗅ぎ，同一の香りの組合せを特定する（香りを聞き分ける）というものです．ただし香りは全部で5種類あり，同じ香りを2度以上嗅ぐこともあります．その組合せを視覚的に表現したものを源氏香の図といい，目にしたことがある方も多いのではないかと思います（図4）．

図4　源氏香の図.

　各組合せには，源氏物語全五十四帖のうち'桐壺'と'夢の浮橋'を除く巻名が与えられていて，たとえば，図5に示す'絵合'という名が与えられた組合せは，(右から) 第一香と第四香，第二香，第三香と第五香が同一であるということを，5本の縦線のうち同一であるものを横に線で結ぶことで表しています．源氏香の図には52種類の組合せがありますが，これはいったいどのような対象物を数え上げたものでしょうか．

図5　'絵合'の図.

　これを説明するために，まず**(第2種) スターリング数** $S_{n,k}$ を説明しなければなりません．これは，異なる n 個の要素を k 個のグループに分ける分け方の総数で，$\begin{Bmatrix} n \\ k \end{Bmatrix}$ とも書かれます．数学的には，n 要素集合上の異なる同値関係の総数と見ることもできます．試しに $n=4$ の場合の各 k に対するスターリング数を計算してみましょう．まず $k=0$ の場合ですが，0個のグループに分けることに現実的な意味はありませんが，ここでも便宜的に任意の n に対して $\begin{Bmatrix} n \\ 0 \end{Bmatrix} = 0$ と定義します．そこであらためて $k=1$ の場合から考えると，1つのグループに分ける分け方は要素数 n に関わらず1通りなので，$\begin{Bmatrix} 4 \\ 1 \end{Bmatrix} = 1$ となります．次に $k=2$ の場合ですが，4個の要素を2グルー

プに分けるには，各グループの要素数は $\{3, 1\}$ か $\{2, 2\}$ の 2 通りが可能です．要素数を $\{3, 1\}$ に分ける方法は $\binom{4}{1} = \binom{4}{3} = 4$ 通り，$\{2, 2\}$ に分けるには対称性に注意して $\binom{4}{2}/2 = 3$ 通りで，これらを合計して $\begin{Bmatrix} 4 \\ 2 \end{Bmatrix} = 7$ となります．同様に，$\begin{Bmatrix} 4 \\ 3 \end{Bmatrix} = 6$, $\begin{Bmatrix} 4 \\ 4 \end{Bmatrix} = 1$ となることを確かめてください．

そこで，固定した n に対してすべての $k\ (=1,...,n)$ に対する $\begin{Bmatrix} n \\ k \end{Bmatrix}$ の和を考えると，それが異なる n 個の要素をいくつかのグループに分ける分け方の総数を表すことになります．これを**ベル数**といい B_n と書きます．すなわち

$$B_n = \sum_{k=1}^{n} \begin{Bmatrix} n \\ k \end{Bmatrix}$$

で，例 (B) の数列はその最初の数項を表しています．源氏香の組合せが 52 通りであったのは，$B_5 = 52$ であることを意味し，江戸時代にすでにベル数を正しく計算していたことになります．このスターリング数 $\begin{Bmatrix} n \\ k \end{Bmatrix}$ (とベル数 B_n) は，組合せ数 $\binom{n}{k}$ と同様に次のように三角形状に表すことができ，第 n 行の行和が B_n になっていることがわかります．

n								行和 B_n
1			1					1
2			1	1				2
3		1	3	1				5
4		1	7	6	1			15
5	1	15	25	10	1			52
6	1	31	90	65	15	1		203
7	1	63	301	350	140	21	1	877
...								...

ベル数に関しても，組合せ数と同様にいくつかの性質が知られています．まず比較的自明な特別な場合として，

$$\begin{Bmatrix} n \\ 1 \end{Bmatrix} = \begin{Bmatrix} n \\ n \end{Bmatrix} = 1, \quad \begin{Bmatrix} n \\ 2 \end{Bmatrix} = 2^{n-1} - 1, \quad \begin{Bmatrix} n \\ n-1 \end{Bmatrix} = \binom{n}{2}$$

などが挙げられます．これらは，いずれもスターリング数の三角形から読みとれるので，確かめてください．ここでは詳しい説明を省略しますが，やや自明でない性質としては，

$$\begin{Bmatrix} n \\ k \end{Bmatrix} = \sum_{i=0}^{n} \binom{n}{i} \begin{Bmatrix} i \\ k-1 \end{Bmatrix}, \quad B_{n+1} = \sum_{k=0}^{n} \binom{n}{k} B_k$$

などが知られています．

では，いよいよこれらの性質を手がかりにベル数 B_n の一般項を導出する順番です．しかしながら，偉大な研究者たちが過去にさまざまな方法を駆使して努力したにもかかわらず，ベル数の一般項を n の式で表す方法は，無限級数の形でしか発見されていません．それどころか，有限の形で表す方法はないのではないかとさえ思われています．このように，数列のもつ意味は簡単に理解できても，その一般項を得ることが困難なものも多数存在するのです．

7．おわりに

本稿では，いくつかの代表的な数列を取り上げて，その意味を観察し一般項を導出する方法やその難しさを見てきました．ここでは，本文に書くことができなかった雑多な話題を紹介します．

まず，ここで説明したものを含む興味深い数列の数々が[1]で紹介されています．また，ページ数の都合で触れることができませんでしたが，数列を扱う重要な技法に**母関数**の考え方があります．これは数列を多項式の係数と見なし，無限に続く数列を多項式の和として形式的に扱うものです．この技法は強力で，多くの数列のさまざまな性質を知ることができます．母関数や，母関数を用いた数列の解析については，[2]に詳しく解説されています．数列や母

関数をそのトピックの一つとして含む離散数学や組合せ論については，それぞれ[3],[4]を参照してください．

本稿で紹介したフィボナッチ数 F_n，カタラン数 C_n，ベル数 B_n は，いずれも指数関数的あるいはそれ以上のスピードで増大することが知られています．ここでは，これも急激に増加する関数として知られている 2^n, $n!$ も含めて，$n = 1, ..., 20$ に対するそれらの値を実際に示してみますので，その増加の様子と増加スピードの違いを実感してみてください (表1)．もし興味があれば，これらの値を計算するコンピュータ・プログラムを書いてみるのも面白いと思います．いずれの数列 (関数) も漸化式で定義できるので，再帰的なプログラミングが適していそうですが，実際に作って動作させてみると，その計算時間や巨大な数値の扱いの難しさに気がつきます．

表1: $n = 1, ..., 20$ に対する 2^n, $n!$, F_n, C_n, B_n の値．

n	2^n	$n!$	F_n	C_n	B_n
1	2	1	1	1	1
2	4	2	1	2	2
3	8	6	2	5	5
4	16	24	3	14	15
5	32	120	5	42	52
6	64	720	8	132	203
7	128	5,040	13	429	877
8	256	40,320	21	1,430	4,140
9	512	362,880	34	4,862	21,147
10	1,024	3,628,800	55	16,796	115,975
11	2,048	39,916,800	89	58,786	678,570
12	4,096	479,001,600	144	208,012	4,213,597
13	8,192	6,227,020,800	233	742,900	27,644,437
14	16,384	87,178,291,200	377	2,674,440	190,899,322
15	32,768	1,307,674,368,000	610	9,694,845	1,382,958,545
16	65,536	20,922,789,888,000	987	35,357,670	10,480,142,147
17	131,072	355,687,428,096,000	1,597	129,644,790	82,864,869,804
18	262,144	6,402,373,705,728,000	2,584	477,638,700	682,076,806,159
19	524,288	121,645,100,408,832,000	4,181	1,767,263,190	5,832,742,205,057
20	1,048,576	2,432,902,008,176,640,000	6,765	6,564,120,420	51,724,158,235,372

数列には，魅力的で不思議な性質が数多くあります．たとえば，組合せ数 (パスカルの三角形) を表す整数格子において，図6に示すように桂馬の位置を結ぶ直線 (厳密には直線 $y = -2x + n$ $(n = 0, 1, 2, \cdots)$) 上の値を加えた数列を作ってみてください．どのような数列になっているでしょうか．いったいな

ぜそうなるのか，ぜひ証明してみてください．

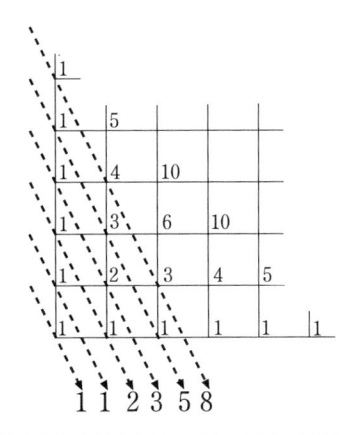

図6 整数格子上の組合せ数とフィボナッチ数．直線 $y = -2x + n$ 上の組合せ数の和がフィボナッチ数 F_{n+1} になる．

最後に，小学生の頃に流行ったクイズを一つ出題します．

> **クイズ**：規則正しく並んだ次の"数列"の □ にあてはまる答えを考えてください．
> M, ♡, □, M, ö, □, …

参考文献

[1] J. H. Conway and R. K. Guy. *The Book of Numbers*. Springer, 1996.（数の本．根上訳．シュプリンガー・フェアラーク東京, 2001.）

[2] R. L. Graham, D. E. Knuth and O. Patashnik. *Concrete Mathematics*. Addison-Wesley Publishing, 1989.（コンピュータの数学．有澤，安村，萩野，石畑訳．共立出版, 1993.）

[3] J. Matoušek and J. Nešetřil. *Invitation to Discrete Mathematics*. Oxford University Press, 1998.（離散数学への招待．根上，中本訳．シュプリンガー・フェアラーク東京, 2002.）

[4] J. H. van Lint and R. M. Wilson. *A Course in Combinatorics* (2nd Edition). Cambridge University Press, 2001.

第2章

順序木の列挙

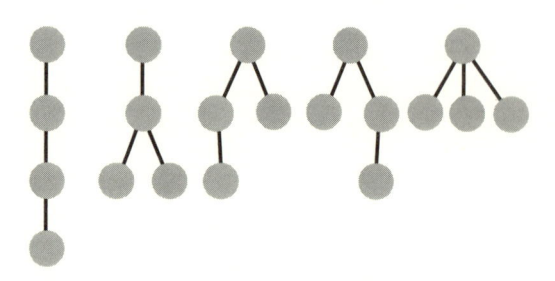

3本の辺を持つ順序木は，図1に示す5個です．4本の辺を持つ順序木は，14個あります．5本の辺を持つ順序木は，42個あります．一般に，m本の辺を持つ順序木の個数は何個でしょうか．答は，カタラン数

$$C(m) = {}_{2m+1}C_m/(2m+1)$$

個です．以下，解説します．

図1 3本の辺を持つ順序木一覧

木とは閉路のない連結グラフです．1点を根として指定した木を根つき木といいます．木を図示するとき，通常の植物とは逆に，根を一番上に描きます．下にむかって枝分かれしていきます．枝の先端の点を葉といいます．

根つき木は，家系図のようにもみえます．一族の創始者が根に対応します．ある点とある点が，親子であるとか，兄弟であるというようにいいます．例えば，図2において，点aは根です．点bの親は点aです．点cは点bの弟です．子供がいない点は葉といいます．点d, e, fが葉です．

第 2 章 順序木の列挙

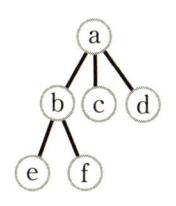

図 2 順序木の例

順序木が与えられたとき，根からスタートして，この順序木のまわりを一周たどりましょう．図 3 に例を示します．小くなった自分が左手を壁につけたまま一周することを想像しましょう．深さ優先探索といいます．

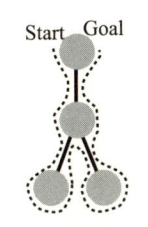

図 3 深さ優先探索

辺を下にたどるとき D と書き，辺を上にたどるとき U と書くことにします．Up と Down の意味です．すると，図 1 のそれぞれの順序木に対して，図 4 に示す文字列が得られます．

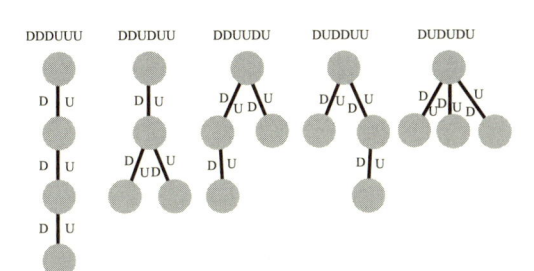

図 4 文字列

39

基礎理論編

　各辺は下向きと上向きの2回たどられます．よって，3本の辺を持つ順序木から，長さ $3 \times 2 = 6$ の文字列が得られます．この文字列は，3個のUと3個のDを含んでいます．また，この文字列から元の木を復元することもできます．

　反対に，3個のUと3個のDからなる長さ6の文字列が与えられたとき，これに対応するような，3本の辺を持つ木は存在するでしょうか．

　たくさんの反例があります．DDUUUDや，DUUUDDなどです．なぜ，これらの文字列は順序木に対応しないのでしょうか．

　上記の文字列を座標平面上のパスで表現しましょう．Dyckパスといいます．このパスは原点$(0, 0)$からスタートします．文字Uは，x方向に$+1$およびy方向に$+1$進む線分に対応させます．文字Dは，x方向に$+1$およびy方向に-1進む線分に対応させます．UpとDownの感じがでているでしょうか．図5に例を示します．この順序木に対応する文字列はDDUDUUであり，対応するDyckパスが図示されています．3個のUと3個のDからなる長さ6の文字列から得られるDyckパスは，原点$(0, 0)$からスタートし，座標$(6, 0)$がゴールです．

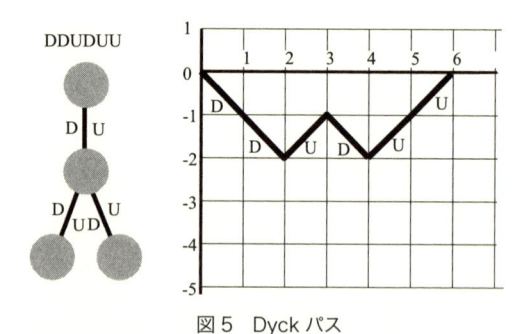

図5　Dyckパス

　順序木に対応する文字列から得られるDyckパスは，y座標が正の点を含みません．これに対し，順序木に対応しない文字列から得られるDyckパスは，y座標が正の点を含みます．これは順序木のまわりを1周するときに，根から（存在しない）根の親へたどろうとして失敗することを意味します．それゆえに，対応する順序木がないということになります．

第 2 章　順序木の列挙

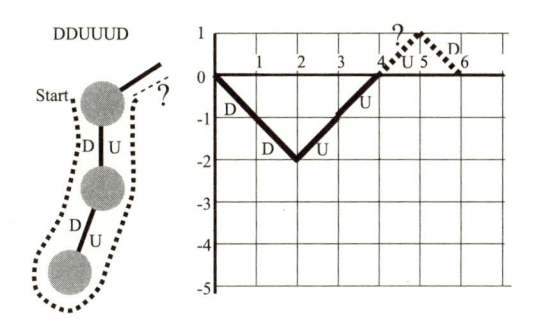

図 6　順序木に対応しない Dyck パス

　順序木に対応しない Dyck パスを，次のように改造して，無理矢理に順序木に対応させましょう．

　Dyck パスを，一番高い点（y 座標の値が一番大きな点）で切り取り，これより左の部分を残りの部分の右に継ぎ足します．これは，文字列の最初の何文字かを，文字列の最後に移動することに相当します．サイクルシフトという改造です．図 7 に例を示します．文字列 DDUUUD（図上段）の最初の 5 文字（図中段）を切り取り，残りの文字列の最後に移動（図下段）します．

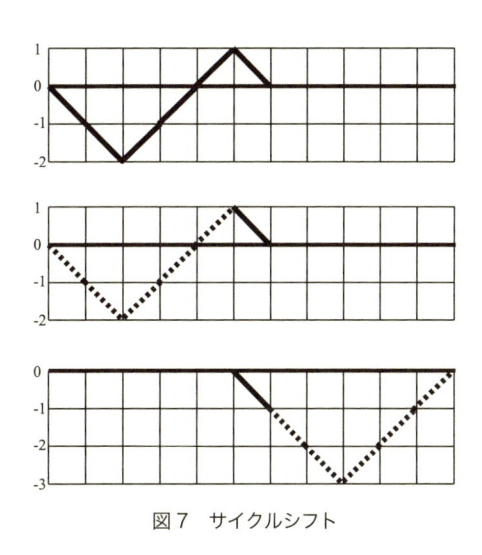

図 7　サイクルシフト

基礎理論編

　改造後のDyckパスでは，スタート点が一番高いので必ず順序木に対応します．ただし，一番高い点が複数あるようなDyckパスには，上記のサイクルシフトによる改造の方法が複数個存在します．図8に例を示します．

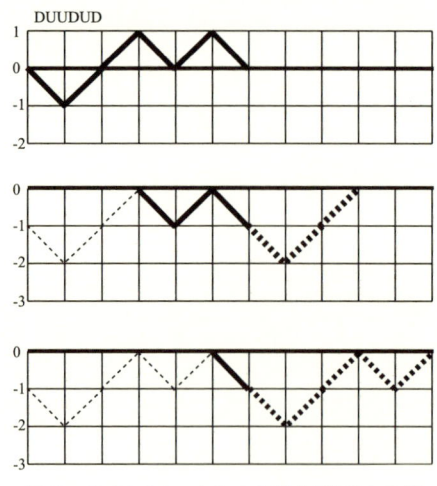

図8　サイクルシフトによる改造が複数ある例

これを避けるため次のようにひと工夫します．（なぜ避けるのかは後でわかります．）

　順序木のまわりを一周たどるとき，スタート点を根の（ダミーの）親の点とします．ゴールは根のままとします．例えば図5の順序木のたどり方は図9のようになります．

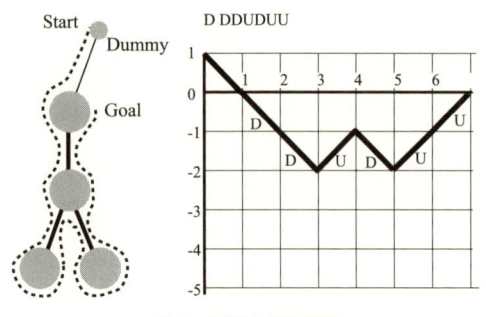

図9　新深さ優先探索

得られる文字列は，以前の方法で得られた文字列の先頭に D をつけたものとなります．よって 3 個の U と 3+1＝4 個の D からなる長さ 7 の文字列となります．この文字列から得られる Dyck パスの スタート点は座標 (0, 1) とします．追加した先頭の 1 文字 D の分を考慮しています．座標 (7, 0) がゴールとなります．x の値が 1 以上の点はすべて y 座標が 0 以下でなくてはなりません．スタート点が唯一の最も高い点となることに注意して下さい．

さて，今回も前回と同様に，3 個の U と 4 個の D からなる長さ 7 の文字列であっても，これに対応するような順序木がない場合があります．得られる Dyck パスに，x 座標が 1 以上，かつ，y 座標が正である点が存在する場合です．図 10 に例を示します．

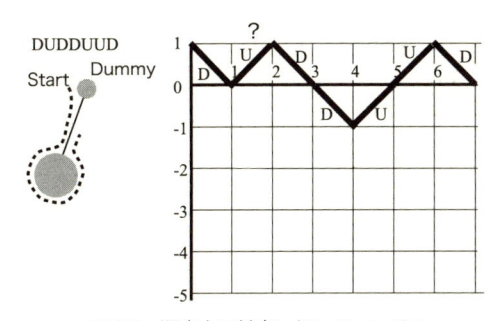

図 10　順序木に対応しない Dyck パス

今回も，順序木に対応しない Dyck パスを，また，サイクルシフトにより改造して，無理矢理に順序木に対応させましょう．

Dyck パスを，(また，) 一番高い点 (y 座標の値が一番大きな点) で切り取り，これより左の部分を残りの部分の右に継ぎ足します．サイクルシフトです．図 11 を見てください．しかし今回はスタート点とゴール点の y 座標が 1 だけずれているので，継ぎ足した各点の y 座標は，切り取り前より 1 だけ小さくなりました．

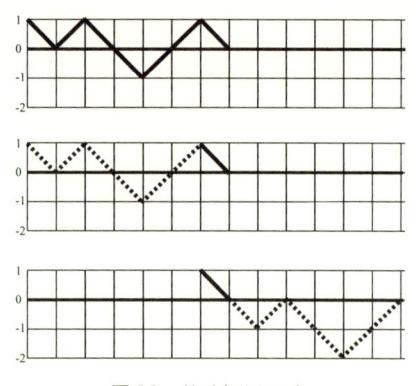

図11　サイクルシフト

　一番高い点以外で切り取り，左の部分を残りの部分の右に継ぎ足すときは，改造後にスタート点が最も高い点にならないので，順序木に対応しません．順序木に対応する Dyck パスは，スタート点が唯一の一番高い点であることに注意しましょう．

　さて，一番高い点が複数ある Dyck パスは，今回も上記のサイクルシフトによる改造が複数存在しますが，順序木に対応するのは，一番高い点のうち，一番右の点で切り取った (図11 の) 場合のみです．例えば，一番高い点のうち，一番左の点で切り取った (図12 の) 場合は，パスの途中に y 座標が正の点が存在し，順序木に対応しません．

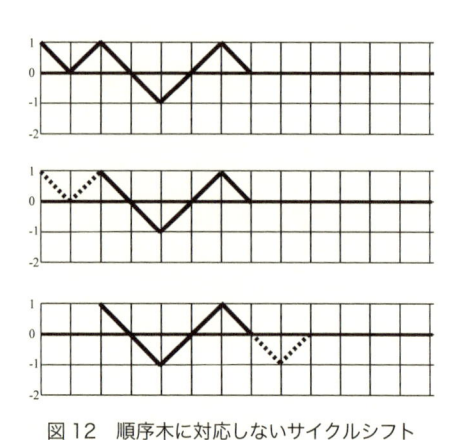

図12　順序木に対応しないサイクルシフト

つまり，3個のUと4個のDからなる長さ7の任意の文字列が与えられたとき，サイクルシフトによる改造により，順序木に対応するDyckパスがちょうど1つだけ得られます．

一方，次がいえます．順序木に対応するような3個のUと4個のDからなる長さ7の文字列が与えられたときに，先頭の0から6文字をそれぞれ切り取り，残りの部分の右に貼り付けて得られる7つの文字列を考えると，この中には元の文字列以外に順序木に対応する文字列はありません．なぜなら，一番高い点のうち，一番右の点で切り取り，サイクルシフトした場合のみに，順序木に対応するDyckパスが得られるからです．元の文字列で一番高い点はスタート点のひとつだけです．

以上の議論から，次がいえます．3個のUと4個のDからなる長さ7の $_7C_3$ 個の文字列のうち，ちょうど1/7だけが3本の辺を持つ順序木に対応します．よって，$m=3$ として，カタラン数 $_{2m+1}C_m/(2m+1)=5$ 個の順序木があるのです．

一般の m についても，同様に説明できます．m 個のUと $(m+1)$ 個のDからなる長さ $(2m+1)$ の $_{2m+1}C_m$ 個の文字列のうち，ちょうど $1/(2m+1)$ だけが m 本の辺を持つ順序木に対応します．つまり m 本の辺を持つ順序木は，カタラン数 $C(m) = {}_{2m+1}C_m/(2m+1)$ 個あるのです．

発展問題です．子供がいない点を葉といいます．m 本の辺を持ち，ℓ 個の葉を持つ順序木は何個あるでしょうか．Narayana 数

$$C(m, \ell) = ({}_mC_{\ell-1} \cdot {}_{m-1}C_{\ell-1})/\ell$$

個であることが知られています．例えば4本の辺を持ち，2個の葉を持つ順序木は図13に示すように6個あります．確かに

$$C(4, 2) = ({}_4C_1 \cdot {}_3C_1)/2 = 6$$

です．なぜ4本の辺を持ち，2個の葉を持つ順序木は6個だけであるのかを説明しましょう．

基礎理論編

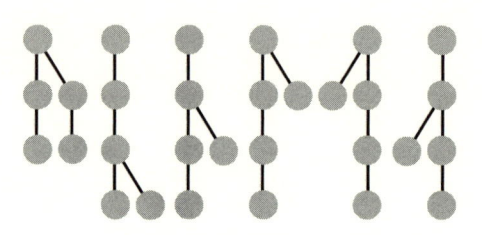

図13 4本の辺を持ち2個の葉をもつ順序木一覧

　このような順序木を，(また)根のダミーの親を追加した後に，深さ優先探索すると，4個のUと5個のDからなる長さ9の文字列が得られます．これに対応するDyckパスは，2個のV字型で構成されます．2個所の"谷底"が葉に対応しますね．"山頂"は両端を同一点とみなすと2個所あります．

　2個のV字型からなるDyckパスが与えられたとき，一番高い山頂で切り取り，これより左の部分を残りの部分の右に継ぎ足すと，(すなわちサイクルシフトすると，) x 座標が1以上の点はすべて y 座標が0以下となります．図14参照です．ただし，一番高い点が2個ある場合は，右の山頂を選びます．山頂以外で切り取り，サイクルシフトした場合は，改造後にスタート点が最も高い点にならないので，順序木に対応することはありません．すなわち，2個のV字型からなるDyckパスが与えられたとき，これをサイクルシフトして得られるDyckパスのうち，順序木に対応するものは，一番高い山頂でサイクルシフトして得られる1個だけです．

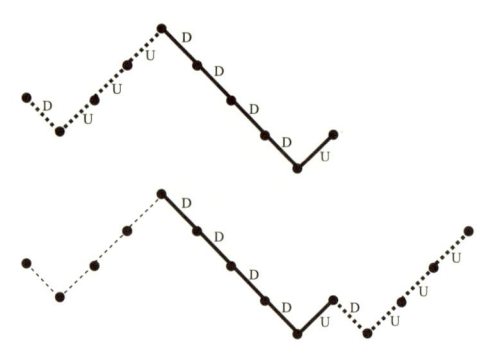

図14 サイクルシフトによる改造

さて，2個のV字型からなるDyckパスに対応するような，4個のUと5個のDからなる長さ9の文字列は何個あるでしょうか？

　2個のV字型からなるDyckパスは，左から順に，下り，上り，下り，上りの4つの部分パスで構成されています．

　各下りの部分パスは，1つ以上の文字Dに対応します．Dは全部で5個ありますから，一列に並んだ $m+1=5$ 個のDのあいだの4カ所のうち，$\ell-1=1$ カ所の選び方は

$$_{m+1-1}C_{\ell-1} = {}_4C_1 = 4$$

個あります．

　同様に，各上りの部分パスは，1つ以上の文字Uに対応します．Uは全部で4個ありますから，2つの部分パスに分割する方法は

$$_{m-1}C_{\ell-1} = {}_3C_1 = 3$$

個あります．

　よって，2個のV字型からなるDyckパスに対応するような，4個のUと5個のDからなる長さ9の文字列は $3\times 4 = 12$ 個あります．これらの文字列のうち，ちょうど1/2だけ，つまり6個だけが4本の辺を持ち，2個の葉を持つ順序木に対応します．

　この説明を一般化しましょう．m 本の辺を持ち，ℓ 個の葉を持つ順序木は何個あるでしょうか．上で紹介したように，Narayana数

$$C(m, \ell) = ({}_m C_{\ell-1} \cdot {}_{m-1}C_{\ell-1})/\ell$$

個であることが知られています．ぜひ説明に挑戦してみて下さい．

参考文献

N. Dershowitz and S. Zaks, The cycle lemma and some applications, Europ. J. Comb. 11(1990), 35–40.

第3章

平面上の点集合から見た離散数学

　平面上にあるいくつかの点を集めたものが平面上の点集合です．私たち人類は平面上の点集合について何でも知っているのでしょうか？ 実は，そんな単純なものに対する離散数学にも未解決問題がたくさんあるのです．ここではその中のいくつかを紹介して，最近の離散幾何研究の潮流を紹介していきます．

1. 漸近評価 ── 離散数学の視点

　離散数学一般に関する話から始めます．組合せ論は「何かを数えること」の一般化と抽象化によって広がった研究分野ですが，数えた結果を一列に並べると数列ができます．

　例を1つ挙げます．正多角形に対角線をいくつか引いて，内部を三角形に分割します．その方法は何通りあるでしょうか[1]．次の図にあるように，正四角形に対しては2通り，正五角形に対しては5通り，正六角形に対しては14通りあります．

---

[1] そのような方法が正多角形の辺長には依存しないことを補足します．

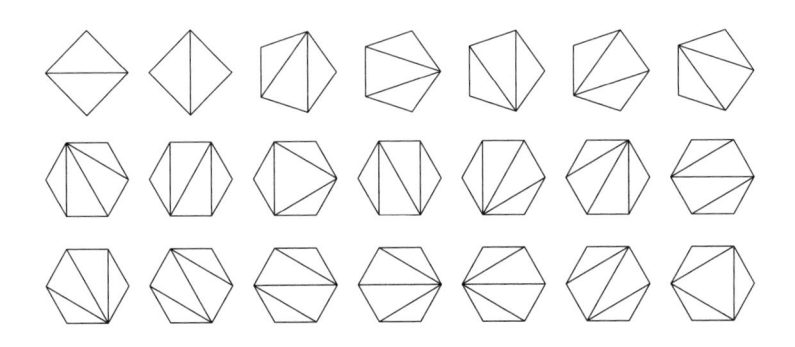

正 $n+2$ 角形に対してこの数を a_n と書くことにすると，$a_1, a_2, \cdots$ という数列が得られて，上で述べたことは $a_1 = 1, a_2 = 2, a_3 = 5, a_4 = 14$ であることを示しています．そして一般項は $a_n = \dfrac{(2n)!}{(n+1)!n!}$ になります．

さて，これはこれでよいのですが，n が大きくなるに連れてこの a_n というのはどのように大きくなっていくのでしょうか？例えば，a_n という数列と 2^n という数列はどちらの方が大きいのでしょうか？この2つの数列の始めの方を表にして並べると次のようになります．

n	1	2	3	4	5	6	7	8	9	10
a_n	1	2	5	14	42	132	429	1430	4862	16796
2^n	2	4	8	16	32	64	128	256	512	1024
$\dfrac{a_n}{2^n}$	0.5	0.5	0.625	0.875	≈ 1.3	≈ 2.1	≈ 3.4	≈ 5.6	≈ 9.5	≈ 16.5

この表を見ると，$n \leqq 4$ のときは a_n の方が 2^n よりも小さいですが，$n \geqq 4$ のときは a_n が 2^n よりも大きくなっています．実際，n が 10 より大きくても $a_n > 2^n$ が成り立っていて，a_n と 2^n の比 $\dfrac{a_n}{2^n}$ もどんどん大きくなっていきます．離散数学では a_n のように一般項が明確に求められているにも関わらず，その増加の仕方がよく分からない数列がよく出てきます．そのような数列の増加の仕方を増加の仕方がよく分かる他の数列との比を見て考えます．

今見ている例では $\dfrac{a_n}{2^n}$ という比が $n \to \infty$ としたときに無限大へ発散するので，a_n の増加の仕方は 2^n よりも速いと見なせます．これを「a_n のオーダー

は 2^n より小さい」と言います．

では，天下り的ではありますが a_n と $4^n n^{-3/2}$ を比較してみましょう．

n	1	2	3	4	5
a_n	1	2	5	14	42
$4^n n^{-3/2}$	4	≈ 5.66	32	≈ 91.6	≈ 279
$\frac{a_n}{4^n n^{-3/2}}$	0.25	≈ 0.354	≈ 0.406	≈ 0.4375	≈ 0.459

6	7	8	9	10
132	429	1430	4862	16796
≈ 279	≈ 885	≈ 2896	≈ 9709	≈ 33159
≈ 0.474	≈ 0.485	≈ 0.494	≈ 0.501	≈ 0.507

これを見ると n が大きくなるに連れて比 $\frac{a_n}{4^n n^{-3/2}}$ も大きくなっていますが，無限大に発散しているようには見えません．実際この比は $\sqrt{\pi} \approx 1.77$ に収束することが知られています[2]．このように比が 0 でないある数に収束するとき，2 つの数列のオーダーは等しいと言います．この場合，a_n のオーダーは $4^n n^{-3/2}$ に等しいと言うことになります．

　離散数学で数列のオーダーを研究する理由は大きく分けて 2 つあります．1 つは，数列の一般項が分かっていても，それが複雑であれば他の数列と比較することが難しくなるからです．上の例にあった a_n という数列は具体的な一般項が分かっているのでそのオーダーも解析しやすくなっていますが，そういうものだけだということでもないのです．2 つ目の理由は一般項の分かっていない数列がたくさんあり，そのような数列に対して重要な点は一般項が分からなくてもそのオーダーぐらいは分かる場合があるからです．離散数学の研究としてはオーダーが何に等しいのか考えるわけですが，いきなり答えが見つかるわけでもないので，オーダーがある数列以下であったり以上であったりということをまず考えていきます．次の節から，そのようなものの例を平面上の有限点集合を例にとって見ていきます．

---

[2] これは階乗の漸近公式であるスターリングの公式から分かります．

2. 三角形分割 —— 極値問題 1

平面上にある n 個の点の集合 P を囲む凸多角形の中で面積が最も小さいものを P の凸包と呼びます．その点集合 P の点のみを頂点として持つ三角形で P の凸包を分割したものを P の三角形分割と呼びます．次の図は $n = 10$ の場合の点集合 P の例，P の凸包，P の三角形分割の例を示しています．

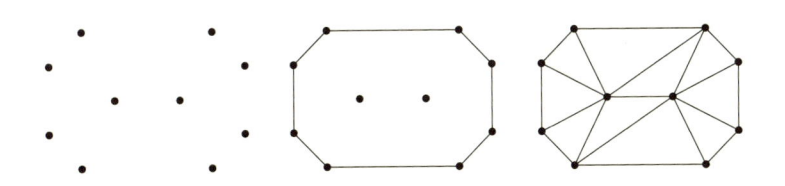

点集合 P にはいくつ三角形分割があるのでしょうか？ 実際に計算すると（私の手計算が間違っていなければ）1,130 個あることが分かります[3]．この数を $t(P)$ と書くことにします．

では，点の数が n の集合 P の中で $t(P)$ を最も大きくするものはどんなものでしょうか？ つまり，

$$t_n = \max \{t(P) \mid P \text{ は平面上にある} n \text{ 個の点の集合}\}$$

で定義した数列はどのように増加するのでしょうか？

このようにある数を最も大きくする（あるいは最も小さくする）集合を見つける問題，あるいはその最大数（あるいは最小数）を定める問題のことを離散数学では「極値問題」と呼んでいます．極値問題は離散数学の王道とも呼べるもので，平面上の点集合に関する問題だけでなく，その他の幾何（図形）に関する問題，グラフ理論に関する問題，自然数に関する問題，アルゴリズ

---

[3] 間違っていましたら教えて下さい．本当にちょうど 1,130 個あるのか確認するのも楽しいかもしれません．

ムに関する問題など離散数学の全ての分野で現れる問題です．

さて，ここで考える t_n ですが，そのオーダーが何に等しいか分かっていません．実際，t_n を与える点集合 P（つまり，$t_n = t(P)$ を満たす P）が分かっていれば t_n のオーダーを定める助けになりますが，それが分かっていないのです．

そのため t_n のオーダーの上界や下界を考えることにします．上界は小さければ小さい程よく，下界は大きければ大きい程よいです．上界と下界が一致すれば，t_n が定まったことになります．

まず「t_n のオーダーが〇〇以下である」という上界を証明するためには「どんな n 個の点の集合 P に対しても $t(P)$ のオーダーが〇〇以下である」ということを示せばよいです．しかし，これは P の可能性としてすべての場合を考えないといけないので，とても難しいです．現在知られている中で最もよい上界ではないですが，分かる人には簡単に分かる上界の概略をここでは説明します．

三角形分割は点同士を結ぶ辺をいくつか集めてできます．辺は点を 2 つ選んだものです．点を 2 つ選ぶ場合の数は $n(n-1)/2$ です．そして三角形分割の辺の数は多くても $3n-6$ であることが知られている[4]ので $n(n-1)/2$ 個の辺候補から実際に $3n-6$ 個の辺を選ぶ場合の数が三角形分割の数の上界，すなわち t_n の上界となります．このオーダーはだいたい $n^{6n}8^{-n}$ 以下になります．

現在知られている中で最もよい上界はシャリアとヴェルツル（2006 年）による 43^n というものです．彼らは確率的に生成した三角形分割の性質を考察することで t_n のオーダーの上界を導いています．数列 t_n が大きくても指数関数的にしか増加しないというのは驚きです．

では，下界の方を見てみます．「t_n のオーダーが〇〇以上である」という下界を証明するためには「ある n 個の点の集合 P に対して $t(P)$ のオーダーが〇〇以上である」ということを示せばよいです．つまり，どんな点集合 P に

---

[4] これはオイラーの公式と呼ばれるものから導くことができます．

対しても $t_n \geqq t(P)$ が成り立ちます．できるだけ $t(P)$ が大きくなる P を見つけることができれば，よい下界が得られることになります．例えば，前の節で登場した a_n という数列は P を凸 n 角形の頂点集合としたときの $t(P)$ なので，$t_n \geqq a_n$ という不等式が得られます．ここから，t_n のオーダーは $4^n n^{-3/2}$ 以上であることが分かります．これよりもよい下界を与える点集合 P が見つけられるとよいわけです．

歴史を追うと長くなるのですが，最近アイヒホルツァー，ハックル，ヒューマー，フルタド，クラッサー，フォクテンフーバー (2007 年) は「二重ジグザグ鎖」という点集合を構成しました．次の図は 18 点から成る二重ジグザグ鎖とその三角形分割の例です．

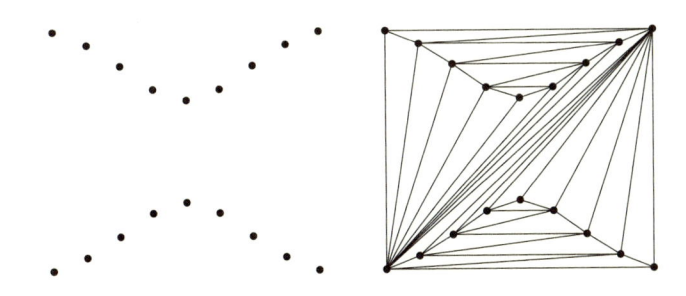

彼らはこの点集合の三角形分割の数のオーダーがおよそ $(6\sqrt{2})^n$ であること[5]を示しました．これは $4^n n^{-3/2}$ に比べて格段に大きな値です．これが現在知られている中で最も大きな下界です．すなわち，t_n のオーダーとして現在知られている中で最もよい上界と下界をまとめると

$$\text{およそ } (6\sqrt{2})^n \leqq t_n \text{ のオーダー} \leqq 43^n$$

になります．上界と下界の違いが極めて大きいですが，これを縮めて t_n のオーダーを定めることは離散幾何学における重要な問題です．興味がある方は是非取り組んで下さい．[6]

---

[5] オーダーが $(6\sqrt{2})^n$ と n に関するある多項式を掛け合わせたものであること．

[6] 2009 年にシャリアとシェファーは上界を 30^n に改善できると報告しています．

3. 単位距離問題 —— 極値問題 2

　別の極値問題を見てみます．前の問題との違いは賞金があるかないかということです．

　ところで，正三角形では 3 つの頂点の間の距離がどれも等しくなっています．言い替えると，平面上の 3 つの点を上手に配置して，それぞれの間の距離を等しくすることができます．しかし，平面上の 4 つの点を上手に配置して，それぞれの間の距離を等しくすることは不可能です．それでも 4 つの点の間の組は全部で 6 つありますが，その中の 5 つの距離を等しくすることはできます．次の図のように正三角形を 2 つ貼り付けたようにすればよいです．全体を拡大か縮小して，この「等しい距離」はすべて 1 であると仮定しましょう．次の図では，線の引いてある点の組の距離が 1 になっているわけです．

　一般に，平面上の異なる n 個の点を上手に配置して，その点の組のできるだけ多くの距離を 1 にしたいとき，どのように n 個の点を配置すればよいのでしょうか？　その最大値を u_n と書くことにします．例えば，$u_3 = 3$，$u_4 = 5$ になります．

　この数列 u_n のオーダーが何であるかは大きな未解決問題で，「平面上の単位距離問題」として知られています．今は亡き数学者エルデシュは u_n のオーダーの決定に対して 500 ドルの賞金を出すことを宣言しました[7]．

　まず 1946 年にエルデシュ自身が示した下界を紹介します．彼は u_n のオー

---

[7] 実際はオーダーを決定しなくても，オーダーが $n^{1.1}$，$n^{1.01}$，$n^{1.001}$，… のどれよりも小さいことが正しいかどうか証明すれば 500 ドルの賞金を出すことを宣言しました．

ダーが $n^{1+c/\log\log n}$ 以上（ただし，c はある定数）であることを証明しました．前の節と同様に，このような下界を証明するためにはうまい点集合 P を構成して，P において距離が 1 の点の組の数を計算すればよいです．そのような組の数が多い P を見つけられるとよいわけです．エルデシュが考えたものは次の図にあるようなおよそ $\sqrt{n} \times \sqrt{n}$ の格子です．（図では $n=100$, $\sqrt{n}=10$ になっています．）

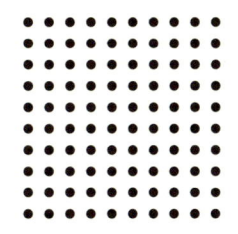

問題はこの格子の点間隔をどうするかということです．中央付近の点を見てみましょう．点間隔を 1 にすると，中央付近の点から距離 1 にある点の数は 4 になります．しかし，点間隔を $1/\sqrt{5}$ にすると，中央付近の点から距離 1 にある点の数は 8 になります．

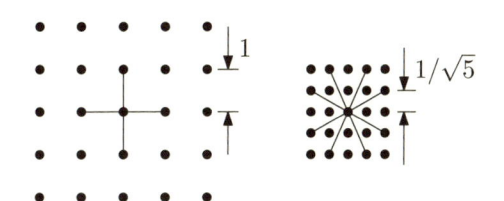

このように点間隔をうまく設定することで距離 1 の点の組を増やすことができます．では，どれだけ増やすことができるのでしょうか．点集合全体を平行移動させて，考えている中央付近の点の座標が $(0,0)$ になるようにします．点 $(0,0)$ と点 (x,y) の間の距離は $\sqrt{x^2+y^2}$ です．つまり，問題は「$\sqrt{x^2+y^2}$ を 1 とするような (x,y) の数をできるだけ大きくするには点間隔をどうすれば

55

よいか」というものになり，これは数論的な問題（ある数を平方数の和として表す場合の数の評価）に関連しているのです．その関連についてこれ以上詳しく述べませんが，そのような考察から現在知られている中で最もよい下界 $n^{1+c/\log\log n}$ が得られるのです．

では，上界の方はどうでしょうか？ 数列 u_n のオーダーに対して現在知られている中で最もよい上界はスペンサー，セメレディ，トロッター（1984年）による $n^{4/3}$ です．これは「点と単位円の接続問題」と呼ばれる問題と単位距離問題の関連から導かれます．彼らの証明は少々難解なものでしたが，1997年にセケイが「グラフの交差数」と呼ばれる概念を用いた簡単な証明を発見しました．

すなわち，u_n のオーダーに関して知られている最もよい上界は $n^{4/3}$ で，最もよい下界は $n^{1+c/\log\log n}$ です．上界と下界の違いがとても大きく，平面上の点集合に関して我々の知識がとても不足していることを如実に物語っている気がします．

単位距離問題は平面上だけでなく次元の高い空間においても考察することができます．距離が1である点の組の数のオーダーに関して3次元においては $n^{5/3}$ という上界と $n^{4/3} \log\log n$ という下界が知られています（両方ともエルデシュ（1960年）の結果です）．4次元以上においてはそのオーダーがちょうど n^2 になることが知られています．

また，平面上において点の組（つまり2つの点）を考えるのではなくて，3つの点を考えて，どれだけ多くの3点の組合せが面積1の三角形を作るのかという極値問題も研究されています．1971年にエルデシュとパーディがその数列のオーダーに対して $n^{5/2}$ という上界と $n \log\log n$ という下界を示しました．1992年にパッハとシャリアが上界を $n^{7/3}$ に改善しましたが，2008年にドゥミトレスキュ，シャリア，トースが上界を更に $n^{44/19}$ へ改善しました．2009年にはアプフェルバウム，シャリアがそれを更に $n^{9/4+\epsilon}$ へ改善しました（ただし，ϵ は任意の正定数）．単位距離問題とその変種は最近でも盛んに議論されている研究テーマなのです．

4．最後に

　離散幾何学と呼ばれる離散数学の分野があります．離散幾何学が研究の対象としているものは，有限個の点の集合であったり，有限個の直線の集合であったり，有限個の円であったりします．研究内容は他の離散数学の分野と変わりませんが，この記事では極値問題に焦点を絞りました．もっと紙面があれば，証明の詳細や離散幾何学における構造論，そしてアルゴリズムについても説明できたのですが，それらの側面や他にも離散数学についてもっと勉強したい方に以下の本を推薦します．離散数学一般に関する数学的な入門としてマトウシェクとネシェトリルの本[3]を挙げます．扱っている内容は標準的でありながら深く，素晴らしい演習問題がたくさんあります．離散幾何学全般についてはマトウシェクの教科書[2]が現代的な視点から詳細に述べています．ただ，三角形分割についてはあまり記述がないので，今井と今井の本[1]などを参考にして下さい．

参考文献

[1] 今井浩，今井桂子．「計算幾何学」，共立出版，1994 年．

[2] J. Matoušek. Lectures on Discrete Geometry, Springer, 2002．日本語訳「離散幾何学講義」(岡本吉央訳)，シュプリンガー・ジャパン，2005 年．

[3] J. Matoušek, J. Nešetril. Invitation to Discrete Mathematics, Oxford University Press, 1998．日本語訳「離散数学への招待」(根上生也，中本敦浩訳)，シュプリンガー・ジャパン，2002 年．

# 第4章

最短路問題

1. はじめに

　グラフの節点や枝に重さや長さなどの数値が割り当てられているものを，離散数学の用語でネットワークと呼んでいます．ネットワークでモデル化される問題には重要なものが多いのですが，今回はその代表として，鉄道などの経路検索システムやカーナビで使われている，とても身近な問題である最短路問題について説明します．なお，用語について詳しくは本書の他の項目や教科書 [1, 2, 3] などをご参照下さい．

2. 最短路問題とは何か

2.1 問題例と定式化

　図1のようにA〜Kの11の町があり，各々が道路でつながっています．町から町へは，それらの道路を使って移動しますが，それぞれの道路を通り抜けるには，その脇に書いてある時間(分)だけかかります．町を通り抜ける時間は無視できる(すなわち0分)とします．例えば，A町からC町を経由してD町まで行くと25 + 30 = 55分かかります．あなたはA町に住んでいてK町に用事があって行くことにしました．最短で何分で行くことが出来るでしょうか？その時の経路も求めて下さい．

第 4 章　最短路問題

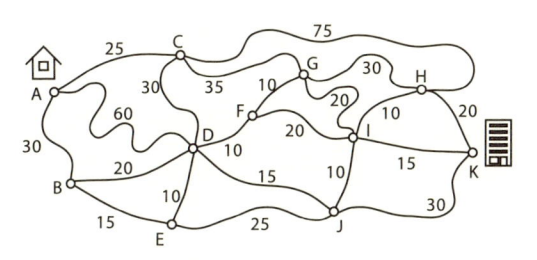

図 1　A 町から K 町への最短路は？

　このような問題を「最短路問題」と言います．図 1 の問題例は A〜K の町を節点，町と町の間の道を枝と考えることによってグラフにモデル化することができ，さらに枝に時間という数値が付与されてますので，ネットワーク問題と考えることができます．

　最短路問題をきちんと定式化すれば以下のようになります[1]．

最短路問題

　入力：グラフ $G = (V, E)$，始点 $s \in V$，終点 $t \in V$，任意の枝 $e \in E$ に対しその長さ $\ell(e)$．

　要請：s から t までの長さ最短の路（およびその長さ）を求めよ．

　なお，路 (path) とは，枝によって隣接[2]している節点の系列であり（例えば，図 1 のグラフの $\langle A, C, H, K \rangle$ や $\langle A, C, D, E, J, K \rangle$ などが路です），路の長さはそれに属する枝の長さの合計です．例えば路 $P = \langle A, C, H, K \rangle$ の長さ $\ell(P)$ は $\ell(AC) + \ell(CH) + \ell(HK) = 25 + 75 + 20 = 120$ です．

　最短路問題には，大きく分けて次の 2 種類があります．

Ⅰ．すべての枝長が非負のもの．
Ⅱ．負の枝長の存在を許すもの．

---

[1] 一般的にはグラフは有向グラフを考えます．すなわち「枝を通過する方向によってかかる時間が異なっても良い」とします．ただし図 1 の問題例は無向グラフの例になっています．
[2] 2 節点が隣接しているとは，1 本の枝でつながっていることを意味します．

基礎理論編

もちろんIIの方が，問題としては一般的[3]です．しかしカーナビなどの多くの実例はIに当てはまりますし，何より，枝長が非負という条件を用いればたいへん高速な解法が存在するのです．その解法の代表がダイクストラ法（Dijkstra's method）です．そしてIIの解法の代表はフロイド・ワーシャル法（Floyd-Warshall method）です．それらを以下で順次解説します．なお，以下ではグラフの節点数を$|V|=n$，枝数を$|E|=m$とします．

2.2 「しらみつぶし」では何故駄目か

こういった問題で，もっとも単純な解法は「すべての可能性の有る路をしらみつぶしで調べる」という「しらみつぶし法」でしょう．実際，条件Iの下では「同じ節点を二度通らない最短路が存在する」ということが容易に分かりますので，可能性のある路の数は有限個になり，理論上は計算可能ですし，節点の数が少ないときには実用上も有効です．しかし，節点数がちょっとでも多くなるとこの方法は使い物になりません．仮に節点毎に選択可能な分枝が平均的に3個だったとしても，調べなければいけない路の数は約3^{n-1}個になりますが，これは指数関数であるためnの増加とともに急激に増大します．例えば$n=10$のときには2万弱程度ですが$n=20$だと約1.16×10^{10}，$n=50$だと約2.39×10^{23}，$n=100$だと約1.72×10^{47}という具合に，天文学的な数値になってしまい，これはいくら計算機の能力が発達しても明らかに計算不可能です[4]．したがって，効率的な計算方法（アルゴリズム）が不可欠なのです．

---

[3] ここでいう「一般的」とは数学用語で「より広い対象をさす」ということです．
[4] 例えば1秒間に1億本の路の計算ができる計算機を1億台並列に並べて計算したとしても，$n=100$の場合を計算するには10^{23}年以上かかってしまいます．

60

第4章　最短路問題

3. 最短路アルゴリズムのエース ── ダイクストラ法

3.1 ダイクストラ法の基本

　ダイクストラ法はすべての枝長が非負であるネットワークの最短路問題を $O(m + n \log n)$ 時間[5] で解くことのできるアルゴリズムです．さらに，その始点から，残りのすべての節点までの最短路とその長さを，同時に求めてくれます．

　ダイクストラ法の基本的な考え方は

> 始点に近い節点から順に距離を確定していく

というものです．つまり各節点 $v \in V$ について，節点 A からの距離 $\mathrm{dist}(v)$ を，順に確定していこうという訳です．

3.2 アルゴリズム

　アルゴリズムを理解するには具体的な問題例を実際に解いてみるのが一番です．図1の例を解いてみましょう．

　まず始点 A に隣接している3節点 B, C, D について，A から（他の節点を経由せずに）直接来る場合の距離を，仮の距離 $\mathrm{dist}'(B), \mathrm{dist}'(C), \mathrm{dist}'(D)$，とします．これはその枝の長さそのものなので，以下のように簡単に得られます[6]．

---

[5] $O(\cdots)$ という記号は，「オーダー表記」と呼ばれるものです．その意味ですが，例えば $O(f(n))$ は，「どんなに大きな n を持ってきても $f(n)$ の定数倍以下にしかならない関数」のことを意味します．すなわち「アルゴリズムの計算時間が $O(m + n \log n)$ である」とは，「どんなに大きなグラフ（n と m）を持ってきても，$m + n \log n$ の定数倍以下の計算時間で解くことができる」ということを意味します．なお，$O(f(n))$ の読み方は「オーダー $f(n)$」です．
[6] 記号「:=」は代入の記号で，「左の変数に右側の値を代入する」という意味があります．通常の等号「=」とほとんど同じ意味ですが，「$A := A + 1$」のように，左辺に出てくる変数を右辺に入れて，「その変数値を更新する」という意味に使うことができます（この場合は，「A という変数値に1を加える」という意味になります）．

61

基礎理論編

$$\text{dist}'(B) := \ell(A, B) = 30$$
$$\text{dist}'(C) := \ell(A, C) = 25$$
$$\text{dist}'(D) := \ell(A, D) = 60$$

これらはあくまで「他の節点を経由せずに A から直接来る路の距離」ですので，最短路である保証はありません．ところが，これらうちに，それがそのまま最短路になっているものが一つは存在し，それがどれだか，この時点の情報だけから（これ以上探索しなくても）分かるのです．

どれだか分かりますか？　講義ならばここで少し考慮時間を与えるところです．読者の皆さんも，1～2分ここで考えてみて下さい．

分かりましたか？　答えは3つのうち最小の値を持つ $\text{dist}'(C) = 25$ です．理由は簡単です．もしそれが最短で無いとしたら，もっと長さの短い路があるはずで，その路は最初の枝として，(A,B), (A,C), (A,D) のどれかの枝を通らなければなりませんが，そうするとその路の長さは最低でもそれらの枝の長さはなくてはならない，すなわち25以上あることになって矛盾を生じるからです．

注意：上の議論では「すべての枝長が非負」という前提を使っています．もし負の長さの枝が存在するのならば，この議論は成立しなくなります．

よってこの時点で

$$\text{dist}(C) = 25 \text{ で，その最短路は} \langle A,\ C \rangle$$

ということが確定します．この時点で分かっている情報を図示すると図2のようになります．図中で，節点の脇に書いてある数値は，{25} など中括弧で

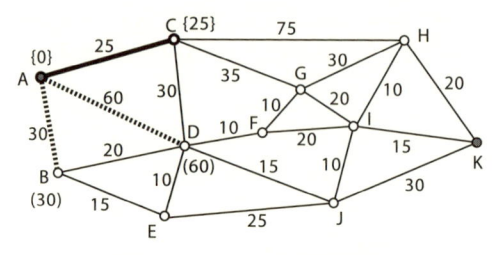

図2　A と C までの距離が確定

括ってあるものは，dist′ の値（確定したもの），(30) など小括弧で括ってあるものは現在の dist′ の値を表します．また，太線の枝は最短路を構成する枝を，点線の枝は現在の dist′ を算出するのに使った枝を表します．

さて C の距離が確定したので，C 経由でたどり着く路の距離も考えることができます．すなわち，C に隣接している節点 D, G, H について上記の路の距離を計算し，仮の距離とすると以下のようになります．

$$\text{dist}'(D) := \min\{\text{dist}'(D),\ \text{dist}(C) + \ell(C, D)\}$$
$$= \min\{60,\ 25 + 30\} = 55$$
$$\text{dist}'(G) := \text{dist}(C) + \ell(C, G) = 25 + 35 = 60$$
$$\text{dist}'(H) := \text{dist}(C) + \ell(C, H) = 25 + 75 = 100$$

$\text{dist}'(G)$ と $\text{dist}'(H)$ は問題ないと思いますが，注意すべきは $\text{dist}'(D)$ です．すでに $\text{dist}'(D)$ には 60 という値が入っていますので，それと新たに得られた 55 と比較して，小さい方が仮の最短路長として記憶されます．この場合は新たに得た 55 の方が短いので，そちらが採用されました．

ここで以下の 4 つの節点について仮の最短路長が

$$\text{dist}'(B) = 30,\ \text{dist}'(D) = 55,$$
$$\text{dist}'(G) = 60,\ \text{dist}'(H) = 100$$

のように得られていますが，先の議論と同様にして，このうちの一つは，最短路長に等しいことが論証できます．

これはもう分かりますね．一番短い $\text{dist}'(B) = 30$ です．理由は $\text{dist}(C)$ を確定したときと全く同様です．その結果

$$\text{dist}(B) = 30\ \text{で，その最短路は}\ \langle A, B \rangle$$

ということも確定しました．ここまでの結果を図示すると図 3 のようになります．

基礎理論編

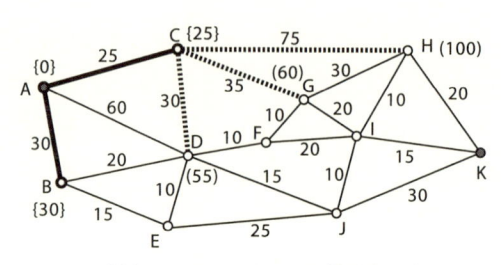

図3　A, C, B までの距離が確定

ここまで来れば勘の良い方はもう分かったと思いますが，もう一歩やってみましょう．新たに B までの距離が判明しましたので，B に隣接する節点 D と E に対し，B 経由で到達する距離が求まります．

$$\mathrm{dist}'(D) := \min\{\mathrm{dist}'(D),\, \mathrm{dist}(B) + \ell(B, D)\}$$
$$= \min\{55,\, 30 + 20\} = 50$$
$$\mathrm{dist}'(E) := \mathrm{dist}(B) + \ell(B, E) = 30 + 15 = 45$$

従って，

$$\mathrm{dist}'(D) = 50,\quad \mathrm{dist}'(E) = 45$$
$$\mathrm{dist}'(G) = 60,\quad \mathrm{dist}'(H) = 100$$

が得られます．そしてこのうちで最小の $\mathrm{dist}'(E) = 45$ が最短路長になることが，これまでと同様の議論で言えます．その最短路は $\langle A, B, E \rangle$ です．この状況を図示すると図4のようになります．

ここまで来ればあとはお分かりですね．以後も同様に以上の手順を最後まで続けていくと図5が得られます．すなわち，A-K の最短路は $\langle A, B, D, J, I, K \rangle$

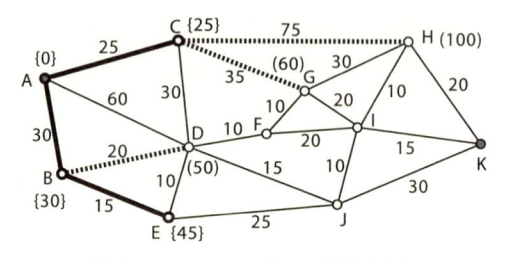

図4　A, C, B, E までの距離が確定

64

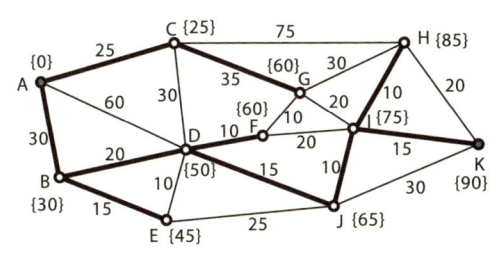

図5 すべての節点までの距離が確定

で，その長さは $\mathrm{dist}(K) = 90$ ということになります．

図5の太線で表された枝からなるグラフの形を木 (tree) と言います[7]．この木は始点 A からすべての節点への最短路を同時に表していることに注意して下さい．この木のことを最短路木 (shortest path tree) と呼びます．ダイクストラ法は一つの始点から残りのすべての節点までの最短路を同時に表す最短路木を求めることができるのです．

4．負長枝があっても OK ——フロイド・ワーシャル法

4.1 フロイド・ワーシャル法の基本

ここでは，負の長さの枝を含んでいる場合にでも適用できるフロイド・ワーシャル法を説明します．このアルゴリズムは全節点対間の最短路とその長さを $O(n^3)$ 時間で算出します．

負の長さの枝がある場合には，少し注意が必要です．というのは，最短路が存在しない場合もあるからです．図6の有向グラフの問題例を見て下さい．このネットワークでの s-t 最短路は，一見 $\langle s, a, b, t \rangle$ で長さが $2 + (-3) + 2 = 1$ のように思えますがそうではありません．$\langle a, b, c, a \rangle$ という閉路は長さが $(-3) + 1 + 1 = -1$ と負なので，そこを何度も回れば回っ

---

[7] 「木」の正確な定義は，「閉路が無く連結なグラフ」です．

基礎理論編

ただけ長さが短くなるのです．つまり，負の長さの閉路が存在すると最短路は存在しないということです．実は次のことが証明できます．

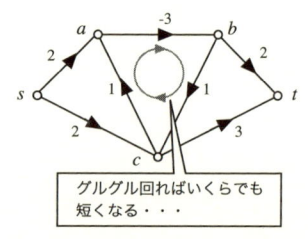

> **命題1** 強連結[8]な有向グラフ上のネットワーク上に与えられた2節点 s, t に対し，s-t 最短路が存在する必要十分条件は負の長さの閉路が存在しないことである．

図6 負長枝がある場合の問題点

ただし，フロイド・ワーシャル法を適用する場合，負長閉路の非存在を仮定する必要はありません．負長閉路が存在しても正常にアルゴリズムは動作し，負長閉路があることを判定してアルゴリズムを終了するのです．

アルゴリズムの説明を簡単にするために，いくつか用語と記号を定義します．グラフの節点には1から n までの通番が付けられ，$V = \{v_1, v_2, \cdots, v_n\}$ のようになっているとします．さらに任意の $k = 1, 2, \cdots, n$ に対し，$V^k = \{v_1, \cdots, v_k\}$ とします．便宜上 $V^0 = \emptyset$ というのも定義しておきます．任意の2節点 $v_i, v_j \in V$ に対し，V^k に属する節点のみを経由する路[9]のうちで最短のものを $P^k_{i,j}$，その長さを $\mathrm{dist}^k_{i,j}$ とします．$V^n = V$ であることから，$P^n_{i,j}$ が v_i-v_j 最短路であり，$\mathrm{dist}^n_{i,j}$ がその長さであることになります．

---

[8] 有向グラフ $G = (V, W)$ が強連結であるとは「任意の2節点 $v, w \in V$ に対して v-w 路が存在する」ことを意味します．なお，グラフが無向グラフならば，負の長さを持つ枝を往復すれば負長閉路ができあがるので，連結無向グラフにおいては負長枝の存在がそのまま最短路の非存在と同値になります．

[9] 端点の v_i と v_j は V^k に属する必要はありません．念のため．

$\mathrm{dist}^k_{i,j}$ を表現する $n \times n$ 行列を dist^k と書くことにします．すなわち

$$\mathrm{dist}^k = \begin{pmatrix} \mathrm{dist}^k_{1,1} & \mathrm{dist}^k_{1,2} & \cdots & \mathrm{dist}^k_{1,n} \\ \mathrm{dist}^k_{2,1} & \mathrm{dist}^k_{2,2} & \cdots & \mathrm{dist}^k_{2,n} \\ \vdots & \vdots & \ddots & \vdots \\ \mathrm{dist}^k_{n,1} & \mathrm{dist}^k_{n,2} & \cdots & \mathrm{dist}^k_{n,n} \end{pmatrix}$$

です．簡単のため $\ell_{i,j} = \ell(v_i, v_j)$ と書くことにします．

フロイド・ワーシャル法の基本方針は

$$\boxed{\mathrm{dist}^k \text{ を } k = 0, 1, \cdots, n \text{ の順に求めていく}}$$

というものです．

4.2 アルゴリズム

まず dist^0 の算出は簡単です．$P^0_{i,j}$ は途中の節点が無いので，有りえるのは1本の枝 (v_i, v_j) からなる路のみということです．すなわち

$$\mathrm{dist}^0_{i,j} = \begin{cases} \ell_{i,j} & ((v_i, v_j) \in E \text{ のとき}) \\ \infty & ((v_i, v_j) \notin E \text{ のとき}) \end{cases}$$

となります[10]．

次に任意の $k = 1, \cdots, n$ に対し，dist^{k-1} が分かっている状態で dist^k を求める方法を述べます．$P^k_{i,j}$ が中間点として v_k を経由するかしないかで，二通りに分けて考えます．

- $P^k_{i,j}$ が v_k を経由しない場合：$P^k_{i,j}$ は V^{k-1} の節点しか経由しないことになり $P^{k-1}_{i,j}$ と一致するので

$$\mathrm{dist}^k_{i,j} = \mathrm{dist}^{k-1}_{i,j} \tag{1}$$

が成立します．

---

[10] ここで使った ∞ は現実のプログラムでは，十分大きな数値（例えば，枝長の絶対値の総和に1を足したものなど）にしておけば大丈夫です．

● $P_{i,j}^k$ が v_k を経由する場合：v_k は一度しか経由しないので[11] $P_{i,j}^k$ は v_k を境に前半の v_i - v_k 路と後半の v_k - v_j 路との二つに分けることができます．

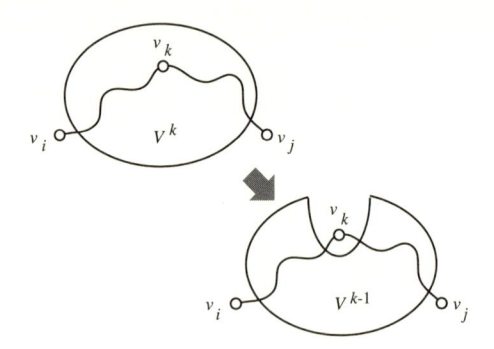

図7　$P_{i,j}^k$ の v_k による分離

(図7 参照．なお，v_i, v_j は V^{k-1} に含まれてる場合もあります)．このとき，この二つの路は中間点として V^{k-1} の節点しか含みませんので，それぞれ $P_{i,k}^{k-1}$ と $P_{k,j}^{k-1}$ でなければなりません[12]．従って

$$\text{dist}_{i,j}^k = \text{dist}_{i,k}^{k-1} + \text{dist}_{k,j}^{k-1} \tag{2}$$

が成立します．

残る問題はこの二つのどちらの場合になるかということですが，それは**式(1)と(2)の値を比較して，大きくない方が** $\text{dist}_{i,j}^k$ **となる**ことが，単純な考察からわかります．すなわち，以下の通りです．

$$\text{dist}_{i,j}^k = \min\{\text{dist}_{i,j}^{k-1}, \text{dist}_{i,k}^{k-1} + \text{dist}_{k,j}^{k-1}\} \tag{3}$$

この手続きを $k = 1, \cdots, n$ に対して順に適用していけば，最終的に dist^n が求

---

[11] 負長閉路が存在しないので，もし2度通るときには，v_k - v_k 間の閉路をとってしまって v_k を一度しか通らないように代えても経路長は長くなりません．

[12] ここでは，「最短路の部分路も最短路でなければならない」という最適性の原理と呼ばれる性質を使っています．実はダイクストラ法でもそれを使っていましたが気付きましたか？最適性の原理の証明は文献 [3] 等を参照して下さい．

まることになります．

　$P_{i,j}^k$ の計算ですが，節点 v_i から他のすべての節点への最短経路は (V^k の制限があっても) ダイクストラ法の場合と同様に一つの木で表すことができますので，$P_{i,j}^k$ については，その木における節点 v_j の親節点[13]を記憶しておけば十分です．すなわち，$P_{i,j}^k$ は，v_i を始点とする最短路木における v_j の親節点を格納するデータ $p_{i,j}^k$ を保持していれば表現できます．

　例を使って見てみましょう．図 8 のネットワーク(両方向に同じ長さの枝がある場合には，簡単のため無向枝で表記してあります)に対してこのアルゴリズムを実行したときの dist^k と p^k ($p_{i,j}^k$ を表す $n \times n$ 行列)の一覧を図 9 に示します．図中で，そのときに更新された情報には丸がつけてあります．

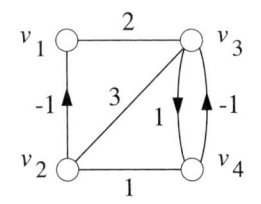

図 8　最短路問題の問題例 —— 負の枝のある場合

　なお，負長閉路存在の判定ですが，対角成分の $\text{dist}_{i,i}^k$ も計算するようにしておけば，負長閉路が存在した場合，アルゴリズムの途中で，ある $v_i \in V$ に対し $\text{dist}_{i,i}^k < 0$ となることによって判明します．

5．おわりに

　今回はアルゴリズムの代表としてネットワーク問題から最短路問題のアルゴリズムを紹介しました．ネットワーク問題には他にも「最小木問題」「最大流問題」「マッチング問題」等々様々な問題があり，多くの華麗なアルゴリズ

---

[13] その節点よりも根 (この場合は v_i) に一つ近い節点のことです．

ムが発見されています．本書でその全てを紹介することはできませんが，興味をもたれた方は参考文献にあげた教科書などをご覧になって下さい．

参考文献

［1］浅野孝夫, 情報の構造, 下, ネットワークアルゴリズムとデータ構造, 日本評論社, 1994.
［2］茨木俊秀, 情報学のための離散数学, 昭晃堂, 2004.
［3］滝根哲哉, 伊藤大雄, 西尾章治郎, ネットワーク設計理論, 岩波講座「インターネット」, 5, 岩波書店, 2001.

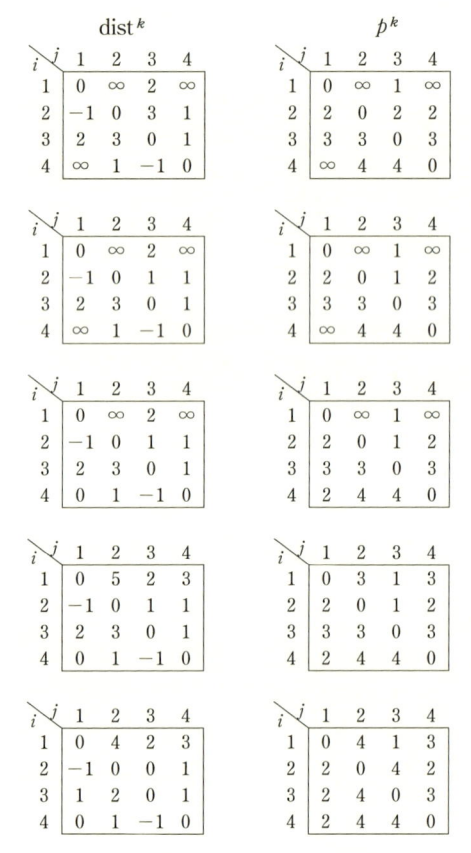

dist^k

i\j	1	2	3	4
1	0	∞	2	∞
2	−1	0	3	1
3	2	3	0	1
4	∞	1	−1	0

p^k

i\j	1	2	3	4
1	0	∞	1	∞
2	2	0	2	2
3	3	3	0	3
4	∞	4	4	0

i\j	1	2	3	4
1	0	∞	2	∞
2	−1	0	1	1
3	2	3	0	1
4	∞	1	−1	0

i\j	1	2	3	4
1	0	∞	1	∞
2	2	0	1	2
3	3	3	0	3
4	∞	4	4	0

i\j	1	2	3	4
1	0	∞	2	∞
2	−1	0	1	1
3	2	3	0	1
4	0	1	−1	0

i\j	1	2	3	4
1	0	∞	1	∞
2	2	0	1	2
3	3	3	0	3
4	2	4	4	0

i\j	1	2	3	4
1	0	5	2	3
2	−1	0	1	1
3	2	3	0	1
4	0	1	−1	0

i\j	1	2	3	4
1	0	3	1	3
2	2	0	1	2
3	3	3	0	3
4	2	4	4	0

i\j	1	2	3	4
1	0	4	2	3
2	−1	0	0	1
3	1	2	0	1
4	0	1	−1	0

i\j	1	2	3	4
1	0	4	1	3
2	2	0	4	2
3	2	4	0	3
4	2	4	4	0

図9　フロイド・ワーシャル法の実行例

第5章
離散数学における確率的手法

1. はじめに

　本章は，離散数学における**確率的手法**(Probabilistic Method) の初歩を，いくつかの具体例を挙げて紹介します．

　確率的手法は，ハンガリーの数学者，ポール・エルデシュ(Paul Erdös: 1913 – 1996)によって始められたと言われています[1]．それ以来，この手法は，特に，理論計算機科学や統計物理学の分野で，重要かつ強力な手法の1つとして広く用いられてきました．次の節で，いくつかの簡単な具体例を通して，この手法の典型的な使われ方を見ていきたいと思います．

2. 確率的手法

2.1 基本的アイデア(その1)

　まず始めに，確率的手法が紹介される時の適用例の代表として，次のようなグラフの問題を考えてみましょう．

> **問題1**　p, q をある自然数とする．頂点数 n の完全グラフの辺を2色で塗ることを考える．（各辺を，例えば白か黒で塗る．）どのような辺の塗り方に対しても，単一の色で塗られる p 頂点完全グラフまたは q 頂点完全グラフが存在するような頂点数 n の最小はいくつか？

この最小の数は**ラムゼイ数**(Ramsey number)と呼ばれ，ここでは $R(p, q)$ と表記します．これが有限であることは，ラムゼイ（Frank Ramsey: 1903 – 1930）自身によって示されました．ここでは，$p = q = k$ の場合の $R(k, k)$ の下界を，確率的手法を用いて見積もってみましょう．

　手始めに，$R(3, 3)$ が 5 より大きいかどうかを調べてみましょう．つまり，頂点数が 5 の完全グラフの各辺を白か黒で塗っていった場合，辺すべてが同じ色で塗られる 3 頂点完全グラフ（つまり，三角形）があるかどうかを見ていきます．図 1 には，頂点数 5 の完全グラフのある辺彩色が示されています．

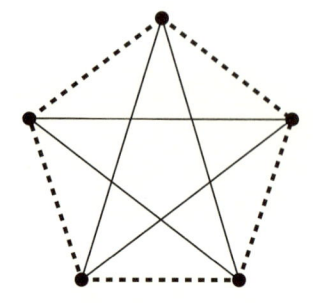

図 1　5 頂点完全グラフの辺 2 彩色

破線の辺を白，実線の辺を黒で塗ると見なせば，この図から，任意の三角形が同じ色で塗られていないことが分かるでしょう．よって，ある塗り方によって，単一の色で塗られた 3 頂点完全グラフが存在しないので，$k = 3$ の場合の頂点数 n の最小は 5 以下ではない，つまり，$R(3, 3) > 5$ であることが示されます．（実際，$R(3, 3) = 6$ が成り立ちます．）では，任意の k に対する $R(k, k)$ の下界はどのくらいになるのか，それを確率的手法を使って見積もってみましょう．

命題 1　任意の $k \geq 3$ に対して，$R(k, k) > [2^{k/2}]$．

証明　頂点数 n の完全グラフ $G = (V, E)$（$|V| = n$）の辺 2 彩色を考え

る．各辺に対して，確率 $1/2$ で白に，確率 $1/2$ で黒に塗る試行を考える．この試行は，互いに独立とする．V の k 個の頂点からなる，任意の完全部分グラフを K_k とする．(そのような部分グラフは $\binom{n}{k}$ 個存在する．) この時，

$$\Pr\{K_k \text{が単一の色で塗られる}\} = 2 \cdot \left(\frac{1}{2}\right)^{\binom{k}{2}}.$$

よって，(事実1より)

$$\Pr\{\text{ある} K_k \text{が単一の色で塗られる}\}$$
$$\leq \binom{n}{k} \Pr\{K_k \text{が単一の色で塗られる}\}$$
$$= \binom{n}{k} 2^{1-\binom{k}{2}}.$$

この確率が1未満である場合のことを考える．つまり，すべての K_k が単一の色で塗られていない確率がゼロでない場合のことである．このことは，ある辺2彩色によって，すべての K_k が単一の色で塗られていないことを意味する．よって，$\binom{n}{k} 2^{1-\binom{k}{2}} < 2$ であれば，最小の頂点数は n 以下ではない，つまり $R(k,k) > n$ であることが言える．ここで，$n = [2^{k/2}]$ とおけば，

$$\binom{n}{k} 2^{1-\binom{k}{2}} < \frac{2^{2+(k/2)}}{k!} \cdot \frac{n^k}{2^{k^2/2}} < 1,$$

が満たされるので，$R(k,k) > [2^{k/2}]$ が示される． □

　この証明で示されるよう，確率的手法による証明は，対象とする事象 (上の証明では，すべての辺2彩色) の上の分布を (上手に) 決めることから始められます．(実際のところ，定義される分布は，上の証明のように単純なものが多いです．) そして，確率がゼロではない，つまり，その分布のもとではある事象が起きるということから，その事象の存在性を導き出します．このように，非ゼロの確率から事象の存在性を導き出すことが，"確率的"手法の基本的なアイデアです．

基礎理論編

このアイデアが示すように，確率的手法を用いる際，確率の計算(確率の値のバウンド)を上手にやることが求められます．そのためによく利用される(明らかな)事実を以下に示します．

●**事実1(ユニオンバウンド)** $A_1, ..., A_N$ を任意の事象とする．この時，
$$\Pr\left\{\bigcup_{i=1}^{N} A_i\right\} \leq \sum_{i=1}^{N} \Pr\{A_i\}.$$

2.2 基本的アイデア(その2)

次に，以下のような簡単な問題を考えてみましょう：あるクラスのテストの平均点が60点でした．この場合，60点以上を取った人はいるでしょうか？
答えは「はい」です．(それは，もしクラス全員が60点未満だったら，平均点が60点以上になるはずがないからです．)このように，期待値(平均)からそれ以上を達成するような事象の存在性を導き出すことも，確率的手法の基本的アイデアです．

問題2 $G = (V, E)$ を任意のグラフとする．V の2分割 (V_1, V_2) によるカット辺を $E \cap (V_1 \times V_2)$ として，$C(V_1, V_2) = |E \cap (V_1 \times V_2)|$ とする．この時，E の半分以上がカット辺となるような V の2分割 (V_1, V_2) は存在するか？

これを，以下のように確率的手法により証明します．まず，V のすべての2分割の上の適当な分布を定義します．その分布に対する $C(V_1, V_2)$ の期待値を求めます．そして，期待値以上を達成するような事象は存在するという事実を用いて，そのような分割が存在することを証明します．ここで，期待値を求めるための，よく利用される期待値の性質を示します．

第 5 章　離散数学における確率的手法

● **事実 2 (期待値の線型性)**　$X_1, ..., X_m$ を任意の確率変数とする．$X = X_1 + \cdots + X_m$ とする．この時，
$$\mathrm{E}[X] = \sum_{i=1}^{m} \mathrm{E}[X_i].$$

命題 2　任意の $G = (V, E)$ に対して，ある V の 2 分割 (V_1, V_2) が存在して，
$$C(V_1, V_2) \geq \frac{|E|}{2}.$$

証明　次のような V の (ランダムな) 2 分割 (V_1, V_2) を考える：各頂点を，確率 $1/2$ で V_1, V_2 の頂点にする．この試行は，互いに独立とする．各辺 $e \in E$ に対して，次のような確率変数 X_e を導入する：
$$X_e = \begin{cases} 1 : e \text{ がカット辺} \\ 0 : \text{それ以外} \end{cases}$$
この時，$C(V_1, V_2) = \sum_{e \in E} X_e$．期待値の線型性より，
$$\mathrm{E}[C(V_1, V_2)] = \sum_{e \in E} \mathrm{E}[X_e].$$
また，任意の $e \in E$ に対して，
$$\mathrm{E}[X_e] = \Pr\{e \text{ がカット辺}\} = \frac{1}{2}.$$
よって，$E[C(V_1, V_2)] = |E|/2$．期待値以上を達成するような事象は存在するという事実から，命題が示される．　□

ここで，上の証明で用いた事実 (期待値以上を達成する事象は存在する) と関連する，よく利用される不等式を紹介しておきます．

基礎理論編

> ●**事実3（マルコフの不等式）** 任意の確率変数 $X \geq 0$，任意の $t > 0$ に対して，
> $$\Pr\{X \geq t\} \leq \frac{\mathrm{E}[X]}{t}.$$
> 特に，X が非負整数をとる場合，
> $$\Pr\{X = 0\} \geq 1 - \mathrm{E}[X].$$

2.3 例をもう1つ

以上の小節では，確率的手法をグラフ問題に適用してきましたが，次のような（組合せ論的な）整数問題にもこの手法は適用されます：可換群 G の部分集合 $A \subset G$ に対して，すべての $a_1, a_2, a_3 \in A$ に対して $a_1 + a_2 \neq a_3$ である時，A は **sum-free** であると言う．

> **命題3** 整数を要素とする，ゼロを含まない任意の（有限）集合 B に対して，（ある可換群 G が存在して）大きさが $|B|/3$ より大きい（群 G の演算のもとで）sum-free な $A \subset B$ が存在する．

証明 素数 p を，すべての $b \in B$ と互いに素な数とする．（可換群 G として）$Z_p = \{0, 1, ..., p-1\}$ を考える．（群の演算 $+$ は $\equiv_p$．）$k = \lfloor p/3 \rfloor$ とする．一般性を失うことなく $p = 3k+2$ とする．（$p = 3k+1$ の場合も同様の議論により証明される．）$C = \{k+1, ..., 2k+1\}$ とする．（$|C| = k+1$．）この時，

1. $(k+1)+(k+1) \equiv_p 2k+2 > 2k+1$,
2. $(2k+1)+(2k+1) \equiv_p k < k+1$,

より，$C \subset Z_p$ は sum-free であることが分かる．一様ランダムに $x \in \{1, ..., p-1\}$ を選ぶ．この時，任意の $b \in B$ に対して，（p と b は互いに素であるから）
$$b, 2b, ..., (p-1)b,$$
はすべて異なる．よって，任意の $b \in B$ に対して，

76

$$\Pr_x\{xb \in C\} = \frac{|C|}{p-1} + \frac{k+1}{3k+1} > \frac{1}{3}.$$

ここで，任意の $b \in B$ に対して，次のような確率変数 X_b を導入する：

$$X_b = \begin{cases} 1 : xb \in C \\ 0 : xb \notin C \end{cases}$$

$X = \sum_{b \in B} X_b$ とする．期待値の線型性より，

$$\mathrm{E}[X] = \sum_{b \in B} \mathrm{E}[X_b] = \sum_{b \in B} \Pr\{xb \in C\} > \frac{|B|}{3}.$$

よって，ある $x \in \{1, ..., p-1\}$ が存在して，

$$|\{b \in B : xb \in C\}| > \frac{|B|}{3}.$$

この x に対して，A を以下のように定義する：

$$A = \{b \in B : xb \in C\}.$$

A が sum-free であることは，次のようにして確かめられる：任意の $a_1, a_2, a_3 \in A$ に対して，（C は sum-free なので）$xa_1 + xa_2 \not\equiv_p xa_3$ であることから，$a_1 + a_2 \not\equiv_p a_3$ である． □

　以上で，確率的手法の適用例を3つ見てきました．この3つの例からも分かるよう，確率的手法を用いる時，解析の中心は，場合の数を数えたり，確率や期待値を計算することになってきます．次の節では，3つのクイズを通して，それらの上手な見積もり方を見ていきます．

3．効率的な見積もり方

　まずは，場合の数を計算する以下のクイズを考えてみましょう．

基礎理論編

> **クイズ1**
> n 個の座席が1列に並んでいる．k 人を互いに隣り合わないように着席させることを考える．（ただし，$n \geq 2k-1$．）そのような配置 S は何通りあるか？

図2に，$n = 10, k = 4$ の時の，正しい着席の仕方（上の図）と，そうでないもの（下の図）の例を示します．

図2 正しい着席とそうでないもの

この図で示されるように，座席には，1から順に n まで番号がふられているものとします．まず，単純に，考えられうる配置を順に数え上げていく方法で，配置の数を見積もることを考えてみましょう．つまり，第1番目の座席から1つおきに $k-1$ 個の座席を選んでおいて，それに対して，残りの1個の座席の選び方を数える．（全部で $n-(2k-2)$ 通りある．）そして，更に，…，というように順に数え上げていく方法のことです．このような単純な方法でも答えは（たぶん）得られるでしょう．（でも，その数え上げの作業は，かなり煩雑なものになるでしょう．）以下では，もっと効率のよい配列の数 $|S|$ の求め方を紹介します．

> **命題4** 任意の $n, k\,(n \geq 2k-1)$ に対して，
> $$|S| = \binom{n-(k-1)}{k}.$$

証明 この式が示すように，$n-(k-1)$ 個の座席から k 個の座席を選ぶ（単純な）組み合わせ T と，配列 S との1対1対応を示せばよい．次のよう

な写像 $f:T \to S$ を考える．任意の $t \in T$ に対して，
$$f(t)[i] = t[i]+(i-1).$$
ただし，$t[i]$ を第 i $(1 \leqq i \leqq k)$ 番目に選んだ座席の番号 $(1 \leqq t[i] \leqq n-(k-1))$ とする．まず，$f(T) \subset S$ であることを示す．任意に $t \in T$ を固定する．任意の $1 \leqq i \leqq k-1$ に対して，
$$\begin{aligned}&f(t)[i+1]-f(t)[i]\\&=t[i+1]+i-(t[i]+(i-1))\\&=t[i+1]-t[i]+1\\&\geqq 2.\end{aligned}$$
この不等式は，任意の $1 \leqq i \leqq k-1$ に対して，$f(t)[i+1], f(t)[i]$ が連続する(隣り合う)ことはないことを意味する．また，
$$\begin{aligned}f(t)[k] &= t[k]+(k-1)\\&\leqq n-(k-1)+(k-1)\\&= n.\end{aligned}$$
この2つのことから，任意の $t \in T$ に対して $f(t) \in S$ であることが分かる．(よって $f(T) \subset S$．) このことから，T と S との1対1対応を示すためには，f が全単射であることを示せばよい．まず，f が単射であることは容易に確かめられる．($t \neq t'$ ならば $f(t \neq f(t'))$．) 次に，f が全射であることを示す．任意に $s \in S$ を固定する．任意の $1 \leqq i \leqq k$ に対して，
$$f^{-1}(s)[i] = s[i]-(i-1),$$
であるから，
$$\begin{aligned}&f^{-1}(s)[i+1]-f^{-1}(s)[i]\\&=s[i+1]-i-(s[i]-(i-1))\\&=s[i+1]-s[i]-1\\&\geqq 1.\end{aligned}$$
よって，任意の $s \in S$ に対して $f^{-1}(s) \in T$ である．
これより，$f:T \to S$ が全単射であることが示され，$|T|=|S|$ であることが示される． □

基礎理論編

次のクイズは，単純に計算の問題で，期待値の上手な見積もり方を見ていきます．

> **クイズ 2**
> 赤玉と青玉がそれぞれ n 個，更に，黄玉が 1 つある．これら $2n+1$ 個の一様ランダムな順列 σ を考える．順列 σ のもとで，黄玉よりも前にある赤玉・青玉の個数をそれぞれ $i = i_\sigma, j = j_\sigma$ とする．任意の実数 $p: 0 < p < 1$ に対して，$(1+p)^i(1-p)^j$ の期待値は 1 以上か 1 以下か？

> **命題 5** 任意の $p: 0 < p < 1$ に対して，
> $$\mathop{\mathrm{E}}_{\sigma}[(1+p)^i(1-p)^j] \leq 1.$$

証明 赤玉と青玉との間で，任意にペアを作る．(n 個のペアができる．)この時，任意の順列 σ に対して，それぞれのペアは，

　　　　　タイプ 1：両方とも黄玉より前
　　　　　タイプ 2：片方だけ黄玉より前
　　　　　タイプ 3：両方とも黄玉より後

に分類される．タイプ 1・2・3 のペアの数を，それぞれ A, B, C とおく．(任意の σ に対して $A + B + C = n$．)この時，求める期待値は，以下のように，A, B, C の値による条件付き期待値に分解される：

$$\mathop{\mathrm{E}}_{\sigma}[(1+p)^i(1-p)^j] = \sum_{\substack{a,b,c \geq 0 \\ a+b+c=n}} \mathop{\mathrm{Pr}}_{\sigma}\{(A,B,C) = (a,b,c)\}$$
$$\times \mathop{\mathrm{E}}_{\sigma}[(1+p)^i(1-p)^j \mid a,b,c].$$

このことから，命題を示すためには，任意の a, b, c に対して，以下を示せばよい．

$$\mathop{\mathrm{E}}_{\sigma}[(1+p)^i(1-p)^j \mid a,b,c] \leq 1.$$

任意に a, b, c を固定する．ここで，タイプ 2 のうち，赤玉が黄玉より前のペア

の数を b_1，青玉が黄玉より前のペアの数を b_2 とする．$(b = b_1 + b_2.)$ この時，

$$(1+p)^i(1-p)^j$$
$$= ((1+p)(1-p))^a \cdot (1+p)^{b_1} \cdot (1-p)^{b_2}$$
$$= (1-p^2)^a \cdot (1+p)^{b_1} \cdot (1-p)^{b_2}.$$

このことから，

$$\mathop{\mathrm{E}}_{\sigma}[(1+p)^i(1-p)^j \mid a,b,c]$$
$$= (1-p^2)^a \mathop{\mathrm{E}}_{\sigma}[(1+p)^{b_1}(1-p)^{b_2} \mid a,b,c].$$

任意の a に対して $(1-p^2)^a \leq 1$ であるから，以下を示せばよい．

$$\mathop{\mathrm{E}}_{\sigma}[(1+p)^{b_1}(1-p)^{b_2} \mid a,b,c] \leq 1.$$

ここで，タイプ1とタイプ3のペアを(その数がそれぞれ a, c であるように)任意に決め，更に，それらの $(2n+1$ 中での)順列を任意に決めた(部分)順列を $\sigma_{a,c}$ とおく．この時，求める期待値は，順列 σ が(部分)順列 $\sigma_{a,c}$ と矛盾しないことを $\sigma \in \sigma_{a,c}$ と表記すれば，

$$\mathop{\mathrm{E}}_{\sigma}[(1+p)^{b_1}(1-p)^{b_2} \mid a,b,c]$$
$$= \sum_{\sigma_{a,c}} \mathop{\mathrm{Pr}}_{\sigma}\{\sigma = \sigma_{a,c}\} \mathop{\mathrm{E}}_{\sigma}[(1+p)^{b_1}(1-p)^{b_2} \mid \sigma_{a,c}, b].$$

よって，任意の $\sigma_{a,c}$ に対して，以下を示せばよい．

$$\mathop{\mathrm{E}}_{\sigma}[(1+p)^{b_1}(1-p)^{b_2} \mid \sigma_{a,c}, b] \leq 1.$$

任意に $\sigma_{a,c}$ を固定する．ここで，任意の $1 \leq \ell \leq b$，タイプ2のペア (s_ℓ, t_ℓ) (s_ℓ が赤玉，t_ℓ が青玉)に対して，次のような確率変数を導入する：

$$X_\ell = \begin{cases} 1 : s_\ell \text{ が黄玉より前} \\ 0 : t_\ell \text{ が黄玉より前} \end{cases}$$

与えられた任意の $a, b, c, \sigma_{a,c}$ に対して，X_ℓ は一様ランダムで互いに独立である．よって，

基礎理論編

$$\mathop{\mathrm{E}}_{\sigma}[(1+p)^{b_1}(1-p)^{b_2}|\,\sigma_{a,c},b]$$
$$= \mathop{\mathrm{E}}_{X_\ell}\Bigl[\prod_{1\leq \ell \leq b}(1+p)^{X_\ell}(1-p)^{1-X_\ell}\Big|\,\sigma_{a,c},b\Bigr]$$
$$= \prod_{1\leq \ell \leq b}\mathop{\mathrm{E}}_{X_\ell}[(1+p)^{X_\ell}(1-p)^{1-X_\ell}|\,\sigma_{a,c},b]$$
$$= \prod_{1\leq i \leq b}((1/2)(1+p)+(1/2)(1-p))$$
$$= 1.$$

以上より，命題が示される． □

注1 実際には，$\mathrm{E}[(1+p)^i(1-p)^j|\,a,b,c]<1$である確率は 0 でないので，$\mathrm{E}[(1+p)^i(1-p)^j]<1$ であることが示される．

クイズ3

n 本のくじがある．この n 本のうち，k 本が当たりで，その k 本の当たりのうち，1 本が大当たりである．くじを 1 本ずつ一様ランダムに引いていく試行を考える．大当たりを引いた直後の残っている当たりの数を R とする．この時，それぞれの $0 \leq i \leq k-1$ に対して，$R=i$ である確率はどのくらいか？

なんとなく，R は $0 \sim k-1$ を一様ランダムにとることが予想されるでしょう．では，そうであることをしっかり証明してみましょう．

命題6 任意の $i\ (0 \leq i \leq k-1)$ に対して，
$$\Pr\{R=i\} = \frac{1}{k}.$$

証明 次のようにして，それぞれのくじに番号 $\{1,...,n\}$ を割り振る：大当たりのくじを 1，それ以外の当たりのくじを順に $2,...,k$，それ以外のくじを $k+1,...,n$ とする．この時，くじを順に引いていく試行は，$\{1,...,n\}$ の一様ランダムな順列 σ と見なすことができる．また，確率変数 R は，

$R' : \sigma(1)$ より後にある $\sigma(i)\ (2\leq i \leq k)$ の数，

に等しい．よって，$\Pr_\sigma\{R'=i\}$ を求めればよい．σ_k を σ における $\sigma(1), ..., \sigma(k)$ の順列とする．[1]
この時，以下の2つの事実が成り立つ(確認してみて下さい)：

1. σ が一様ランダムであれば σ_k は一様ランダム．
2. σ_k が一様ランダムであれば R' は一様ランダム．

よって，R' の値は $0 \leqq i \leqq k-1$ の値を一様にとる．このことから命題が示される． □

4．おわりに

本章は，離散数学における確率的手法の初歩を見てきました．（後半では，クイズを楽しんでもらえたかと思います．）特に，確率的手法の基本的なアイデアと，以下の3つの有用な事実を紹介しました：

- ユニオンバウンド
- 期待値の線型性
- マルコフの不等式

確率的手法は，ここで紹介した事柄の他に，以下のような重要で強力な技法があり，離散数学の様々な理論が展開されています：

- 第二次モーメント (second – moment)
- チェルノフバウンド (Chernoff bound)
- 局所補題 (local lemma)
- マルチンゲール (Martingale)
- ポアソン近似 (Poisson approximation)

興味を持った方は，[1, 2, 3]を勉強するのがよいでしょう．（この原稿は，主に[1]を参照して書かれました．）

---

[1] 例えば，$n=7$, $k=4$ で，$\sigma: 4, 6, 5, 2, 1, 7, 3$ の場合 $\sigma_4: 4, 2, 1, 3$ となる．

参考文献

[1] Noga Alon and Joel Spencer, "The Probabilistic Methods", Wiley – Interscience (3rd edition), 2008.

[2] Béla Bollobás, "Random Graphs", Cambridge University Press (2nd edition), 2001.

[3] Svante Janson, Tomasz Luczak, and Andrzej Rucinski, "Random Graphs", Wiley – Interscience, 2000.

第6章

計算の複雑さ ——PとNPのはなし——

1. はじめに

　離散数学に出てくる問題には，エレガントな定理があってそれによれば答えがすぐ見つかるものがある反面，すべての候補解を列挙するといった泥臭い方法以外にうまい手段がないものもあります．残念ながら，我々が現実に解かねばならない問題は後者であることが圧倒的に多いのです．列挙法であっても，コンピュータという強力な道具があるのだから，それを使えばよいと考えるかもわかりませんが，列挙法に必要な場合の数は，問題の規模が少し大きくなるとすぐ天文学的な量になってしまい，コンピュータを用いても，実際には不可能です．

　話が飛びますが，P＝NP？問題について聞いたことがありますか．21世紀が始まった時，数学の7つの未解決問題がミレニアム問題として掲げられたのですが，その中にこの問題が入っていました．これらを解決した人にはクレイ数学研究所が100万ドルの賞金を贈ると発表したことでも話題になりました．

　2006年，新聞やテレビで，有名なポアンカレ予想を数学者ペレルマン（G. Perelman）がついに解決したこと，それに対して贈られたフィールズ賞を辞退したことなどがニュースになりました．このポアンカレ予想も上の7つの問題の一つでした．したがって，彼は賞金の100万ドルを受け取る権利がありますが，とても受け取ったとは思えませんね．

基礎理論編

　さて，P=NP? 問題ですが，これはある問題が困難であることをどのように証明するか，という問いに関わっています．本書のプロローグに出てきたオイラー路問題とハミルトン閉路問題を思い出してください．前者は与えられたグラフに全部の辺を一度ずつ通る一筆書き閉路が存在するかという問いで，後者は全部の点を一度ずつ通る閉路の存在を問う問題でした．（なお，オイラー路には，始点へ戻って閉路を形成するものと，戻ることを要求しないものの2つの定義がありましたが，以下では簡単のため，前者の定義のみを考えます．）下図の右上は一筆書きの例です．左上隅の点からはじめ，辺に付された番号順にたどって行くと一筆書きが得られることが分かるでしょう．これに対し，右下のグラフの太線の辺はハミルトン閉路を表しています．

　このグラフは，たまたま一筆書きも可能だし，ハミルトン閉路ももっていますが，グラフによっては，これらの閉路が存在するとは限りません．プロローグには，一筆書き閉路については，オイラーの定理（奇点の数が 0 なら存在，それ以外なら存在しない）によって簡単に判定することができることと，ハミルトン閉路については，簡単な方法で判定する一般的な方法はなさそうだということが書いてありました．

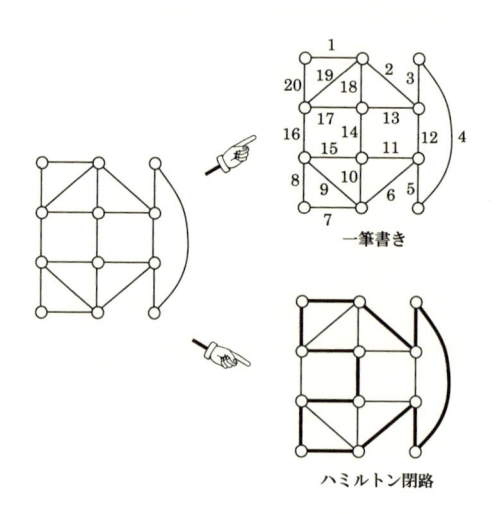

図1　グラフの二つの閉路

86

一般に，ある問題が与えられたとき，オイラーの定理のように簡単な判定条件に帰着できれば，（定理の証明は簡単でないとしても）条件の判定だけで問題を解くことができるわけですから，その問題の容易性の証明になります．でも，ある問題を簡単に解く方法がない場合，その困難さはどのように証明するのでしょうか．いろいろ試してみたがうまく行かなかった，とか，何世紀にわたって数学の天才達がアタックしてもことごとく失敗した，といっても証明にはなりません．

　本章ではこのようなテーマを扱う計算の複雑さの理論(theory of complexity)についてその入り口を覗いてみたいと思います．そのためには，そもそも問題とは何か，それが易しいとか困難であるとかはどのように測定するのか，さらにPとかNPとかは何か，などを一歩ずつ説明しなければなりません．少々とっつき難い部分もありますが，忍耐をもって追って下さい．そうすれば，将来皆さんがこの道に進んで100万ドルを獲得するのも夢ではないかも分かりません．

2．「問題」とアルゴリズム

　数学で問題と呼ぶものは，通常，無限個の問題例からなってます．たとえば，上のオイラーとハミルトンの問題をこの点を強調して書くと次のようになります．

> 問題 EULER
> 入力：無向グラフ $G = (V, E)$．
> 出力：G がオイラー閉路（一筆書き）を持つならイエス，持たないならノー．
>
> 問題 HAMILTON
> 入力：無向グラフ $G = (V, E)$．
> 出力：G がハミルトン閉路を持つならイエス，持たないならノー．

基礎理論編

どちらも，一つのグラフ G をデータとして与えると一つ問題例が定義されます．G によって答えはイエスであったりノーであったりします．どのような問題例が与えられても，その正しい答えを求める計算手順があれば，その問題を解くことができます．そのような計算手順をアルゴリズム (algorithm) と呼びます．

さて，上の二つの問題を正しく解くアルゴリズムとはどのようなものでしょうか．入力の G は無数にありますから，それぞれについて答えを覚えておいてそれを参照する，といった姑息な手は使えないことに注意してください．すぐ思いつくのは，次のような列挙法でしょう．EULER に対しては，G の辺の数を m とするとき，m 辺の順列をすべて考え，その中に一筆書きの順列になっているものが一つでもあればイエス，なければノーを出力します．同様に，HAMILTON では，G の点の数を n とするとき，n 点の順列をすべて考え，その中にその順で全点を訪問できる（つまり，対応する辺が存在する）ものがあればイエス，なければノーを出力します．これらは，正しいアルゴリズムです．しかし，これらは現実には実行できないという意味で，問題を解いたと言うことはできません．すなわち，前者の順列の数は $m!$，後者の順列の数は $n!$ ですが，これは結構大変な量です．すべての場合を正直に調べるとすれば，m や n の値が 30 程度で，宇宙に存在するすべての原子をとりこんでコンピュータを作ったとして，それが宇宙のビッグバンのときから計算を開始したとしても，とても計算できないといった量になります．つまり，単にアルゴリズムが存在するかどうかではなく，その計算量を考えねば意味がないということがわかります．

ところで EULER については，列挙法を用いる必要はありません．オイラーの定理があるからです．それによれば G の中に奇点がいくつあるかを調べればよいだけですから，コンピュータを用いると，n や m が 1000 でも 10000 でも判定はきわめて容易です．一方，HAMILTON については，このような定理は知られていません．したがって，現時点では，上の列挙法かそれに類似のアルゴリズムを使わざるを得ません．2 つの問題は似ていますが，それらを解く困難さにおいて大きな違いがあります．でも，その事実を数学的にどう証明すればよいのでしょうか？

3．アルゴリズムの計算量

　まず，個々の問題を解くアルゴリズムの計算量を定義しなければなりません．一つの問題には無数の問題例が含まれていますから，その一つ（あるいはいくつか）をコンピュータで解いてみて何秒掛かったかを聞いても何の役にも立ちません．そこで，計算の複雑さの理論では，問題例のデータ長を基準にして，それの関数として評価します．上の EULER や HAMILTON では，入力としてグラフ $G = (V, E)$ が入力されますが，点のデータと辺のデータを合わせて，データ長は $m + n$ と評価できます．m と n は上で定義しました．データ長は，厳密には，G を記憶するデータ構造に依存して変化しますが，ここでは大雑把にとらえておきましょう．

　計算量には，時間量と領域量があります．時間量は，答えを出すまでに何ステップの演算を実行したかという量です．これも厳密に議論するには，抽象的な計算モデルをまず定義して，そのモデルのステップ数を数えなければなりませんが，ここでは足し算や，掛け算，さらにデータの移動など，アルゴリズムを実行するために用いられる基本演算としておきましょう．プログラムの経験がある人なら，この基本演算の意味がもっと正確に理解できるはずです．領域量とは，計算が終了するまでに途中結果として記憶しておかねばならないデータの量です．どちらも，重要な量で，少ない方がよいのはもちろんです．なお，話を簡単にするため，以下では時間量のみを話題にします．

　さて，EULER をオイラーの定理を利用して解くとしましょう．すなわち，G のデータから全点の次数を求めたのち，奇点の数が 0 かどうかを判定します．全点の次数を知るにはデータ全体をスキャンしなければならないので，必要なステップ数は $O(n+m)$ と評価されます．ここに，$O(\cdot)$ はオーダーと読み，括弧の中の定数倍で済むことを示す記法です．つまり，$O(n+m)$ は適当な定数 c（つまり，n や m に依存しない）を用いて，ステップ数が上

から $c(n+m)$ で押さえられることを意味します．一方，HAMILTON を列挙法で解くとすれば，順列が $n!$ 個あって，一つの順列に対してその順に巡回できるかどうかと調べるのに $O(m)$ ステップ掛かるとして，全体で $O(m(n!)) \leq O(m2^{n\log n})$ となります．時間量の立場からいうと，$O(n+m)$ と $O(m2^{n\log n})$ の違いは本質的です．前者は現実に実行できる時間量，後者はそうではないということです．

4．多項式時間とクラス P

あるアルゴリズムの時間量が現実的かそうでないかの線をどこで引くかについては，いろいろな立場からの議論があるでしょう．計算の複雑さの理論では，ここに多項式時間という考えを用います．多項式時間とは時間量のオーダーが $O(N^k)$ と書けるという意味です．ただし，N は問題例のデータ長，k はそれに依存しない定数です．多項式時間でないものの代表例は，指数時間 $O(2^N)$ やそれより大きな $O(2^{N^2})$，$O(2^{NN})$，… などです．

以上の準備に基づいて，多項式時間で解ける問題のクラスを P と定義しましょう．すなわち，P は実用的な意味で解くことのできる問題のクラスです．多項式時間であれば，N に伴う増加速度が比較的小さいので，データ長 N が結構大きな問題例でも，コンピュータによって現実に解くことができると考える訳です．一方，それより大きな時間量では，現実に解き得る問題例の規模が非常に小さいものに限定されるため，時間量の観点から解けないと判定します．

上の $O(n+m)$ は多項式時間ですので，EULER $\in$ P です．しかし，HAMILTON の $O(m2^{n\log n})$ は多項式時間ではありません．もう一度強調しておきますが，対象とする問題が P に属すか属さないかは，その問題が実用的に解ける問題であるか，そうでないかを尋ねているわけです．

なお，コンピュータを使って現実の問題を解決するには，単に P に入るかどうかだけではなく，できるだけ小さなオーダーのアルゴリズムを開発する

ことが求められます．実際，計算の複雑さの理論，アルゴリズム理論，データ構造の理論では，その目的に役立つさまざまなテーマが研究されていて，今も激烈な研究競争が展開されています．しかし，本章では，そのような話題はすべてスキップして，例のP＝NP？の話題に一直線に進むことにしましょう．

5．クラスNP

もう一つ大事な概念であるクラスNPを定義しなければなりません．NPを一番簡単に説明すると，列挙法によって解ける問題のクラスというものです．この意味で，上のEULERとHAMILTONはどちらもクラスNPに属します．NPはPを部分集合として含んでいますので，両者の関係は図2のようになります．図のNP完全とNP困難については，あとで説明します．

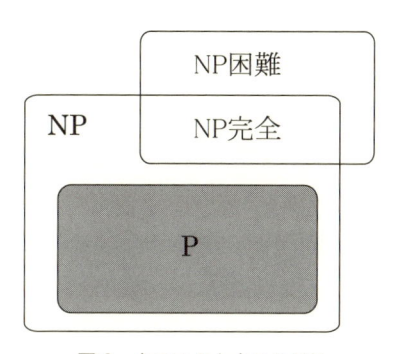

図2　クラスPとクラスNP

これではあまりに漠然としているように思いますので，もう少し詳しく説明してみましょう．まず，クラスNPは，ある条件をみたす解が存在するかどうかを問う判定問題を対象とします．EULERとHAMILTONは，すぐわかるように，そのような判定問題です．世の中には，条件をみたす解を実際に構成すること（たとえば方程式の解を求めるなど）を要求したり，与えられた目的関数を最大化し，その値を出力することを求めたりする問題があり

ますが，それらはここには入りません（本質的な部分を変えずに判定問題に書き直すことは可能な場合が多いですが）．つまり，出力すべき答えは，イエスあるいはノーです．この前提の下で，クラスNPの問題の定義とは，候補として列挙された個々の解が指定された条件をみたすかどうかを多項式時間で判定できる，というものです．

再びHAMILTONを例にとって説明すると，n点の順列が一つ与えられたとき，それがハミルトン閉路になっているかどうかを多項式時間で判定できるかどうかが問われているわけです．これは，Gにその点順に訪問できるような辺があるかどうかを見るだけですから，辺をチェックする時間$O(m)$で可能なことは明らかで，多項式時間です．したがって，HAMILTON $\in$ NPと書けます．ここに候補解（HAMILTONの場合は順列）のすべて（すでに述べたように$n!$個ある）を列挙する作業は入っていないことに注意が必要です．

以上をまとめて，NPは解のチェックが多項式時間でできるような問題のクラスということができます．

この定義から，クラスNPは，離散数学の中で，私達が遭遇する大抵の問題を含んでいる広いクラスであることがわかります．離散数学以外の分野の問題も含んでいますが，ここではそれは考えないことにします．

6. 問題の困難さの比較

計算の複雑さの理論の究極の目的は，与えられた問題を解くためにどうしても必要とされる時間量を明らかにすることです．逆に言えば，その問題を解く最速のアルゴリズムを見つけることができたとして，それの時間量です．しかし，これは簡単な作業ではありません．苦労してあるアルゴリズムを開発したとしても，次の日に誰かが天才的な発想で，もっと速いアルゴリズムを見つけるかもわかりません．君のアルゴリズムが最速であることをどのように証明できるでしょうか．計算の複雑さの理論にとっても，これは大変な難問で，本質的な時間量が分かっている問題はきわめて限られています．

しかし，問題 A と問題 B が与えられたとして，二つの問題の困難さの相対的な比較は，ずっと容易であることが多いのです．この目的に，問題間の帰着可能性の概念が用いられます．その定義は次のように書かれます．

問題 A の任意の問題例 I に対し，問題 B の問題例 $f(I)$ を多項式時間で構成でき，I の答え（イエスあるいはノー）と $f(I)$ の答えが一致するとき，A は B へ帰着可能(reducible)であるという．

ただし，I から $f(I)$ を構成するにはアルゴリズムが必要です．この定義にはそのようなアルゴリズムの存在も込められていることを注意しておきます．

A が B へ帰着可能であることを $A \leq B$ と書きますが，これは A の困難さが B の困難さ以下であることを表しています．実際，B を解くアルゴリズムがあれば，それを用いて A を解くことができます．つまり，A の問題例 I の答えを知るには，B の問題例 $f(I)$ を構成した後，B のアルゴリズムによって $f(I)$ を解き，結果をそのまま出力すればよいのです．

このように書いてももう一つピンとこないでしょうから，実際に帰着可能の例を示して見ましょう．上の問題 A と問題 B として，EULER と HAMILTON を選びます．EULER の問題例とは，入力として与えられた一つのグラフ $G = (V, E)$ です．これの答えは，一筆書きできるかどうかによってイエスあるいはノーとなります．これに対して，HAMILTON の問題例 $f(G)$ を作ります．これも一つのグラフ $G' = (V', E')$ ですが，もちろん G とは異なっていて，G が一筆書きをもつときかつその時に限り G' にハミルトン閉路が存在するという性質が成り立たねばなりません．しかも，G から G' への構成が多項式時間で可能でなければなりません．

そのような構成は，たとえばつぎのように行うことができます．まず，G の各点 v について，その次数が d であるとき，それを d 点からなる完全グラフ K_d で置き換えます．K_d のそれぞれの点は，v へ接続する d 本の辺の端点となります．つぎに，G の各辺 e を中央の 1 点 v_e を介して接続する 2 本の辺で置き換えます．この様子を，下図に示しましょう．得られたグラフを G'

93

とします.

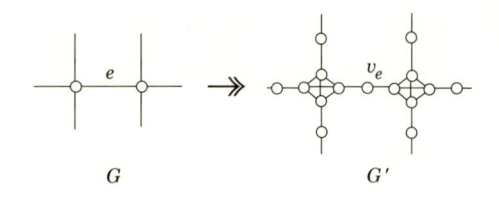

図3 EULER から HAMILTON への帰着

まず，G に一筆書きがあるとします．それの辺順と同じ順で G' の辺をたどることができます．ただし，各点 v に対応する完全グラフ K_d では，連続する辺の端点のところへ直接移動するようにします．こうすれば，G' のすべての点を一巡するハミルトン閉路が得られることが分かるでしょう．念のため注意しておくと，これは K_d の一部の辺を通らないので，G' の一筆書きではありません．つぎに，逆に G' にハミルトン閉路が存在したとしましょう．ハミルトン閉路はすべての点を通るので，とくに G の辺 e に対応して作られた v_e タイプの点をすべて通ります．この v_e の点の順序を元の G の辺 e の順序と考えるとそれが G の一筆書きになっています．証明は難しくありませんので，考えてみてください．結局，何が証明できたかというと，G に一筆書きが存在するとき，かつその時に限り G' にハミルトン閉路が存在するということです．これで帰着可能性の主要部分が終わりました．

残った部分は，変換の多項式時間性です．つまり，G から $f(G) = G'$ を作るときの時間量ですが，G の点の数を n，辺の数を m，点の最大次数を $d_{\max}$ として，G' の点の数は $m + d_{\max} n \leq m + n^2$ ですから（つまり G の入力データ長 $O(n + m)$ の多項式オーダー），その構成に多項式時間でよいことも明らかです.

以上を合わせ，EULER $\leq$ HAMILTON が証明されました.

なお，$\leq$ の関係は，定義から分かるように方向性があります．上と同様な方法で HAMILTON $\leq$ EULER を示そうと思ってもうまく行きません．これら2つの問題の困難さには大きな違いがあるからです.

7. NP 完全性と NP 困難性

　ながながと説明してきましたが，ようやく本章のお話の核心部分である NP 完全性と NP 困難性までやって来ました．クラス NP には無数の問題が含まれています．そのどの問題 A についても $A \leq B$ という性質をもつ問題 B が存在するならば，B は **NP 困難**（NP-hard）であると言います．つまり，NP 困難問題 B は，クラス NP のどの問題をもってきてもそれ以上に困難な問題です（ただし，I から $f(I)$ への変換に要する時間量はたかだか多項式時間なので無視しています）．さらに，この問題 B がクラス NP に属するなら **NP 完全**（NP-complete）であると言います．

　以上は定義であって，NP 完全問題が存在するかどうかは，決して自明ではありません．しかし，S. Cook という人が 1971 年に，充足可能性問題（satisfiability, SAT と略される）が NP 完全であることを証明しました．この証明は，どのように行うのでしょう．クラス NP の問題 A を一つずつ取り上げて $A \leq \mathrm{SAT}$ を示すという方法はとれません．NP には無数の問題があるからです．Cook は，これを計算の理論モデルである非決定性チューリング機械に立ち返って，鮮やかな証明を与えました．残念ながら，ここでその証明を紹介することはできません．さらに数ページの準備が必要となるからです．したがって，ここではその結果のみを認めましょう．

　これを認めると何が嬉しいかというと，NP 完全性と NP 困難性の証明が大変容易になるからです．すでに，NP 完全であることがわかっている問題 B（とりあえず，$B = \mathrm{SAT}$ とできる）を選んで，$B \leq C$ を示せば，C の NP 困難性が言えるのです．まず，関係 $\leq$ は定義より推移法則をみたすことに注意しましょう．これを使うと，NP の任意の問題 A は $A \leq B$ をみたすので，$B \leq C$ と合わせて $A \leq C$ が得られるからです．さらに，$C \in \mathrm{NP}$ であれば，C は NP 完全です．実際このようにして，たくさんの問題が NP 困難や NP 完全であることが分かりました．現在もどんどん増えつつあります．上で使った HAMILTON も NP 完全です．

8. NP困難性の意味

　NP完全問題は，クラスNPに属さねばならないので，判定問題，つまりイエスとノーを問う問題に限定されます．これに対し，NP困難問題はNPに属す必要はないので，もっと柔軟性があります．といっても，両者に本質的な違いはないことが多いので，以下では，ひっくるめてNP困難という言葉を使うことにします．

　ある問題 B がNP困難であれば，すでに述べたように，NPのどの問題とくらべてもそれ以上に困難であることを意味します．クラスNPには，離散数学のほとんどの問題が含まれていますから，これは B を解くことが大変困難，より具体的には，多項式時間では解けないことを強く示唆します．ここで，この重要な記述を何ともあいまいな言い方にしかできないのは，この事実がまだ数学的には証明されていないからです．これこそが，P＝NP？問題なのです．

　クラスNPの問題の中には，HAMILTONを始め，多くの数学者の興味を集め，その解決の努力が何十年，問題によっては何世紀にわたって試みられてきたにも関わらず，多項式時間のアルゴリズムが見つかっていない問題が多くあります．もし，一つのNP困難問題 B を多項式時間で解くことができれば，その定義から，クラスNPの中のすべての難問が多項式時間で解けてしまう（つまり，P＝NP）ことになります．これはあり得ないでしょう．だから，NP困難問題は多項式時間では解けない（つまり，P ≠ NP）と信じられているのです．先の図1はこの様子を示していて，NP完全とNP困難がPの外に描かれています．

　予想通りP ≠ NPだとすると，本章の最初に述べた，ある問題が難しいことをどうやって証明するのか？という問いに対し一つの方法が示されたことになります．その問題がNP困難であることを証明すればよいのです．これは，上に述べたように，比較的簡単にできることが多いので，大変便利な道具を手に入れたことを意味します．NP困難性の概念が圧倒的な注目を集め，計算の複雑さという数学分野を大きく成長させたのは，ここにその理由があったのです．

ちなみに HAMILTON は，上述のように NP 困難であることが証明されています．この事実が，HAMILTON を解くには列挙法的な効率の悪いアルゴリズムしかあり得ないことを示唆しているわけです．

ところで，P＝NP？問題の現状はと言うと，これまでの大きな努力にもかかわらず，まだ未解決です．それどころか，どうやって証明してよいのか，その道筋さえわかっていないのが実情です．新しい数学的道具，あるいは新しい概念がないとうまく行かないと考えられています．したがって，この記事を読んでいる皆さんがこれから勉強を始めても，十分間に合いそうです．この分野最大の未解決問題へのチャレンジを期待しています．

9．むすび

本章は，話の筋道を分かりやすく説明することに主眼を置いたので，厳密さを無視したところが結構ありました．注意深い方は気になったかも分かりません．より詳しい話を知りたい人のために下に参考書を数冊挙げておきますので，ぜひ読み進んで下さい．

また，人によっては，一体どのような問題が NP 困難なのか，もっと知りたいかもわかりません．文献［1］はかなり古い教科書ですが，その付録には，当時すでに判明していた数百個の NP 困難問題が 100 ページにわたってリストアップされていて，この概念が数学の広い領域と関連していることを示しています．

参考文献

［1］M.R. Garey and D.S. Johnson, Computers and Intractability: A Guide to the Theory of NP-Completeness, W.H. Freeman and Co., 1979.
［2］J. ホップクロフト, R. モトワニ, J. ウルマン（野崎昭弘他訳），"オートマトン・言語理論・計算論 II"［第 2 版］，サイエンス社（2003）．
［3］茨木俊秀，"C によるアルゴリズムとデータ構造"，昭晃堂（1999）．
［4］岩間一雄，"オートマトン・言語理論と計算理論"，コロナ社（2003）．
［5］渡辺治，"計算可能性・計算の複雑さ入門"，近代科学社（1992）．

ゲーム・パズル編

第7章

ケーキ分割問題

1. はじめに

　十二月と言えばクリスマスを思い浮かべる読者は多いでしょう[1]．クリスマスと言えばケーキ，ということで今回はその名も「ケーキ分割問題」です．
　まず次の問題を考えて下さい．

問題1　ケーキを太郎と次郎の二人で切り分ける．ただし，二人とも，相手のとった分よりも自分のとった分の価値が少しでも低いのは我慢がならない．喧嘩がおきない様に分けるにはどうしたら良いか？

ただし，以下のことを前提とします．

前提1　同じケーキ一切れであっても，それ対する価値の判断は各人で同じとは限らない．

前提2　一切れのケーキを二つに分けた場合，そのふた切れの価値の合計は，切る前の一切れの価値と一致する．（つまり，細切れにしても価値は減らない．）

前提3　一切れのケーキから，どんな価値（ただし元のケーキの価値よりは少

---

[1] この項目は連載時には12月に掲載されました．

ない価値)の切れ端でも，誰でも(自分の価値観に基づいて)切り分けることができる．

この問題の面白いところは，二人の価値観を尊重して分けなければいけない事です．他人から見ていくら公平でも，当人達が不満ならば駄目なのです．たとえば，親が量りを使ってキッチリ等分に分けたとしても，チョコの厚みが薄いとか，イチゴの色が悪いとか，様々な理由でケチがつくかもしれません．一見こんな分割は不可能に思えますが，うまい方法があります．

▶**問題1の解答** まず太郎が，自分から見て価値が等しいようにケーキを二つに切り分ける．そして次郎が好きな方をとる．

この問題はけっこう有名なので，知っている人もいたのではありませんか？しかしこれを3人にしたらどうなるでしょうか？4人なら？……．実はこの問題から発展してケーキ分割問題 (cake cutting problems) というアルゴリズムの一大分野になり，さかんに研究が行われています．今回はこの問題の解説をします．ケーキと紅茶でも脇において気楽にお読み下さい．

2. 3人以上で分ける場合

2.1 3人のとき

問題2 今度は太郎，次郎，三郎の3名で分ける．誰もが，全体の価値の1/3以上を手に入れると満足する．どのように切り分けたら良いか？

なお，各人の取り分は一切れで無くても良い(つまりケーキの切れ端を集めたものでも良い)とします(この前提は以下の問題全てに適用されます)．今度は前より複雑ですので，前提1〜3に加えて以下も仮定します．(これらの前提は，以後常に適用されるものとします．)

前提 4 同じ一切れの同じ人に対する価値は変わらない．（つまり，ころころ気分が変わったりしない．）

前提 5 ケーキのどんな一切れもマイナスの価値であることは無い．（つまり，ケーキを削って価値が増えたり，ケーキを増やして価値が減ったりすることは無い．）

この問題を考える前に，次の問題を考えてみましょう．

問題 3 太郎，次郎，三郎の 3 人のうち，誰か一人にとってはケーキ全体の 1/3 以上の価値が有り，他の二人にとっては価値が 1/3 以下であるような「ケーキの一部」を切り出すにはどうしたら良いか．

この解答は少しアルゴリズムらしくなってきます．読者の皆様はなるべくここで少し考えてみて下さい．正解は以下の通りです．

▶問題 3 の解答

◇**ステップ 1**：まず太郎が，自分から見て全体の丁度 1/3 の価値の一切れを切り取る．他の二人がそれを見て，1/3 以下の価値しか無いと判断すれば，太郎にとって 1/3 以上の価値があり，他の二人にとっては 1/3 以下の価値しか無いので，それが目的の一切れである．

◇**ステップ 2**：そうでない時，すなわち，残りの二人のうち，どちらか一方（もしくは両方）がその一切れは 1/3 より大きい価値があると考えたときには，そう思った人のうちの一人（wlog.[2] 次郎とする）がその一切れをすこし削って（自分にとって）丁度 1/3 の価値になるようにする．その結果，その一切れが，三郎から見て 1/3 以下の価値しかなくなったならば，その一切れは次郎にとって 1/3 の価値が有り，他の二人に

---

[2] "Without Loss Of Generality"の略，すなわち「一般性を失うこと無く」の意味．辞書には載っていませんが，数学系の論文では良く使う言い回しです．

とっては 1/3 以下の価値なので，それが目的の一切れである．

◇ **ステップ 3**：もしそうでないならば，その一切れは三郎にとって 1/3 より大きい価値があり，太郎と次郎にとっては 1/3 以下の価値しかないので，それが目的の一切れである．

お分かりでしょうか？ さて問題 2 に戻りますが，これは問題 3 の答を利用して解くことができます．

▶ **問題 2 の解答**　問題 3 の方法で，誰か一人には 1/3 以上の価値があり，残りの二人にとっては 1/3 以下の価値しか無い断片を得る．その人がその断片を得て立ち去ると，立ち去った人はまず 1/3 以上を得て満足する．そして残ったケーキは残りの二人にとって元のケーキの 2/3 以上の価値があるので，ここで問題 1 の方法で分ければ，それぞれ $2/3 \times 1/2 = 1/3$ 以上の価値を得ることになり，全員が満足する．

2.2　アルゴリズムの安定性 —— 誤魔化せるか？

これまで説明したアルゴリズムでは，各プレイヤー (太郎，次郎，三郎) は各人の価値観に基づいて，ケーキを切ったり，好きな物を選んだりしました．これをヒネクレて見れば，「各人が嘘をついても他人には分からない」ということも言えます．例えば，問題 1 の解答で，最初に「太郎が，自分から見て価値が等しいように
ケーキを二つに切り分ける」という部分がありますが，太郎が，半々でなく，0.4：0.6 に分けても次郎には分からないわけです．

それでは，「このアルゴリズムは各人の良識に頼っているのか？」と言うと，そういうわけではありません．たとえ，そのような嘘つきが居ても破綻しない，つまり「嘘をつかない人が損をする (目的の取り分が得られなくなる) ことは無い」ということが，これらのアルゴリズムは保証されているのです．

例えば，問題 1 の解答で，太郎がどのように分割しても，次郎は好きな方

を取るだけですので必ず全体の半分以上の価値のものは手に入れられます．ただし，嘘をついた当人は損をするかもしれません[3]．問題2の解答も同じ様になっていることを確認してみて下さい．

この様に，

> 嘘をついた人は場合によっては損をするかもしれませんが，嘘をつかなかった人には影響が無い様な分割アルゴリズムを，**安定したアルゴリズム**

と言います．ケーキ分割問題では，特に断らない限り，安定したアルゴリズムについて議論します．

2.3　4人のとき

それでは次は4名の場合です．

問題4　太郎，次郎，三郎，四郎の4名で分ける．誰もが，全体の価値の1/4以上を手に入れると満足する．どのように切り分けたら良いか？

3名の場合と同じ考え方が適用できます．

▶**問題4の解答**　3人の場合と同様の考え方に基づき，「誰かひとりには1/4以上の価値があり，残りの3人にとっては1/4以下の価値しか無い」部分を得る方法をまず以下で述べる．

◇**ステップ1**：まず太郎が，自分から見て全体の丁度1/4の価値の一切れを切り取る．他の3人がそれを見て，1/4以下の価値しか無いと判断すれば，それが目的の部分である．

◇**ステップ2**：そうでないならば，残りの3人のうち少なくとも一人がその一

---

[3] 太郎が0.4：0.6に分けたら，次郎に0.6の方を持って行かれる危険性があります．

切れは 1/4 より大きい価値があると考えているので，その人（wlog. 次郎とする）がその一切れをすこし削って（自分にとって）丁度 1/4 の価値になるようにする．その結果，その一切れが，三郎と四郎の両者から見て 1/4 以下の価値しかなくなったならば，その一切れが所望の部分である．

◇ **ステップ3**：もしそうでないならば，三郎と四郎のうち，どちらか一方はその一切れは 1/4 より大きい価値があると考えているので，その人（wlog. 三郎とする）がその一切れをすこし削って（自分にとって）丁度 1/4 の価値になるようにする．その結果，その一切れが，四郎から見て 1/4 以下の価値しかなくなったならば，その一切れが所望の部分である．

◇ **ステップ4**：もしそうでないならば，その一切れは四郎にとって 1/4 より大きい価値があり，太郎と次郎と三郎にとっては 1/4 以下の価値しかないので，その一切れが所望の部分である．

さて，この結果その人がその一切れを得て立ち去ると，立ち去った人はまず 1/4 以上を得て満足する．そして残ったケーキは残りの 3 人にとって元のケーキの 3/4 以上の価値があるので，ここで問題 2 の方法で分ければ，それぞれ $3/4 \times 1/3 = 1/4$ 以上の価値を得ることになり，全員が満足する．

2.4　n 人のとき

4 人の場合の解法は 3 人の場合の解法に酷似しています．こうなれば，一般の n 人になっても同じ方法が通用するのでは無いか，と考えるのが当然のことです．

問題5　太郎，次郎，$\cdots$，n 郎の n 名で分ける（ただし n は任意の自然数）．誰もが，全体の価値の $1/n$ 以上を手に入れると満足する．どのように切り分けたら良いか？

▶**問題5の解答**　帰納法で証明する．$n-1$ 人に対して，不満の出ないように（つまり，全員が $\frac{1}{n-1}$ 以上とっていると感じるように）分割する手段が存在すると仮定する．$n-1 \leqq 4$ については，これが存在することが既に示されているので，以下で上記の仮定の下で n 人に対する不満の出ない分割法を構築すれば証明となる．

　まず最初に，「ある一人が $1/n$ 以上の価値があると考え，他の $n-1$ 人は $1/n$ 以下の価値しかないと考えるケーキの部分」を切り出す方法を示す．

◇**ステップ1**：まず太郎が，自分から見て全体の丁度 $1/n$ の価値の一切れを切り取る．他の $n-1$ 人がそれを見て，$1/n$ 以下の価値しか無いと判断すれば，それが目的の部分である．

◇**ステップ2**：そうでないならば，残りの $n-1$ 人のうち少なくとも一人がその一切れは $1/n$ より大きい価値があると考えているので，その人がその一切れをすこし削って（自分にとって）丁度 $1/n$ の価値になるようにする．その結果，その一切れが，残りの $n-2$ 人[4]にとって $1/n$ 以下の価値しかなくなったならば，その一切れが所望の部分である．

◇**ステップ3**：以下同様に，その一切れが $1/n$ より大きいと感じている人が居る間は，そのうちの一人がその一切れを（自分から見て）丁度 $1/n$ の価値になるように削っていく．

◇**ステップ4**：上記を繰り返すことで，最後には，全員が $1/n$ 以下と考えるようになる．最後に削った人間にとって，それは丁度 $1/n$ の価値になるはずである．[5]

これで「ある一人が $1/n$ 以上の価値があると考え，他の $n-1$ 人は $1/n$ 以下

---

[4]　太郎と今切った人以外の $n-2$ 人．
[5]　$1/n$ より大きいと思っている人間が居なくなるまでやる必要は実は無く，一人だけになれば，目的は達しています．ここではアルゴリズムの記述を簡単にするためにこのように書いたのです．

の価値しかないと考えるケーキの部分」を得たので，その人がその部分を得て立ち去れば，その人は $1/n$ 以上得て満足する．残りの $n-1$ 人にとっては，残ったケーキは $(n-1)/n$ 以上の価値がある．帰納法の仮定より，これを全員に $1/(n-1)$ 以上の価値を感じる様に分配することが可能なので，各人 $\dfrac{n-1}{n} \times \dfrac{1}{n-1} = \dfrac{1}{n}$ 以上の価値を得て全員満足する．

3. 無羨望分割

以上では，n 人いる場合，誰もが $1/n$ 以上をとれば満足するとしました．しかし現実はそうとばかりも言えません．例えば3人のとき，太郎が $1/3$ をとったとしても，次郎が（太郎から見て）$1/3$ より大きい一切れをとったならば，太郎はそれを見て「うらやましい」と思うのでは無いでしょうか？ そこで，少し条件を変えます．誰もが，

自分のとった分よりも価値の高いものを他人が取ってはいない

という場合に満足するものとします．この条件を「**無羨望**(envy free)」と呼びます．これに対して，これまで用いてきた「n 人で分ける場合，全体の $1/n$ 以上とれば満足する」という条件を「**単純公平**(simple fair)」と呼びます．あきらかに無羨望ならば単純公平なので，無羨望分割の方が条件が厳しいのです．（ただし，二人の場合には，単純公平と無羨望は一致します．）

無羨望分割を行う場合には，単純公平で用いた解法のように，先に一人抜ける方法は原則として使えません．なぜならば，例えば太郎が全体の 40 % の価値があると考える切れ端をもらって喜んで立ち去ったとしても，次郎と三郎の価値観は太郎とは異なるかもしれないので，残りを次郎が 1 %，三郎が 59 % の価値のように分割しないとも限らないからです．

前述のように，二人の場合は無羨望と単純公平は一致します．しかし3人以上での無羨望分割は非常に難しいのです．

3.1 3名無羨望分割

問題6 太郎，次郎，三郎の3名による無羨望分割アルゴリズムを与えよ．

以下でアルゴリズムを，解説を交えながら説明していくことにします．

アルゴリズム EnvyFree(3)

◇**ステップ1**：まず太郎が自分の価値観でそれぞれ1/3になるようにケーキを3つに分ける．それを次郎が自分の価値観で見て価値の高い順に並べ（同じ価値のものはどちらが先でも良い），それぞれを A, B, C とする．すなわち，この時点では，太郎にとっては A, B, C が全て同じ価値で，次郎にとっての価値は $A \geqq B \geqq C$ となっている．

このとき，次郎にとって A の価値と B の価値が等しい場合は，三郎，次郎，太郎の順に好きな物をとれば，全員無羨望になる（なぜならば，三郎は好きなものが取れ，次郎は A か B のどちらかが取れる．太郎はどれも同じ価値だと思っているのでどれをとっても良い）．よって以下では次郎にとって A は B よりも価値が高いと仮定する（すなわち次郎にとって $A > B \geqq C$）．

このとき，次の二通りの場合が考えられる．

場合1 三郎にとって最大価値のものが B か C のうちにある．

場合2 それ以外（すなわち，三郎にとって最大価値のものは A であり，それ以外には無い）．

場合1であれば，三郎がその最大価値のものをとり，次郎が A をとり，残ったものを太郎がとれば良い（全員無羨望であることはわかりますね？）．

よって以下では場合2，すなわち，次郎と三郎の両者にとって A が唯一の最大価値のもである，と仮定する[6]．

---

[6] この場合は，A をめぐって次郎と三郎の争いが起こることになりますので，ステップ2で，A を少し削って価値を低くするわけです．

第 7 章　ケーキ分割問題

◇**ステップ 2**：次郎が A を削って，(次郎にとって) A の価値が B と同じになるようにする．残ったものを A' と呼び，このときの削りカスを D とおく．**D は一旦わきへ置いておき**，以下で A', B, C をまず 3 人で分ける(次郎にとっての価値は $A' = B \geq C$ である)．

◇**ステップ 3**：A', B, C のうちから，三郎が好きなものを取る．次に次郎が残った二つから選ぶが，もし A' が残っていたならば，それを取らなければいけない．残った一切れを太郎に与える．

　ひとまずこの時点でそれぞれが得ているものに関しては無羨望になっていることを確認しておきましょう．

　三郎：好きなものが選べるので，明らかに無羨望．

　次郎：A' と B とが等しく最大価値なので，この取り方でかならず最大価値のものが取れる．

　太郎：B, C が同じ価値でしかも A' の価値以上は確実にある (削る前の A と B, C は同価値であったことに注意)．そして A' は三郎か次郎が必ず取るので，B か C のどちらか，すなわち最大価値のものが得られる．

　以上から，ここまでで無羨望であることは確認できましたが，まだ D が残っているので，これを分割しなければなりません．ここで仮に，前と同じ手順をくり返せば，さらに分割が進みますが，また少し切れ端が残るかもしれません．よってこれを続けても，永遠に終わらない可能性もあるので駄目です．しかしここで，**D は太郎にとっては，特別な意味が有る**ことに注意して下さい．すなわち，太郎にとっては $A' + D (= A)$ と B と C が同価値なので，A' をとった人が例え D 全てを得たとしても，うらやましくはありません．この事実を利用すれば，あと 1 回の分割でうまく収まります．

◇**ステップ 4**：次郎と三郎のどちらかが A' をとっているので，その人を仮に次郎としておく．(三郎であった場合は，以下の記述の「次郎」と「三郎」を入れ替えれば良い)．三郎が D を (自分の価値に基づいて) 3 等分す

109

る．その三つから，次郎，太郎，三郎の順に好きなものをとる．
アルゴリズム終了

この結果，最終的に無羨望になっていることを確認しましょう．
次郎： D を分けた 3 切れから好きな者をとっているので，無羨望．
三郎： 等分に分けたものから一つとったので，無羨望．
太郎： 前述のように，(A' を持っていった）次郎がたとえ D 全てを持っていったとしても太郎は無羨望であるので，次郎に対しては無羨望．また，三郎よりは，D を分けた 3 切れの選択については先に選んでいるので，これも無羨望である．
以上から，全員が無羨望であることになります．

3.2　n 人無羨望分割

前述の 3 名無羨望分割アルゴリズムの鍵のなる点は，最初の A', B, C の分割が終わった段階で，太郎は A' をとった人（上では次郎と仮定した）に対して，もう優位性を確定してしまった所にあります．

ある時点で，二人のプレイヤー P と P' が居て，その時点でのケーキの残り X をすべて P' が持っていったとしても P は羨まないとき，「P は P' に対して**確定優位性**(irrevocable advantage; IA)を持つ」と言うことにします．この用語を用いて言えば，3 名無羨望分割アルゴリズムでは，最初の分割が終わった段階で「太郎は A' をとった人に確定優位性を持った」ということです．

確定優位性を持った組合せが多くなれば分割が容易になるだろうことが期待できます．なお，各々の価値観が同じとは限らないので，「二者が同時にお互いに確定優位性を持つ」ということも有り得ることに注意して下さい．ブラムス(Steven J. Brams)とテイラー(Alan D. Taylor)はこの発想に基づいて一般の n 人に対する無羨望分割アルゴリズムを与えました．

このアルゴリズムの詳細を説明するのはこの分量ではまったく足りない上

に，精緻な論証を必要として，非専門家が理解するのは非常に困難[7]なので，ここでは，概要を説明するのみにしておきます．

ブラムスとテイラーのアルゴリズムの胆（キモ）をもう少し説明しておきます．

発想の胆 誰かがケーキを n 等分に分割したとします．もし，全員の価値観が一致していたら，その分割に全員が合意し，問題はおきません（一つずつ持っていけば，全員が「全員 $1/n$ ずつ取った」と思い，満足します）．従って，そこで反対者が出たということは，少なくとも切った人と反対した人とは価値観が違っていたということになります．その価値観の違いを利用すれば，その両者がお互いに確定優位性を持つように分割できるのです．

それを繰り返せば，段々と確定優位性を持つ組合せが増えていき，最後には全員が合意できる，という筋書きです．

以下でもう少し詳しく説明します．上の説明で，「価値観の違いを利用すれば，その両者がお互いに確定優位性を持つように分割できる」と述べましたが，具体的に言えば次の補題が成立します．

補題7 ケーキ X があり，二つの断片 A と B を含んでいる．二人のプレイヤー（太郎と次郎とする）がいて，太郎は A と B の価値が等しいと考え，次郎は A と B の価値は異なると考えているとする．このとき，太郎と次郎を含むプレイヤー全員で，X の一部（残った部分を L とする）を無羨望分割し，さらに太郎と次郎はお互いに確定優位性を持つ（すなわち，L すべてを相手がとったとしても羨まない）ようにできる． □

証明は前述の理由で省略しますが，この部分が非常に難しいところで，厳密

---

[7] 実際，講義で大学院生に解説しても，きちんと理解できる者は半分も居ません．

な証明はもとより，この分割のアルゴリズムを説明するだけでもたいへん面倒です[8]．ここでは，こういうものがある，とだけ理解しておいて下さい．

これができれば，後はそれほど難しくはありません．$n \geq 4$ 人無羨望分割アルゴリズムは以下の通りです．なお，以下ではプレイヤーを $P_1, P_2, \cdots, P_n$ と表しています．また，$\{2, 3, \cdots, n\}$ の最小公倍数を n^* と書くことにします．

アルゴリズム EnvyFree(n)（Brams & Taylor 95）

◇**ステップ1**：P_1 がケーキを均等に n^* 等分する．全プレイヤーを次の二組（集合）に分ける．

　　A：n^* 個すべての断片が等しいと思う者．
　　D：異なる価値の断片があると思う者．

◇**ステップ2**：ここで，次の二通りに場合分けできる

　　場合1　D の全員が A の全員に対して確定優位性を持っている（$D = \emptyset$ の場合を含む）．

　　場合2　$P_i \in D$ が $P_j \in A$ に確定優位性を持っていない様な組 (P_i, P_j) 存在する．

　場合1のときは，A のメンバー全員で全断片を $n^*/|A|$ 個ずつ分ければ[9] 全員が無羨望である．（分割終了）

◇**ステップ3**：(場合2のとき) P_i と P_j に対して補題7を適用する．その結果，P_i と P_j はお互いに確定優位性を持つ．

◇**ステップ4**：ここでケーキが残っていれば，ステップ1に戻って残りのケーキに対しアルゴリズムを繰り返し適用する．場合2を1回適用する毎

---

[8] 面倒は面倒なのですが，数学的思考が極めて好きな人々にとっては，たいへん幸福感を感じさせる精緻な論証です．

[9] n^* は $\{2, 3, \cdots, n\}$ の最小公倍数なので，かならず $|A|$（A に属するプレイヤー数）で割り切れる．

に確定優位性を持つ組が必ず増えるので，場合2は有限回[10]で終了する．よって何時かは場合1となり，アルゴリズムが終了する．

アルゴリズム終了

4. おわりに

ケーキ分割問題は1995年のブラムスとテイラーの n 人無羨望分割アルゴリズムによって研究者の注目を浴び，それ以降多くの結果が出されました．色々な方向の発展がありますが，一つの重要な視点として，分割数を最小にする，というものがあります．例えば，問題2の解答で示した n 人の単純公平分割アルゴリズムはそのままでは，$(n-1)(n-2)/2$ 回の分割を必要としますが，$O(n \log n)$ 回[11]でできるアルゴリズムが知られていて，さらに，これが下限であることも分かっています．アルゴリズムで許される操作をもっと増やしたり[12]，近似アルゴリズム[13]を議論する研究もあります．

最近，n 人単純公平分割について「乱数使用」「近似」「正直[14]」ならば $O(n)$ 回の分割でできることが，国際会議で発表され，話題を呼びました[3]．

ケーキ分割問題については専門書はある程度出ています[2, 4]．日本語では，拙著で恐縮ですが，書籍[1]に n 人無羨望アルゴリズムを含め，詳しい記述があります．

---

[10] 高々 $_nC_2 = n(n-1)/2$ 回．
[11] ビッグオー記号「$O(\cdots)$」については，第4章の脚注5を参照下さい．
[12] 例えば，ナイフを連続的に動かすことを認めた「ナイフ移動法 (knife moving)」が代表的です．他に乱数の使用を認めるかどうかでも変わってきます．
[13] 例えば，与えられた任意に小さい正数 $\epsilon > 0$ に対し，他人の持っているケーキが自分のより ϵ だけ大きいまでは我慢する（これを ϵ 近似と呼びます）など．
[14] 全プレイヤーが嘘をつかない，という前提．すなわち，アルゴリズムが安定で無くても良い．

参考文献

[1] 伊藤大雄, パズル・ゲームで楽しむ数学, 森北出版, 2010.
[2] Steven J. Brams and Alan D. Taylor, Fair Division, Cambridge University Press, 1996.
[3] Jeff Edmonds and Kirk Pruhs, Balanced Allocation of Cake, Proceedings of the 47 the Annual Symposium on Foundations of Computer Science, IEEE Computer Society, 2006, pp. 623-632.
[4] Jack Robertson and William Webb, Cake-Cutting Algorithms, A K Peters, 1998.

第8章

頭とパソコンを使ってパズルを解こう
—『数の六角パズル』を題材にして—

1. はじめに

　四色定理の証明以来，数学の証明にコンピュータを使っても許される時代が来ました．今でも「そんなの関係ない」と思っているカタい数学者もいるかもしれませんが，このとき実は大きなパラダイムシフトが起こったのです．それまでは証明とは単に「できればよい」というものだったのですが，このとき初めて「どのくらいの手間でできるのか」という点が問題になったのです．コンピュータが膨大な場合をすべてチェックすることと，人間が全部手作業でチェックすることとは，本質的な正しさという点では同じことです．そもそも数学の証明においては，場合分けは基本テクニックのはずです．3通りの場合分けが良いなら，100通りの場合分けも許されてもよいでしょう．では1000通りならどうでしょう．1000万通りなら…？

　でも実際，こうした「証明の手間」が多いと，げんなりしますね．とりあえずプログラムでも作って実行してみればいいのでしょうか．実は話はそう簡単ではありません．プログラムを作るのは簡単でも，実行してみたらいつまでも止まらないかもしれません．こうした場合は頭を絞って考えて，実行時間を節約しなければなりません．良いアイデアを思いつけば，実行時間を

劇的に減らすことができます．これが効果的であればあるほど，思いついたときの感激もひとしおです．その過程で問題に対する理解も深まるし，うっかりするとその段階で解けてしまうことすらあります．一方で，いくらうんうんうなっても場合分けの数を減らすことができず，結局のところたくさんの場合が残ってしまうこともあります．そのときはしょうがないので，コンピュータと仲良くつきあうことも大切でしょう．こうした「証明にかかる手間の見積り」とか「どこまでがんばったらあきらめるか」とかいった判断では，離散数学的なセンスと洞察力がとても重要です．

　抽象的な話だけでは説得力がないので，本稿では「数の六角パズル」と呼ばれる具体的なパズルを取り上げます．そしてこのパズルについて，こうした「組合せの数の爆発」「頭を使って場合分けを減らす」「コンピュータを使って解をすべて求める」という一連の方法を実践してみましょう．

2. 数の六角パズルとは

　アシェット・コレクションズ・ジャパン株式会社[1] が発行している「パズルコレクション」というシリーズ[2] があります．隔週でパズルつきの雑誌が刊行されています．このシリーズの 37 号についていたのが「数の六角パズル」です（図 1）．1 から 19 までの数字が振られた 19 個のコマが図の盤面にきれいにはまるようになっています．図 2 で示したように，この盤面上に 3 つのコマを 1 組とするトリオを 12 箇所指定します．このパズルの目的は，トリオの和をすべて 38 にするようなコマの配置を見つけることです．

---

[1] http://www.hachette-collections.jp/

[2] http://www.3dpuzzle.jp/

第8章　頭とパソコンを使ってパズルを解こう

図1　数の六角パズル

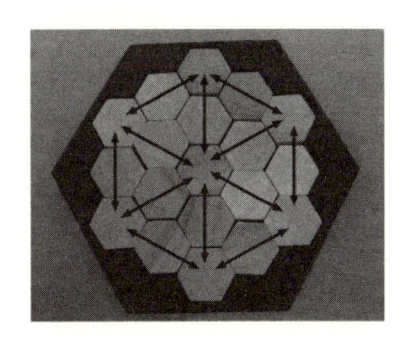

図2　12箇所のトリオ

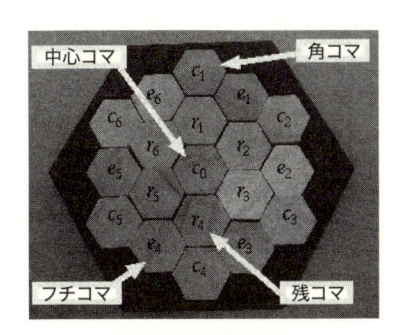

図3　コマの位置と名称

　実際に取り組んでみると，このパズルはなかなか難しく，試行錯誤で解くのは至難の技です．いろいろと楽しんだり苦しんだりしていたところに次の号が届き，そこに解が載っていたのですが，その解は正直なところ筆者にはとても不満でした．単に正解例が一つ示されていただけで，どうやってそれを見つけたのか，という方法が示されていません．試行錯誤だけで見つけられるものなのか？ とか，他には解はないのか？ という疑問に対する答も示されていません．嘆いてもしかたないので，自分で答を探すことにしましょう．

ゲーム・パズル編

3. 数の六角パズルの解を全部見つけよう!!

3.1 試行錯誤の限界

まず単純に全部のパターンをチェックする方法を検討してみましょう．やみくもにプログラムを作ったりはせず，いわゆる「封筒の裏の計算」で，おおまかな計算時間を見積もってみましょう．可能な組合せは 19! 通りです．概算ですから，有名なスターリングの公式[3]を使うまでもないでしょう．大雑把に $19! \sim 19^{19}$ 通りとしましょう．筆者の手元の PC はクロックが 1.5GHz ですので，おまけして 1 クロックで 1 つの組合せをチェックできるとします．つまり 1 秒間に 1.5×10^9 個の組合せがチェックできるとします．すると単純なプログラムを作った場合 $(19^{19})/(1.5 \times 10^9) \sim 1.3 \times 10^{15}$ 秒かかることになります．ふむ，換算するとざっと 40000000 年くらいかかります．これは全然ダメですね!! この「全然ダメ状態」から，どこまでがんばれるかが醍醐味です．

3.2 大域的な特徴

一つのトリオの和が 38 であることと，トリオが 12 箇所あることから，すべてのトリオの和の和は $38 \times 12 = 456$ です．一方，すべてのコマの数の和は $1 + \cdots + 19 = 190$ です．これらの差 $456 - 190 = 266$ は何を意味しているんでしょう．そう，トリオの端点が何度も数えられている分です．ここで中央のコマを**中心コマ**，6 つの角にあるコマを**角コマ**と呼ぶことにして，中心コマの値を c_0，角コマの値を $c_1, c_2, c_3, c_4, c_5, c_6$ とおきましょう．また，角コマ

---

[3] ちなみに $n! \sim \sqrt{2\pi n}\left(\dfrac{n}{e}\right)^n$ です．おおまかな計算をするときにはちょっと豪華過ぎますね…．

を除く外周の 6 つのコマをフチコマ，それ以外の 6 つのコマを残コマと名付けて，値をそれぞれ $e_1, e_2, \cdots, e_6, r_1, r_2, \cdots, r_6$ としましょう (図 3)．すると，トリオの和の和から，$6c_0 + 3(c_1 + \cdots + c_6) + e_1 + \cdots + e_6 + r_1 + \cdots + r_6 = 456$，コマの数の和から $c_0 + c_1 + \cdots + c_6 + e_1 + \cdots + e_6 + r_1 + \cdots + r_6 = 190$ が得られるわけですから，引き算すると

$$5c_0 + 2(c_1 + \cdots + c_6) = 266 \tag{1}$$

となります．

図 4　可能な配置 (1)

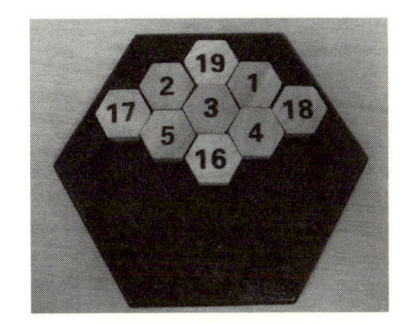

図 5　可能な配置 (2)

図 6　可能な配置 (3)

ここで式 (1) をよ～く見ると，いろいろと面白いことが見えてきます．特に右辺の 266 は比較的大きい偶数です．したがってまず c_0 **は偶数でなけれ**

ばならないことがわかります．また $c_1 + \cdots + c_6$ は，1 から 19 までの数が 1 度ずつしか入れないので，$5c_0 \geq 266 - 2(19 + 18 + \cdots + 14) = 68$ となり，$c_0 > 13$ であることがわかります．したがって $c_0 = 14, 16, 18$ という 3 通りしかないことになります．逆に $C = (c_1 + c_2 + \cdots + c_6) = (266 - 5c_0)/2$ とおいて，この 3 通りについて考えてみると，$c_0 = 14$ のときは $C = 98$，$c_0 = 16$ のときは $C = 93$，$c_0 = 18$ のときは $C = 88$ となります．角コマはだいたい大きな数になることがわかりますが，それ以上絞り込むのは難しそうなので，とりあえずここではこのくらいにしておきましょう．

3.3 局所的な特徴

手がかりとして「値が極端なコマ」を考えます．まず 1 のコマを考えましょう．1 とナニかとナニかを足して 38 にするには，どうしたらいいでしょう．そう，$1 + 18 + 19 = 38$ しかありえません．このトリオはもう確定するしかありません．同様に 2 のコマも $2 + 17 + 19 = 38$ しか相手がいません．このトリオも確定です．しかもこの場合，1 や 2 は他のトリオと共有することができません．つまり 1 や 2 は残コマかフチコマになるしかありません．また大域的な特徴から，17, 19 は c_0 にはなれないので，17, 19 が角コマになることも確定です．

以上のことから，(1, 18, 19) と (2, 17, 19) のトリオを並べることのできる配置は，対称性を考えると，本質的に 2 通りしかないことがわかります．さらに，c_0 に置ける値まで考慮すると，可能な配置が図 4，図 5，図 6 の 3 つに絞られました．

ここで可能な配置 (3) を見ると，$c_0 = 14$ で 3 つの角コマ (17, 18, 19) が確定しています．したがって残りの 3 つの角コマの合計は $98 - (17 + 18 + 19) = 44$ となります．ここで手元に残ったコマを睨むと，これは大きい方から 3 つ (13, 15, 16) を取る以外に，実現方法がないことがわかります．この場合はかなり絞り込むことができました．

さて，可能な配置 (1) の場合は，$c_0 = 18$ で，2 つの角コマ (17, 19) が確定しています．したがって残りの 4 つの角コマの合計は $88 - (17 + 19) = 52$ となります．また，可能な配置 (2) の場合は，$c_0 = 16$ で，3 つの角コマ (17, 18, 19) が確定しています．したがって残りの 3 つの角コマの合計は $93 - (17 + 18 + 19) = 39$ となります．これらの場合はどちらも角コマの平均値は 13 になり，また大きな数のコマはもうかなり使用済みです．さて，こちらもだいぶ絞り込まれてきました．ここからどうしましょう．

3.4 ではプログラムでも….

冷静になって図 4, 5, 6 をもう一度眺めて考えてみましょう．よく考えてみると，あとは角コマさえ全部決めてしまえば，残りのフチコマと残コマが全部決まってしまうことがわかります．したがって，図 4 では $(19-6) \times (19-7) \times (19-8) \times (19-9) = 17160$ 通り，図 5 では $(19-9) \times (19-8) \times (19-7) = 720$ 通り，図 6 では $3 \times 2 \times 1 = 6$ 通り試せば，すべての解を見つけることができるはずです．これくらいの数なら，昨今のコンピュータならあっという間です．

さらに上記の「残った角コマの平均値 13」を使うと，場合の数をさらに絞りこむことができます．図 4 や図 5 では，値の大きなコマは残り少ないので，平均値 13 を達成するためには，図 4 の場合は 7 以上，図 5 の場合は 10 以上のコマしか角コマになれません．したがって次のようなプログラムを作ればいいでしょう．

ゲーム・パズル編

Algorithm 1: 図 4 の場合

Output: 数の六角パズルの解答；

1　すでに値が決まっている場所を全部割り当てる；
2　foreach $c_2 = 7, 8, ..., 16$ do
3　　c_2 によって決まる値 (e_1, r_2) を埋めてみて，同じ値を 2 度以上使っていれば以下をスキップ；
4　　foreach $c_3 = 7, 8, ..., 16$ かつ $c_3 \neq c_2$ do
5　　　c_3 によって決まる値 (e_2, r_3) を埋めてみて，同じ値を 2 度以上使っていれば以下をスキップ；
6　　　foreach $c_4 = 7, 8, ..., 16$ かつ $c_4 \neq c_2, c_3$ do
7　　　　c_4 によって決まる値 (e_3, r_4) を埋めてみて，同じ値を 2 度以上使っていれば以下をスキップ；
8　　　　foreach $c_5 = 7, 8, ..., 16$ かつ $c_5 \neq c_2, c_3, c_4$ do
9　　　　　c_5 によって決まる値 (e_4, r_5, e_5) を埋めてみて，同じ値を 2 度以上使っていれば以下をスキップ；
10　　　　　解が見つかったので出力する；
11　　　　end
12　　　end
13　　end
14　end

　このプログラムは $10 \times 9 \times 8 \times 7 = 5040$ 通りの組合せしか試していません．図 5 の場合はさらに少なく，$6 \times 5 \times 4 = 120$ 通りの組合せしか試す必要がありません．したがって，最終的には $5040 + 120 + 6 = 5166$ 通りの場合を簡単なプログラムでチェックするだけで，すべての解が得られることがわかりました．これくらいの数だと，手でチェックする気には到底なりません

が，プログラムなら一瞬で答が出てきます．プログラムも 30 分くらいで簡単に作れます．最初の「ざっと 40000000 年」に比べると，劇的に改善することができました．私も疑問が氷解して，めでたし，めでたし．これにて一件落着です．

4. 蛇足

え，それで結局のところ解はいくつあったのか，ですって？ それはヒミツです…．いやいや，それはひどいですね．実際には本質的に異なる解が全部で 4 通りありました．図 4 の場合の解が 3 通りで，図 5 の解が 1 通りでした．図 6 の場合は解はありません．それぞれの解のパターンはここでは示しませんので，興味のある方はプログラムを作って実行してみましょう．

第9章

フランク・ハラリィの一般化三並べ

1. はじめに

三並べ[1]のルールは大概の読者は御存知でしょうが，簡単に説明しておきます．3行3列（3×3）の盤面の各升目（マス）に交互に自分の記号を一つずつ書いていきます[2]．縦か横か斜めに三つ自分の記号を先に並べた方が勝ちです．

この手のゲームでは手順を詳しく分析するまでもなく，「後手に必勝手順は無い」ことが分かります．このことは自明と感じる人もいるかもしれませんが，一応，正確に論証しようとすると下記のようになります．

後手必勝手順があると仮定する．すると，それを利用して先手の必勝手順を作ることができる．すなわち，先手は第一手を無作為に打ち，その自分の手は無いものと考えて以後は後手の必勝手順を用いる．途中で最初に無作為に打ったところへ自分が打たなければいけなくなったときには，再度空いているところへ無作為に打ち，以後はこの石を無いものと考えて進めば良い．これによって先手に必勝手順が得られることになり，後手必勝という仮定に矛盾する．

---

[1] 地域によって「マルバツ」等他の呼び方をされている所もあります．
[2] 日本では先手が○（まる）を，後手が×（ばつ）を書くのが一般的です．

第9章　フランク・ハラリィの一般化三並べ

つまり，両者が最適な手を打つ限り，先手が勝つ (= 先手必勝) であるか，引き分けに終わるかのどちらかであることになります．実際，三並べは後者であることが知られています．図1に後手の最適戦略を示しておきます．（なお，以下本稿に用いる図では，先手の手を黒丸で，後手の手を白丸で表現し，何手目にあたるかを数字で表現することにします．また，手数の勘定のしかたは，「先手の1手目→後手の1手目→先手の2手目…」のようなチェス式の数え方をします[3]．）少し注意を要するのは (c) の2手目だけで，あとは先手の手を潰していけば自然と引き分けになります．

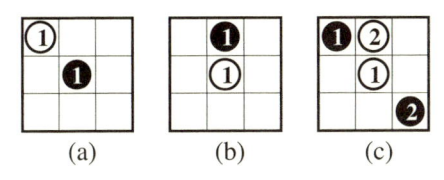

図1　三並べにおける後手の最適戦略

三並べは海外でも遊ばれている[4] たいへん基本的なゲームですが，フランク・ハラリィ (Frank Harary, 1921-2005) がそれを拡張して，数学的素材として非常に面白いゲームが作り上げ，いまだに多くの数学者の興味を引いています．今回はこれを紹介いたします．

2. 一般化三並べとは何か

三並べのルールを少しずつ変形していきます．まず，斜めの3連を無視します．つまり，縦か横の3連を作ったときのみ勝ちであり，斜めの3連は

---

[3] 囲碁や将棋では「1手目（先手）→2手目（後手）→3手目（先手）…」の様に先手と後手の手を合計した手数で言います．

[4] 例えば米国ではチクタクトウ (Ticktacktoe)，英国ではノーツ・アンド・クロッシーズ (noughts and crosses) などと呼ばれています．

125

作ったとしても勝ち負けには関係ないものとします[5]．この変更された三並べももちろん両者が最善を尽くせば引き分けになります．すなわち先手に必勝手順がありません．

しかし盤面を 4×4 にまで広げると，今度は先手に必勝手順が生じます（先手はその第一手を中央の 2×2 の4マスのどこかにおけば良い．後は簡単なので説明は省略します）．その手数は3手（先手の手数のみ勘定することに注意），すなわち期待しうる最小の手数です．4×4 の盤面で3手の先手必勝手順があるということは，それ以上大きい盤面でもやはり3手の先手必勝手順があるということです．すなわち以下の命題が成立します．

命題1 $b \times b$ の盤面で3連を作るゲームは，b が3以下ならば引き分けで，4以上ならば先手必勝でありその手数は3である．　□

さて，ハラリイの一般化はこれからです．以上では「3連」を考えましたが，他の形を作ることを考えてみましょう．複数のマスが集まってできた様々な図形に関して，盤面の大きさと先手必勝手順の存在とその手数を考えることができます．

n 個のマスからできている図形のことを n **細胞動物**と呼ぶことにします[6]．与えられた $b \times b$ の正方形盤面上で与えられた n 細胞動物を先に作ったほうが勝ちであるとします．このとき，回転と裏返しも許すことにします．すなわち，回転か裏返し，またはその両方を用いて，与えられた図形と一致するものも目的の図形として認める，ということです．

---

[5] このルールの変更の意味は，先に進めばおのずと理解されます．
[6] 本稿では，正方形の辺を介してひとつながりになっているもののみを考えます．

3. 1〜3細胞動物

1細胞動物，すなわち1マスのみからなる動物は一通りしかありません（図2(a)参照）．また，2細胞動物も，一通りです（図2(b)参照）[7]．これらは明らかに先手必勝であり，手数も最小（すなわち1細胞動物が1手で，2細胞動物が2手）で良く，盤面の大きさも，それぞれが入る最小の大きさ（すなわち1細胞動物が1×1で，2細胞動物が2×2）で十分です．

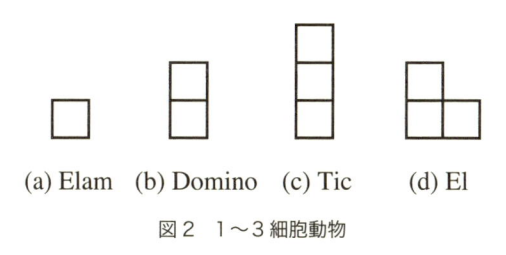

(a) Elam　(b) Domino　(c) Tic　(d) El

図2　1〜3細胞動物

3細胞動物は図2(c), (d)の二通りがあります．ティック（Tic）は既に解決しています．以下では，先手に必勝手順がある動物を**勝ち型**（**winner**）と言い，無いものを**負け型**（**loser**）と言うことにします．この用語は盤面のサイズbなどの制約と共に使用することもあります．例えば，ティックは$b=3$で負け型であり，$b \geq 4$では勝ち型であると言うことができます．

エル（El）は2×2では明らかに構築不可能であり[8]，3×3では3手（つまり最小手数）の先手必勝法があります（初手を中央のマスに置けば，後は簡単です）．以下では，n細胞動物Aの$b \times b$の盤面における先手必勝手順の最小手数を$\mathrm{move}(A, b)$と表現することにします．先手必勝手順が存在しない場合は$\mathrm{move}(A, b) = \infty$とします．表1に3細胞以下の動物の$\mathrm{move}(*, b)$の値をまとめておきます．なお，その動物がそもそも$b \times b$の盤に入らない

---

[7] 図形の回転を許しているので，縦長も横長も同じ図形であると見なすことができます．
[8] 先手は4マス中2マスしか確保できません．

ときは「∞」では無く「-」と表記してあります．

動物	b			
	1	2	3	4以上
Elam	1	1	1	1
Domino	-	2	2	2
El	-	∞	3	3
Tic	-	-	∞	3

表1　3細胞以下の動物の move(∗, b) 値

4. 4細胞動物

4細胞動物は図3に示す5通り存在し，各々に対する move(∗, b) の値は表2の通りです．

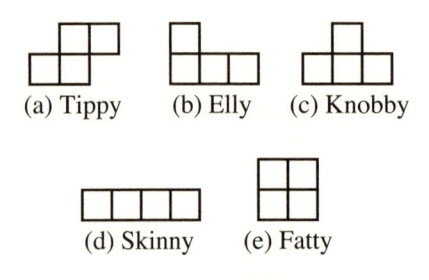

(a) Tippy　(b) Elly　(c) Knobby

(d) Skinny　(e) Fatty

図3　4細胞動物

動物	b					
	2	3	4	5	6	7以上
Tippy	-	5	5	4	4	4
Elly	-	∞	4	4	4	4
Knobby	-	∞	∞	4	4	4
Skinny	-	-	∞	∞	?	7以下
Fatty	∞	∞	∞	∞	∞	∞

表2　4細胞動物の move(∗, b) 値

4.1 ティッピー

ティッピー (Tippy) は盤面の大きさで手数が変化します．$b = 5$ で 4 手の必勝手順があるのですが，$b = 3$ でも 5 手かければ勝つことができます．後者の手順を簡単に解説しておきます．

図 4 を見て下さい．初手は中央のマスに置きます．

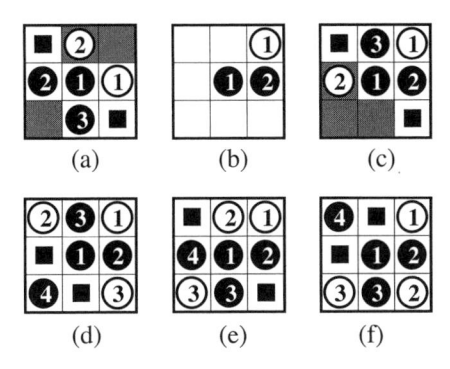

図 4　ティッピーの 3×3 盤面の 5 手必勝手順

後手の初手は (a) 先手の初手の上下左右であるか，(b) それ以外 (隅のマス) であるかで二通りに場合分けできます．上下左右の場合は (a) の様に先手は 2 手目をうちます．すると後手の第 2 手は，対称性から，網掛けの中であると仮定して一般性を失いません．従って後は (a) にあるように第 3 手を打てば，次に黒はどちらの黒四角に打ってもティッピーができますので，後手はそれを同時に防ぐことはできません．

後手の第 1 手が隅のマスであるときには (b) の様に先手は第 2 手を打ちます．その後，後手の第 2 手によって (c) 〜 (f) の 4 通りに場合分けできますが，どれもそれらの図の通りに進めれば，先手は勝つことができます．

4.2 スキニー

スキニー (Skinny) は一部未解決です．$b=7$ で 7 手の必勝手順がある[9] ことは分かっているのですが，6 手以下の必勝手順は無いこと，$b=6$ では必勝手順が無いこと等は予想されてはいるのですが，まだきちんと証明されてはいません．なお，$b=5$ では勝てないことについては，次の方法で証明できます．

中央の 3×3 の盤面に着目します．後手はその中央部分で先手のティックを防ぐことが出来ます．そうなると先手がスキニーを作るには端の行か列に作るしかありません．しかし，それを防ぐのは，その四つの行または列それぞれについて，中央の 3 マスのどれか一つを埋めれば良いので，容易です[10]．

4.3 ファッティー

4 細胞動物の中で理論的な意味で最も面白いのがファッティー (Fatty) です．実際にやってみれば分かりますが，ファッティーを作るのは容易ではありません．実は表 2 に示した通り，ファッティーはどんなに大きな盤面でも負け型になるのです．限られた盤面において必勝手順が無いことを示すのは，すべての手順を尽くすことで，原理的は証明可能です[11]．
しかし，無限大サイズの盤面でも必勝手順が無いことを示すには，「すべての手順を示す」という方法では不可能です．では，どうやって証明するのでしょうか？これには，組合せゲームで「ペアリング戦略」として有名な後手の戦略

---

[9] 文献 [5] の時点では 8 手のものしか知られていませんでしたが，その後 7 手のものが発見されました．その手順については文献 [2, 3] 参照．
[10] 先手がその 3 マスのどれかに着手した直後に，残りの 2 マスのどちらかを埋めれば良い．
[11] それでも b がある程度大きくなると，組合せ爆発が起き，現実問題としてできなくなりますが．

第9章　フランク・ハラリィの一般化三並べ

があり，それを用いて以下のように証明することができます．

補題2　任意の広さの盤面に対し，ファッティーは負け型である．

証明　無限の広さを持つ盤面において，先手のファッティー構築を永久に妨害し続ける後手の作戦が存在することを示す（それで本定理の証明には十分である）．図5の方法で，隣り合う二つの升目を組み合わせて畳敷きを作る．後手は先手が置いた石と同じ畳の空いている側に石を置く戦法をとることによって，どの畳も先手の石によって独占されることは無いようにできる．ファッティーは必ずどれかの畳を含まなければならないので，この戦略によってファッティーの完成は永久に妨がれる．　□

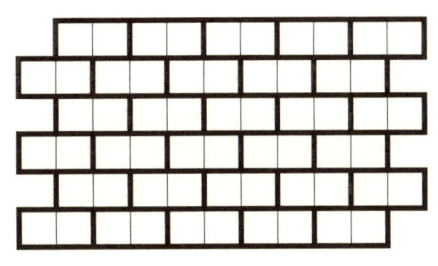

図5　畳敷き

5. 5細胞以上の動物

5細胞動物は図6の12通り存在します．

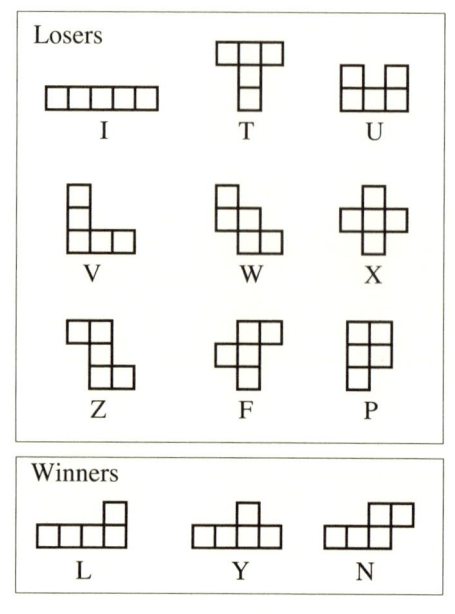

図6　5細胞動物

5.1　勝ち型と負け型

このうち前半の九つが負け型で，残りの三つが勝ち型です．具体的には

$$\text{move}(L, 7) \leqq 8$$
$$\text{move}(Y, 7) \leqq 8$$
$$\text{move}(N, 6) \leqq 6$$

であることが分かっています．

上記の九つの負け型の証明は，やはり畳敷きによって証明できます．いく

つかはファッティーと全く同じ図 5 の畳敷きで証明できますが，その他の敷き方をしないと駄目なものもあります．答は書きませんので，興味のある人は考えてみて下さい．

6 細胞動物のうち，5 細胞以下の負け型を含むものは明らかに負け型です．そうでないものは図 7 に示す 4 通りしかありません．

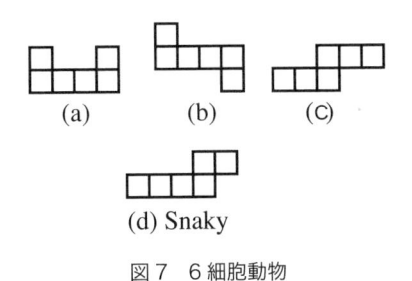

(a)　　(b)　　(c)

(d) Snaky

図 7　6 細胞動物

このうち (a)，(b)，(c) の 3 つは負け型であることが，やはり畳敷きによって証明できます．

7 細胞以上の動物はすべてこれまでに見つかった負け型を含んでいるので，すべて負け型であると判定できます．

5.2　スネーキー

さて，残った (d) のスネーキー (Snaky) ですが，実はこれは未解決なのです．すなわち，無限大サイズの盤面において，勝ち型か負け型か分かっていません．

スネーキーは未解決動物なので，色々研究されており，少し結果が得られてます．まず，畳敷きの作戦ではスネーキーを防ぐことはできない[12] ことが

---

[12] 正確に言うと，「初期状態で敷いた畳を固定して変化させない」という戦略は駄目なことが証明されています．畳に限らず，二つのマスを組にして，畳敷きと同じように防ぐ戦略も駄目なことが計算機を使って確かめられています．しかし，先手の手に応じて適応的に畳を敷き直していく戦略も駄目であるかどうかは分かっていません．

分かっています．逆に先手については，「自分が過去に打った石の隣り（上下左右）にしか打たない」というように先手の作戦を限定した場合は，Snaky は構築できないことも証明されています．

　他には置き石を考えた時の必勝手順も研究されています．先手が，自分の最初の石を置く前にさらに n 個石を置くことを**置き石 n** と表現することにします（つまり，後手の初手の前に先手は最初に $n+1$ 個石を置けることになります）．

　スネーキーについては，しばらくの間，置き石 2 で勝ち型であることが分かっていましたが，最近著者らによって置き石 1 でも勝ち型であることが証明されました [4]．置き石 1 の手順は変化が多岐に及んでかなり複雑になります．ですから，仮に置き石 0 で必勝手順があるとしても，それを記述するには膨大なスペースが必要であることになり，正確な検証は計算機の力を借りないと難しいかもしれません．

6．おわりに

　ハラリィの一般化三並べは多くの未解決問題を含み，なかなか興味深い素材です．特に「スネーキーが勝ち型か負け型か」はこの分野最大の未解決問題であり，解決が待たれます．

　また，本文内で触れたスキニーに関する未解決問題などは，アマチュアでも十分解決可能なものだと思います．（ただし，「ほとんどできる」とか「できるとしか思えない」とかは，数学的な意味での証明とはまったく異なるものだ，ということは注意して下さい．）

　この問題についてもっと詳しいことが知りたい読者には拙著で恐縮ですが書籍 [2] と，論文 [3] を薦めます．そこには本文内では省略した必勝手順や畳敷き，参考文献など，詳しく記述してあります．

参考文献

［1］E.R.Berlekamp, J.H.Conway, and R.K.Guy, Winning Ways for Your Mathematical Plays, Vol.3, Second Edition,A K Peters, Massachusetts, 2003.

［2］伊藤大雄，パズル・ゲームで楽しむ数学，森北出版，2010.

［3］伊藤大雄，ハラリィの一般化三並べ，電子情報通信学会論文誌，新世代の計算限界特集号，Vol.J89-A, No.6, 2006, pp.458-469.

［4］H.Ito and H.Miyagawa, Snaky is a winner with one handicap, Abstracts of 8th Hellenic European Conference on Computer Mathematics and its Applications (HERCMA 2007), Sept.20-22, Athens Univ. of Economics and Business, Athens, Greece, 2007, pp.25-26.

［5］マーチン・ガードナー（著），一松 信（訳），ガードナー数学マジック 超能力と確率，丸善，1996.(6章「一般化されたチクタクトウ」pp.119-134)

第10章 ハノイの塔

1. はじめに

　皆さんは「ハノイの塔」というパズルをご存知ですか？　本書の読者の方ならば，ご存知の方も多いかもしれません．「ハノイの塔」は，フランス人数学者エドゥアール・リュカ（Edouard Lucas）によって作られた大人から子供まで楽しめるパズルです（図1）．しかし，たかがパズルされどパズル，その解法を考えると，離散数学やアルゴリズムの奥深い世界が現れてきます．本章では，ハノイの塔の基本的な解法から最新の研究成果まで幅広くご紹介します．

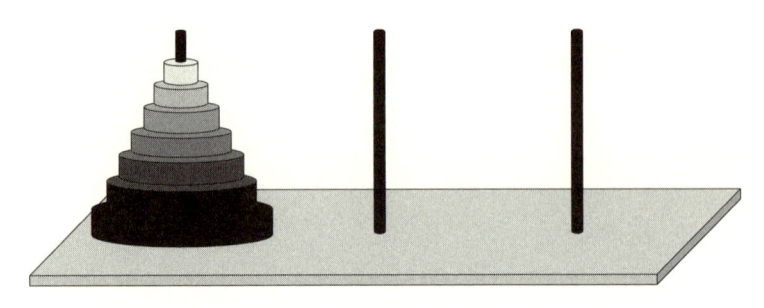

図1　ハノイの塔パズル

2. ハノイの塔の伝説

　リュカという名前を聞いて，おや？と思われた方がいらっしゃるかもしれません．そう，リュカはフィボナッチ数と関係の深い「リュカ数[1]」を作った数論の研究者としても有名な人です．娯楽数学にも興味を持っていたようで，1883年にハノイの塔パズル（フランス語で"La Tour d'Hanoi"）を世に出しました [1]．パズルに添えられたリーフレットには，次のような伝説が書かれていました．

　「ベナレスの大寺院にある世界の中心とされるドームの下に，1キュービット[2]の高さを持ち，蜂の胴回り程の太さを持つ3本のダイヤモンドの柱が，青銅製の板の上に立てられていた．天地創造の際，ブラフマ神[3]により，1本の柱に64枚の純金製の円盤が，最大の円盤は板上に，その他の円盤は小さなものが上になるように置かれた．これがブラフマの塔である．僧侶達は昼夜を問わず，大きな円盤を小さな円盤の上に置かないという規則を守りながら，第1の柱から第3の柱へ円盤を移し続けている．64枚の円盤が全て移し終わったとき，塔と僧侶達は塵と化し，世界は終焉するだろう．」

　何とも神妙な文章ですが，これはパズルに合わせて作られたお話だそうです．また，本パズルはシャム（タイ）のLi–Sou–Stian大学のN. Claus教授からの話を基に作られた，とされていますが，"Claus"という名前は"Lucas"の並び替え（アナグラム）であり，"Li–Sou–Stian"という名前は当時リュカが教授をしていた学校の名前"Saint Louis"の並び替えになっています．リュカは遊び心のある人だったのでしょうね．
　ハノイの塔は，これらの逸話も合わせ大変有名なパズルですが，単にパズル

---

[1] $a_1 = 1$, $a_2 = 3$, $a_n = a_{n-1} + a_{n-2}$ ($n \geq 3$) で定まる数．
[2] 1キュービット = 45.72センチメートル．
[3] インドの創造神．

ゲーム・パズル編

として楽しめるだけでなく，「再帰」という情報科学の基本概念を学ぶ格好の題材であり，(後ほど詳しく書きますが) 未解決の数学的難問を含むなど，多面的な顔を持っています．

以下では，ハノイの塔の数学的な解析に入るために，ウォーミングアップも兼ねて，オリジナルのハノイの塔の解析から話を始めましょう．

3. 3本ハノイの塔問題

3.1 ルールと目的

ハノイの塔の目的は，第1の柱に大きいものを下にして置かれた n 枚の円盤を，なるべく少ない移動回数で第3の柱に全て移し替えることです．円盤の移動に際しては，次のような条件があります．

- 各ステップで移動させることができるのは，各柱の最上部の円盤のみである．

- 1度に1枚の円盤のみ移動させることができる．

- 円盤は，何もない柱か，または，その円盤より大きな円盤が最上部にある柱にのみ移すことができる．

本パズルは，n 枚の円盤を第1の柱から第3の柱へ移すときの移動回数を最小化する「離散最適化問題」と見ることができます．この問題を **3本ハノイの塔問題** と呼ぶことにします．最適化問題を解く常套手段として，円盤の移し替えを行うアルゴリズムを設計して，これだけの数があれば十分，という移動回数の上界値を求め，さらに，どんなアルゴリズムを用いても最低限必要な数である移動回数の下界値を求めます．それらが一致すれば，最適解 (最小移動回数) が得られたことになります．

では，3本ハノイの塔問題を解いていきましょう．

3.2　3本ハノイの塔問題に対するアルゴリズム

$n \geq 1$, $1 \leq i, j \leq 3$ とし，第 i の柱にある n 枚の円盤を第 j の柱へ移す手続きを $\mathrm{Proc}(n, i, j)$ とします．3本ハノイの塔問題では $i = 1$, $j = 3$ なので，問題を解く手続き $\mathrm{Proc}(n, 1, 3)$ を以下の3段階で定めます．

1. 第1の柱の上部 $n-1$ 枚の円盤を $\mathrm{Proc}(n-1, 1, 2)$ によって第2の柱に移す．

2. 第1の柱に残った1枚の円盤を第3の柱に移す．

3. 第2の柱にある $n-1$ 枚の円盤を $\mathrm{Proc}(n-1, 2, 3)$ によって第3の柱に移す．

$\mathrm{Proc}(n, 1, 3)$ のように，アルゴリズムの定義中で，その手続き自身を呼び出すものを**再帰アルゴリズム**と呼びます．

では，$\mathrm{Proc}(n, 1, 3)$ による円盤の移動回数 $M(n)$ を求めていきましょう．まず，$n = 0$ のとき，$M(0) = 0$ です．$n \geq 1$ のとき，第1段階での移動回数は $M(n-1)$ 回，第2段階での移動回数は1回，第3段階での移動回数は $M(n-1)$ 回ですから，次の漸化式（再帰式）が成り立ちます．

$$M(n) = 2M(n-1) + 1$$

この漸化式を解くと，$M(n) = 2^n - 1$ ($n \geq 0$) となります．これにより，3本ハノイの塔問題のアルゴリズムと移動回数の上界値 $2^n - 1$ が得られました．

3.3　アルゴリズムの最適性

では，3.2節のアルゴリズムはどれほど効率の良いものなのでしょうか？ 実は，その移動回数 $2^n - 1$ が最小であることが以下のように示されます．

今，移動回数の最小値を $H(n)$ とします．$H(n)$ を実現するアルゴリズムで，最大の円盤を第1の柱から初めて移動させるステップを A_1 とします．すると，上部の $n-1$ 枚の円盤をステップ A_1 より前に 第2または第3の柱に移動させておく必要があり，そのためには少なくとも $H(n-1)$ ステップ

必要です．次に，最大の円盤を第3の柱に「最後に」移動させるステップを A_2 とします（つまり，A_2 以降最大の円盤は動かない）．すると，ステップ A_2 の直後，上部の $n-1$ 枚の円盤は1本の柱に積まれており，それらを全て第3の柱に移動させれば手続きは完了します．そのためには少なくとも $H(n-1)$ ステップ必要です．

以上から，$H(n)$ について，次の不等式が成り立ちます．
$$H(n) \geqq 2H(n-1)+1$$
本不等式と $H(0)=0$ より，$H(n) \geqq 2^n-1$ が得られます．この 2^n-1 は，移動回数の下界値であると同時に，前節のアルゴリズムにより実現されているので，アルゴリズムの移動回数 2^n-1 が最小であることが示されました．

この結果から，ハノイの塔の「伝説」にあった64枚の円盤の移動には，どう工夫しても $2^{64}-1$ ステップ必要であることが分かります．この数は，
$$18446744073709551615$$
という途方も無い数で，仮に1枚の円盤の移動に1秒かかるとすると，移動完了に5850億年（！）もかかる計算になります．ハノイの塔を行う際，円盤の枚数にはくれぐれも注意する必要がありそうです．

4. k 本ハノイの塔問題

4.1　3本から k 本へ

では，さらに歩を進めましょう．3本ハノイの塔問題は，柱の数を k 本（$k \geqq 3$）として，次のように一般化することができます．

---

k 本ハノイの塔問題．
$k \geqq 3$ とする．k 本の柱を用いて，第1の柱に置かれた n 枚の円盤を第 k の柱に移し替えるのに必要な移動回数の最小値とそのときの移動方法を求めよ．

第10章 ハノイの塔

　円盤移動のルールは柱3本のときと同様です．直観的には，3本ハノイの塔と同様の方法を使えばすれば解けるのではないかと考えたいところですが，実際にはうまくいかず，驚くべきことに，$k \geq 4$ のときの k 本ハノイの塔問題は未だ解明されていないのです！

　問題の難しさは次の観察からも伺うことができます．3本ハノイの塔問題では，最大の円盤を目的の柱に移す際，どんなアルゴリズムを用いても上部 $n-1$ 枚の円盤は1本の柱に置かれる，ということが，優れた下界値を求めるためのポイントでした．ところが，柱が4本以上ある場合，最大の円盤を目的の柱に移す際，$n-1$ 枚の円盤を置ける柱が2本以上存在するため，考えられる円盤の状態の数が n に関して指数的に爆発してしまうのです．このため，k 本ハノイの塔問題 ($k \geq 4$) を解くためには，新たな工夫が必要となります．

　k 本ハノイの塔問題 ($k \geq 4$) は，1907年に柱4本の場合 (図2) がデュードニー (H. E. Dudeney) により，「レヴのパズル (Reve's puzzle)」の名で発表されました[4] [2]．一般の k 本ハノイの塔問題は，1939年にスチュワート (B. M. Stewart) がアメリカの数学雑誌 American Mathematical Monthly に出題し，1941年に彼自身 [3] およびフレイム (J. S. Frame) [4] が独立にアルゴリズム

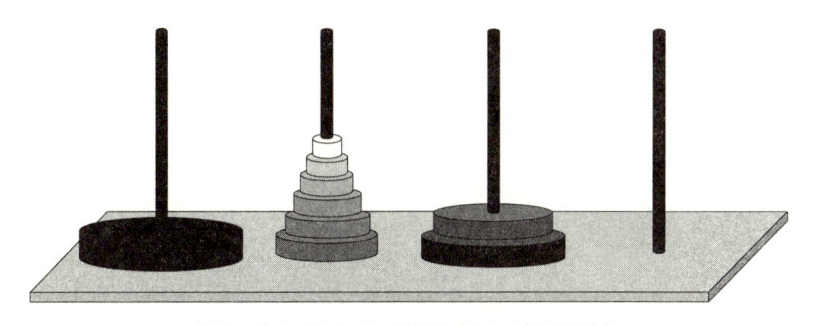

図2　柱4本のハノイの塔パズル (レヴのパズル)

---

[4] 1889年にリュカ自身によって発表されていたという説もあります．

を発表しました．それらは異なる形であったものの，同じ移動回数を与えるアルゴリズムだったため，併せて**フレイム – スチュワートのアルゴリズム**と呼ばれます（以下，**FS アルゴリズム**）．3.2 節と同様の記法を用いて，第 i の柱にある n 枚の円盤を ℓ 本（$3 \leq \ell \leq k$）の柱を用いて第 j の柱へ移す手続きを $\text{Proc}_\ell(n, i, j)$ と表すことにすると，k 本ハノイの塔問題に対する FS アルゴリズムの手続き $\text{Proc}_k(n, 1, k)$ は次のように定義されます．

$0 \leq t \leq n-1$ を満たす全ての整数 t に対して，次の 3 段階の試行を考えます．

1. 第 1 の柱の上部 t 枚の円盤を，k 本の柱を用いて中間の 1 つの柱（ここでは第 2 の柱とする）に，手続き $\text{Proc}_k(t, 1, 2)$ によって移す．

2. 第 1 の柱に残った $n-t$ 枚の円盤を，第 2 の柱以外の $k-1$ 本の柱を用いて，手続き $\text{Proc}_{k-1}(n-t, 1, k)$ によって第 k の柱に移す．

3. 第 2 の柱に置かれた t 枚の円盤を，手続き $\text{Proc}_k(t, 2, k)$ によって第 k の柱に移す．

$0 \leq t \leq n-1$ を満たす全ての t の中で，上記 3 段階の移動回数の総和を最小にするものを選び，その手続きを実行します．全体のアルゴリズムの移動回数を $M(n, k)$ とすると，まず $M(0, k) = 0$ です．さらに，$n \geq 1$ のとき，次の再帰式が成り立ちます．

$$M(n, k) = \min_{0 \leq t \leq n-1} \{2M(t, k) + M(n-t, k-1)\}$$

$M(n,k)$ の特徴を掴むため，$k=4$ として，$1 \leq n \leq 10$ の範囲の $M(n, 4)$，最小値 min を取るときの t，$M(n, 4)$ の階差 $\Delta M (= M(n, 4) - M(n-1, 4))$ の値をそれぞれ表 1 に示します．表 1 より，階差 ΔM の値として，2^i なる形の自然数が $i+1$ 個連続して並ぶ，という顕著な特徴が見てとれます．このことを利用して，$M(n, k)$ の一般解を求めます．

表 1　最小値をとる t, $M(n, 4)$, 階差 ΔM の値

n	1	2	3	4	5	6	7	8	9	10
t	0	0,1	1	1,2	2,3	3	3,4	4,5	5,6	6
$M(n, 4)$	1	3	5	9	13	17	25	33	41	49
ΔM	1	2	2	4	4	4	8	8	8	8

4.2　FS アルゴリズムの解析

記述の簡略化のため，$0 \leq t \leq n-1$，$n \geq 1$，$k \geq 4$ に対して，
$$F(n, t, k) := 2M(t, k) + M(n-t, k-1)$$
と書くことにします．FS アルゴリズムの移動回数 $M(n, k)$ に関して，次の定理が成り立ちます．

定理1　([4], [5]) $k \geq 4$ とする．任意の自然数 $r \geq 1$ に対して，以下が成り立つ．

(1) $n = \binom{k+r-3}{k-2}$ のとき[5]，$F(n, t, k)$ は $t = \binom{k+r-4}{k-2}$ で最小値
$$M(n, k) = \sum_{i=0}^{r-1} 2^i \binom{k+i-3}{k-3}$$
を取る．

(2) $\binom{k+r-3}{k-2} \leq n < \binom{k+r-2}{k-2}$ を満たす n に対して，以下が成り立つ．

　　(2-a)　$M(n+1, k) - M(n, k) = 2^r$

　　(2-b)　$M(n, k) = \sum_{i=0}^{r-1} 2^i \binom{k+i-3}{k-3} + 2^r \left\{ n - \binom{k+r-3}{k-2} \right\}$

略証　証明は $n \geq 1$ と $k \geq 4$ に関する2重帰納法で行います．

---

[5] $\binom{N}{M}$ は $\binom{N}{M} = \dfrac{N!}{M!(N-M)!}$ で定義される数．

$n = 1$，つまり $r = 1$ のとき，$F(1, t, k)$ は $t = 0$ で最小値 1 を取るので，$M(1, k) = 1$ となり，定理 1(1) と (2-b) が成り立ちます．

$k = 4$ のときは，n に関する帰納法により，単独で (1) と (2-b) を証明します．（本書では省略しますが，興味のある読者の方はぜひ証明を試みてください．）

次に，$n = \binom{k+r-3}{k-2}$ とします．$n-1$ 以下で (1) と (2-b) が正しいと仮定し，$n = \binom{k+r-3}{k-2}$ においても (1) と (2-b) が成り立つことを示します．((2-a) はその結果自動的に示されます．)

$t_0 = \binom{k+r-4}{k-2}$ と置いて，$t = t_0$ の前後における $F(n, t, k)$ の増減を調べます．（なお，$n - t_0 = \binom{k+r-4}{k-3}$ である[6]ことを後ほど利用します．）

まず，$t \leq t_0$ のとき，
$$F(n, t, k) - F(n, t-1, k)$$
$$= 2(M(t, k) - M(t-1, k))$$
$$\quad - (M(n-t+1, k-1) - M(n-t, k-1))$$
$$\leq 2(M(t_0, k) - M(t_0-1, k))$$
$$\quad - (M(n-t_0+1, k-1) - M(n-t_0, k-1))$$
$$\leq 2 \cdot 2^{r-2} - 2^r \quad (\text{帰納法の仮定より})$$
$$= -2^{r-1} < 0.$$

よって，$t \leq t_0$ で $F(n, t, k)$ は t の減少関数です．

一方で，$t > t_0$ のとき，

---

[6] $\binom{N}{M} = \binom{N-1}{M} + \binom{N-1}{M-1}$ $(1 \leq M \leq N)$ より．

$$F(n, t, k) - F(n, t-1, k)$$
$$= 2(M(t, k) - M(t-1, k))$$
$$\quad - (M(n-t+1, k-1) - M(n-t, k-1))$$
$$\geqq 2(M(t_0+1, k) - M(t_0, k))$$
$$\quad - (M(n-t_0, k-1) - M(n-t_0-1, k-1))$$
$$\geqq 2 \cdot 2^{r-1} - 2^{r-1} \text{ (帰納法の仮定より)}$$
$$= 2^{r-1} > 0.$$

よって，$t > t_0$ で $F(n, t, k)$ は t の増加関数です．

以上より，$n = \binom{k+r-3}{k-2}$ のとき，$F(n, t, k)$ は $t = t_0$ で最小値を取ることが分かりました．帰納法の仮定を利用して，$M(n, k)$ を計算すると，

$$M(n, k) = F(n, t_0, k)$$
$$= 2M(t_0, k) + M(n-t_0, k-1)$$
$$= 2M\left(\binom{k+r-4}{k-2}, k\right) + M\left(\binom{k+r-4}{k-3}, k-1\right)$$
$$= 2\sum_{i=0}^{r-2} 2^i \binom{k+i-3}{k-3} + \sum_{i=0}^{r-1} 2^i \binom{k+i-4}{k-4}$$
$$= \sum_{i=1}^{r-1} 2^i \left\{\binom{k+i-4}{k-3} + \binom{k+i-4}{k-4}\right\} + 1$$
$$= \sum_{i=0}^{r-1} 2^i \binom{k+i-3}{k-3}.$$

これで，$n = \binom{k+r-3}{k-2}$ のときの $M(n, k)$ の値が得られました．

$n \neq \binom{k+r-3}{k-2}$ のとき，$F(n, t, k)$ はある連続する t の値で最小値を取ります．$M(n, k)$ の値も，計算は複雑になりますが，$n = \binom{k+r-3}{k-2}$ のときと同様に求めることができます．詳細については論文[5]をご参照ください．

4.3 k 本ハノイの塔問題の下界

4.2 節の FS アルゴリズムの移動回数 $M(n, k)$ はどれほど良い値なのでしょうか？ k 本ハノイの塔問題の最小解は，実験的に $n = 30$ 程度まで調べられており[7]，その範囲では FS アルゴリズムの解が実際に最小となることが確認されています．そのため，FS アルゴリズムが最小解を与えると一般に信じられていますが，厳密な証明はされていないのが現状です．行うべきことは，$M(n, k)$ と下界値のギャップを埋めることです！

k 本ハノイの塔問題に対して非自明な下界値を求めた論文は，過去に 2 本しかありません．それらを以下に紹介します．

定理 2 ([6]) $n \geq 1$, $k \geq 3$ とする．k 本ハノイの塔問題における移動回数は，少なくとも $2^{(1 \pm o(1))C_k n^{1/(k-2)}}$ 回である[8]．ここで，$C_k = (1/2)(12/(k(k-1)))^{1/(k-2)}$．

定理 1 で得られた $M(n, k)$ の値は，
$$M(n, k) < 2^{(1 \pm o(1))(n(k-2)!)^{1/(k-2)}}$$
と評価でき [7]，k を定数とすると，定理 2 で得られた下界値と指数部が高々定数倍の違いしかない値であることが分かります．

さらに，定理 2 は最近次のように改良されました．

定理 3 ([7]) $n \geq 1$, $k \geq 3$ とする．FS アルゴリズムの解 $M(n, k)$ と最小解 $H(n, k)$ の間に次式が成り立つ[9]．
$$\log M(n, k) = \log H(n, k) + \Theta(k + \log n)$$
$$= (n(k-2)!)^{1/(k-2)} + \Theta(k + \log n)$$

---

[7] 円盤の置かれた状態を頂点として，移り合う状態間に有向辺を与えた状態グラフを考えると，ハノイの塔問題は初期状態と最終状態という 2 頂点の間の最短路を求める問題と等価となります．よって，最短路を求めるアルゴリズムにより最小解を求めることが可能です．

[8] $o(1)$ は $n \to \infty$ としたとき 0 に収束する数．

[9] $\Theta(m)$ は漸近的に m と定数倍の違いしかない数．

$M(n, k)$, $H(n, k)$ は共に $2^{(1\pm o(1))(n(k-2)!)^{1/(k-2)}}$ と書くことができ,最小解に極めて肉薄した下界値が得られたことになります.

以下では,定理3の証明の概略を紹介します.まず,いくつか用語を準備します.

k 本の柱に n 枚の円盤が置かれた状態 D に対して,D から全ての円盤を少なくとも一回動かすために必要な移動回数の最小値を $G(D)$ とします.さらに,$G(n, k) = \min_D G(D)$ とします.ここで,min は k 本の柱,n 枚の円盤を用いて考えられる全ての状態に対する最小値を取ります.$G(n, k)$ の定義より,$G(n, k) \leq H(n, k)$ が成り立ちます.[6]で見出された卓越した方針は,$H(n, k)$ の下界値導出のために,$H(n, k)$ の値を直接評価するのではなく,$G(n, k)$ の値の評価を考えたことです.

$G(n, k)$ の評価のためには,次の補題が決定的な役割を果たします.

補題1. $n \geq 2$,$k \geq 4$ のとき,$1 \leq m \leq n-1$ を満たす任意の m に対して,次の不等式が成り立つ.
$$G(n, k) \geq 2\min\{G(n-m, k), G(m, k-1)\}$$

(略証) C を $G(n, k)$ を実現する円盤の状態とし,$S = (s_1, s_2, \cdots, s_{G(C)})$ を全ての円盤を少なくとも1回動かすような円盤の移動列とします.S を前後半に分け,$S_1 = (s_1, s_2, \cdots, s_h)$,$S_2 = (s_{h+1}, s_{h+2}, \cdots, s_{G(C)})$,$h = \lfloor G(C)/2 \rfloor$ と2分します.n 個の円盤に小さいものから順に $1, 2, \cdots, n$ というラベルを付け,$i = 1, 2$ に対して,次の円盤の集合を考えます.
$$D_i = \{j \mid 円盤 j は S_i で少なくとも1回移される\}$$
$|D_1 \cup D_2| = n$ であり,さらに「$D_1 - D_2 \neq \emptyset$ かつ $D_2 - D_1 \neq \emptyset$」($\emptyset$ は空集合) が成り立つことが次のように分かります.S で最初の移動 s_1 を施したときの円盤の状態を $s_1(C)$ とします.もし s_1 が円盤 j を移すとすると,円盤 j は $S - \{s_1\}$ で動かされることはありません.なぜなら,もし $S - \{s_1\}$ でも動

かされるとすると，$S-\{s_1\}$ は $s_1(C)$ の状態から全ての円盤を少なくとも 1 回動かし，状態 C の最小性に矛盾してしまうからです．よって円盤 j は S_1 でのみ動かされ，$j \in D_1 - D_2$ となり，$D_1 - D_2 \neq \emptyset$ が分かります．S の最後の移動で動かされる円盤も，同様の議論から S_2 でのみ動かされるため，$D_2 - D_1 \neq \emptyset$ も分かります．

そこで，$D_1 - D_2 = \{p_1, p_2, \cdots, p_\ell\}$，$D_2 - D_1 = \{q_1, q_2, \cdots, q_m\}$ と表すことにします（$1 \leq \ell, m \leq n-1$）．$(D_1 - D_2) \cup (D_2 - D_1)$ 中の最小の円盤が仮に $D_1 - D_2$ にあるとして，それを p_1 とします．このとき，
$$|D_1| = |D_1 \cup D_2| - |D_2 - D_1| = n - m$$
より，S_1 で D_1 の $n-m$ 個の円盤は k 本の柱を用いて動かされるので，
$$|S_1| \geq G(n-m, k) \qquad (1)$$
が成り立ちます．また，$p_1 \in D_1 - D_2$ より，p_1 は S_2 で動かされることはなく，$p_1 < q_i$ $(1 \leq i \leq m)$ より，$D_2 - D_1$ の m 枚の円盤の S_2 での移動において，p_1 の置かれた柱は使うことができないため，
$$|S_2| \geq G(m, k-1) \qquad (2)$$
が成り立ちます．不等式 (1), (2) と $G(n, k) \geq 2 \max\{|S_1|, |S_2|\} - 1$ から，$G(n-m, k) \neq G(m, k-1)$ のとき，
$$G(n, k) \geq 2 \max\{G(n-m, k), G(m, k-1)\} - 1 \qquad (3)$$
が成り立ち，$G(n-m, k) = G(m, k-1)$ のとき，
$$G(n, k) \geq 2|S_1| \geq 2G(n-m, k)$$
$$= 2 \max\{G(n-m, k), G(m, k-1)\} \qquad (4)$$
が成り立ちます．(3), (4) は特定の m に対する不等式ですが，これらと，$G(n, k)$ の n に関する単調増加性から，任意の m $(1 \leq m \leq n-1)$ に対して，題意の不等式
$$G(n, k) \geq 2 \min\{G(n-m, k), G(m, k-1)\}$$
が得られます．

$(D_1 - D_2) \cup (D_2 - D_1)$ の最小の円盤が $D_2 - D_1$ にあるときには，同様の議論により，m を ℓ で置き換えた題意の不等式が成り立ちます．

以上より，補題 1 が示されました．

補題 1 の不等式から $G(n, k)$ の値を評価すると，次の不等式が得られます．
$$\log G(n, k) > (n(k-2)!)^{1/(k-2)} - k + 1$$
（計算の詳細は論文[7]に譲ります．）本式と定理2直後の $M(n, k)$ の評価式を合わせると，定理3の結果が得られます．

5．ハノイの塔のその他の話題

ハノイの塔には，ルールを変更したさまざまなバリエーションがあります．ここではいくつか代表的なものを紹介します．

最初のバリエーションは，円盤を移動させることのできる柱のペアに制約を加えるものです．柱を頂点とし，円盤を移せる柱の間に有向辺を与えた有向グラフを考えると，有向グラフ上のハノイの塔問題を考えることができます．これまでに，いくつかの有向グラフに対して，上下界が調べられています．

まず，3頂点を持つ強連結な有向グラフ[10] は図3の5種類存在し，これらのグラフ上のハノイの塔問題に対しては全て最小解が得られています[8]．4頂点を持つ強連結な有向グラフは83種類存在しますが，それらのほとんどについて，厳密な解析は行われていないのが現状です．

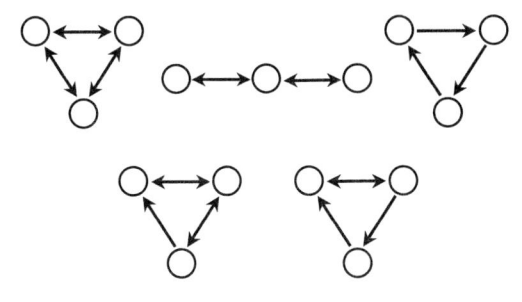

図3　3頂点を持つ強連結な有向グラフ

---
[10] 任意の2点間に有向路が存在する有向グラフのこと．

k 頂点を持つ直線グラフ（パスグラフ）や一方向ループ（サイクルグラフ）上のハノイの塔問題も研究が行われていますが，筆者の知る限り最小解の特定には至っていません．

ハノイの塔の別のバリエーションとして，円盤はより大きい円盤の上にしか置けない，というルールを緩め，「円盤同士のラベル（サイズ）の差が l 未満ならば，大きな円盤を小さな円盤の上に置いてもかまわない」とした「逆さハノイの塔（Bottleneck Tower of Hanoi）」(図4) があり，20年来研究が行われています．最近，柱3本の場合に，全ての l （$1 \leq l \leq n$）に対して最小解が示されました[9]．

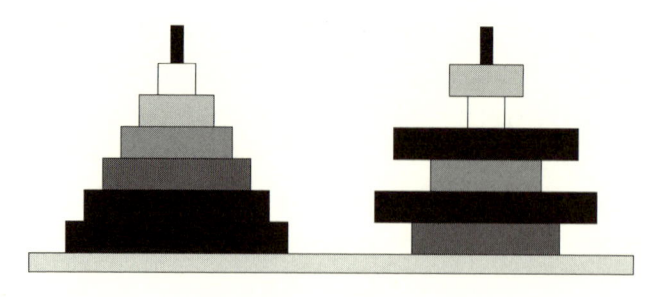

図4 逆さハノイの塔 （$l = 3$）

ハノイの塔に関しては，その他にさまざまな数学的概念との関連が指摘されています．例えば，3本ハノイの塔に対して脚注7で述べた状態グラフを作り，初期状態からグラフを三角形状にレイアウトすると，頂点集合の位置が，パスカルの三角形の奇数の現れる位置と一致することが知られています．また，円盤数 n を大きくしていくと，状態グラフはフラクタル図形として知られるシェルピンスキーガスケットに収束していきます．また，ハノイの塔とオートマトン理論やモルフィズムなど代数的概念との関連も指摘されています．

6. おわりに

本章では，離散数学，情報科学の観点から，ハノイの塔に関する代表的な結果を紹介しました．リュカによって生み出された1つのパズルから，100年余りの間に数多くの興味深い結果が得られてきました．そのようなハノイの塔の奥深さの一端を感じていただけたなら，本章の目的は達成と言えそうです．そのことを祈りつつ，本章を終えます．

なお，網羅的な文献録である[10]に，今回紹介した論文を含め350を超えるハノイの塔の参考文献が載っていますので，そちらもご参照ください．

参考文献

[1] E. Lucas：Récréation Mathématiques, Vol. III, Gauthier–Villars, Paris, 1893.

[2] H. E. Dudeney：The Reve's Puzzle, The Canterbury Puzzles (and Other Curious Problems), Thomas Nelson and Sons, Ltd., London, 1907.

[3] B. M. Stewart：Solution to advanced problem 3918, American Mathematical Monthly, 48 (1941), pp. 217–219.

[4] J. S. Frame：Solution to advanced problem 3918, American Mathematical Monthly, 48 (1941), pp. 216–217.

[5] A. A. K. Majumdar, Generalized multi–peg Tower of Hanoi problem, Journal of the Australian Mathematical Society, Ser. B, 38 (1996), pp. 201–208.

[6] M. Szegedy：In how many steps the k peg version of the Towers of Hanoi game can be solved?, Proceedings of 16th Annual Symposium on Theoretical Aspects of Computer Science (STACS 99), LNCS 1563 (1999), pp. 356–361.

[7] X. Chen, J. Shen：On the Frame–Stewart conjecture about the Towers of Hanoi, SIAM Journal on Computing, 33 (2004), pp. 584–589.

[8] A. Sapir：The Tower of Hanoi with forbidden moves, The Computer Journal, 47(1) (2004), pp. 20–24.

[9] Y. Dinitz, S. Solomon：Optimality of an algorithm solving the Bottleneck Tower of Hanoi problem, ACM Transactions on Algorithms, 4 (3) (2008), pp. 1–9.

[10] P. K. Stockmeyer：The Tower of Hanoi：A bibliography, 1997–2005. http://www.cs.wm.edu/~pkstoc/h_papers.html

第11章
ゴスパー曲線とその一般化

1. はじめに

　ゴスパー曲線とは，有名な数学者マーチン・ガードナーがサイエンス誌の連載「数学ゲーム」で怪物曲線として紹介した再帰曲線です[1]．本章では，このゴスパー曲線を離散数学的な視点から眺め，筆者らの行ったゴスパー曲線の一般化について紹介します．

2. ゴスパーの怪物曲線

　はじめに，サイエンス誌の記事の説明に従って，ゴスパー曲線の作り方を説明します．図1のように，中央の正6角形のまわりに正6角形を6個並べ，合計7個の正6角形で土台を作ります．次に，8個の頂点を，土台にした7個全ての正6角形の内部を通る等長の7本の線分で結びます．これが第1段階のゴスパー曲線です．

第11章　ゴスパー曲線とその一般化

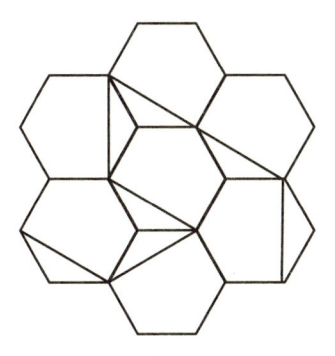

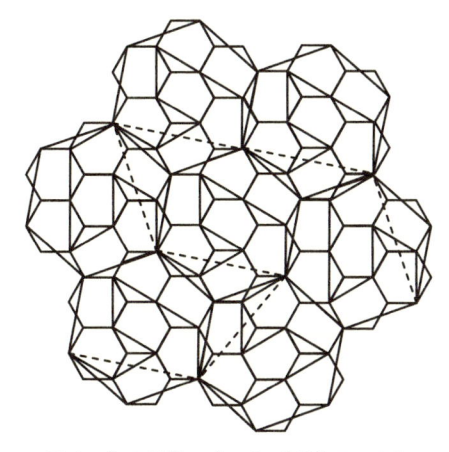

図1　第1段階のゴスパー曲線とその土台

　第2段階のゴスパー曲線は，図2のように，第1段階の土台を構成する各正6角形を，面積を1/7に縮小した土台に置き換えて得られます．土台は，このような置き換えを行っても，1/7に縮小された正6角形が隙間なく辺と辺が重なるようにピッタリとはまる形になっています．図2では，第1段階のゴスパー曲線を点線，第2段階のゴスパー曲線を実線で示してあります．
　第2段階のゴスパー曲線の7個の土台は，内部の線分が第1段階の各正6角形の中の線分（点線）の両端を結ぶように，適当に回転してはめることに注

図2　第2段階のゴスパー曲線とその土台

ゲーム・パズル編

意します．このように土台をはめていくので，第2段階のゴスパー曲線も，第1段階のゴスパー曲線の一方の端から出発して，もう一方の端までをつなぐ，枝分かれのない曲線になります．この曲線の長さは，第2段階では第1段階の $\sqrt{7}$ 倍に伸びます．一方，線分の土台の面積は，第1段階でも第2段階でも同じです．

図3　第4段階のゴスパー曲線

以上の手順は，何回でも繰り返すことができます．この手順によって，第 m 段階のゴスパー曲線を定義します．普通，段階数 m は明示する必要が無いので，段階数を省略して，これを単にゴスパー曲線と呼びます．ゴスパー曲線は第 m 段階では第1段階の $\sqrt{7}^{m-1}$ 倍の長さになる，段階数とともに伸びる無限に長い枝分かれのない1本の曲線です．この曲線は，どの段階においても，土台を構成する辺と辺を重ねるように隙間無くはまった正6角形の全てをそれぞれ1度ずつ通ります．図3は第4段階のゴスパー曲線です．

一方，土台については，その面積は，先に述べたように，どの段階でも一定です．そして，その形は，段階数を十分に大きくした土台が図4のよ

154

うに同じ形の土台7つに分割できるという性質をもちます．これは，第2段階の土台が，図2のように小さな(1/7の)第1段階の土台7個からできているからです．なお，段階数を大きくした土台の境界線の長さは，無限に長くなりますが，それはフラクタルの理論によって1次元よりも次元の高い $\log 3/\log\sqrt{7} = 1.12915$ 次元[1] の曲線として特徴付けられます．ところで，ゴスパー曲線自身もその土台の境界と同じように，1次元よりも次元の高い曲線で，計算すると2.0次元の曲線であることがわかります．これは，直感的には，土台の境界は，無限に長いとはいえ図4のように「線」のように見えるので，次元は1に近い1.12915次元ですが，ゴスパー曲線は，土台の中(平面，2次元)を重なる部分なしにべったり埋め尽くすので2.0次元になると解釈できます．

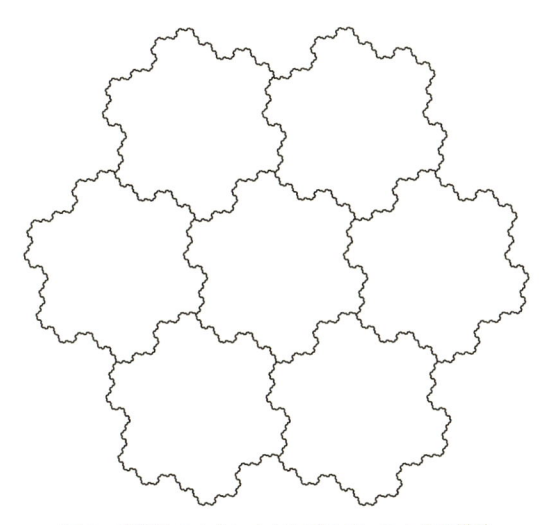

図4 段階数の十分に大きなゴスパーの土台の構造

---

[1] フラクタル次元という．

3. ゴスパー曲線の一般化

正6角形 N 個を辺と辺でつなげた図形を土台として使って，ゴスパー曲線と同じ特徴をもつ曲線を作ることを考えます．つまり，ゴスパー曲線の一般化です．以下では，このように土台の正6角形の個数を変えて一般化したゴスパー曲線を，一般化ゴスパー曲線と呼びます．そして，正6角形の個数，すなわち第1段階の曲線の線分の本数を，一般化ゴスパー曲線の次数と呼ぶことにします．前節で紹介したゴスパー曲線の次数は $N=7$ です．

正6角形 N 個を辺と辺でつなげた図形を，ポリヘックス，あるいは正6角形の個数を示す時は N–ヘックスといいます．[2] 次数 N の一般化ゴスパー曲線の土台は N–ヘックスです．土台となる N–ヘックスは，その N–ヘックスを構成する正6角形を面積が $1/N$ になるように縮小した N–ヘックスに置き換えることを何度繰り返しても，つねに隙間も重なりも生じずにピッタリはまるような形でなければなりません．

ある図形（または図形の集合）と合同な図形で平面を隙間も重なりもなくうめる事をタイリングといいます．個々の図形の事をタイルといいます．N–ヘックスを縮小して置換したら，すぐに N 倍して，N–ヘックスの面積が変わらないようにして考えると，土台となる N–ヘックスは平面をタイリングしていることがわかります．

この N–ヘックスのタイリングは，正6角形を辺と辺を重ねてタイリングしたパターンの各正6角形を N–ヘックスに置き換えたものです．その時，図5に示すような正6角形内部の曲線のつき方に応じて，正6角形を N–ヘックスに置き換えるときに，120度ずつ回転した3通りの置き換えをしなければなりません．このような置き換えは，N–ヘックスをその中心で120度回転しても形が変わらなければ可能です[2]．

---

[2] そうでなくてもピッタリはまることがあるかも知れません．

第11章 ゴスパー曲線とその一般化

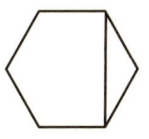

図5 正6角形内部の3種類の等長線分

　一般に，図形を360/r度回転しても，ピッタリ重なるとき，その図形にはr回割の回転対称性があるといいます．したがって，一般化ゴスパー曲線の土台となるN-ヘックスは，3回割の回転対称性をもつ形であればよいといえます．このように，正6角形を3回割の回転対称性をもつN-ヘックスに置き換えてタイリングしたパターン全体は，ある1つのN-ヘックスをベクトル

$$p = au + bv \tag{1}$$

だけ平行移動した位置にコピーして配置していくことで生成できます[3]．ここで，a, bは整数，u, vは，図6のように，N-ヘックスを置き換える前の正6角形の中心を結ぶ2つのベクトルです．

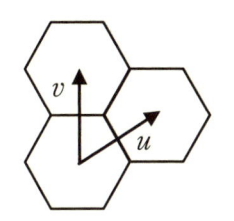

図6 平行移動ベクトル u, v

以上をまとめて，

◆**土台の条件**　次数 N の一般化ゴスパー曲線の土台は，3回割の回転対称性

---

[3] 2方向の平行移動に対して不変なタイリングを周期的タイリングといいます．この N-ヘックスのタイリングは u 方向と v 方向の平行移動をしても不変ですので，周期的なタイリングです．

をもつ N-ヘックスであり，その N-ヘックスは，(1)式のベクトルで平行移動してタイリングができなければならない．

土台の条件を満たす N-ヘックスが得られたとします．この N-ヘックスから，一般化ゴスパー曲線を描くことができる条件を考えます．N-ヘックスに置き換える正 6 角形の内部の線分をイニシエータと呼ぶことにします．図 7 はゴスパー曲線の土台（N-ヘックス）と，土台に置き換える正 6 角形，及び，イニシエータ（点線）です．イニシエータの両端は，図 7 のように N-ヘックスの境界上の頂点を 1 つおきにとって結ばれます．N 本の等長線分が，N-ヘックスを構成する正 6 角形の頂点を 1 つおきに結んでいるからです．

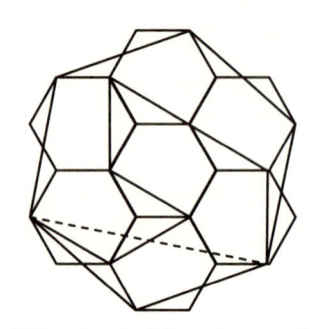

図 7　ゴスパー曲線のイニシエータ

もし，この N-ヘックスの内部に，イニシエータの始点から終点までを枝分かれなく，N-ヘックスを構成する正 6 角形の全てを通るように，イニシエータの $1/\sqrt{N}$ の長さの等長線分 N 本で結ぶことができれば，次数 N の一般化ゴスパー曲線を描くことができます．

以上の手順をプログラミングして，コンピュータで次数 N の小さい順にしらみつぶしに調べていくことができます．コンピュータによる全探索の結果，次数が最小の一般化ゴスパー曲線は，2 節で示した $N=7$ のマーチン・ガードナーが怪物曲線として紹介したものであることと，次に小さい次数の一般化ゴスパー曲線は，図 8 に示す $N=13$ のものであることがわかりまし

た．図 8(a) は，$N=13$ の一般化ゴスパー曲線の第 1 段階の土台，図 8(b) は第 3 段階の曲線です．[3]

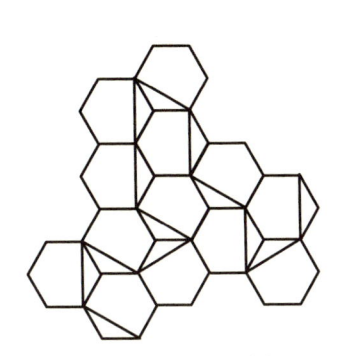

(a) 第 1 段階の曲線と土台　　(b) 第 3 段階の曲線

図 8　$N=13$ の一般化ゴスパー曲線

4．一般化ゴスパー曲線の次数

筆者らは，一般化ゴスパー曲線のコンピュータによる全探索を次数 $N=49$ まで行い，各次数に対して，表 1 に示す本数のゴスパー曲線を得ました．[4] 表 1 に掲載していない次数では一般化ゴスパー曲線は存在しません．表 1 を眺めていると，一般化ゴスパー曲線の次数はすべて $6k+1$ 型，つまり，6 で割ると 1 余る数だけであることに気づきます．本節では，一般化ゴスパー曲線の次数について考察します．

表 1：一般化ゴスパー曲線の次数と曲線の本数

次数	7	13	19	31	37	43	49
本数	1	1	1	7	8	24	209

まず，一般化ゴスパー曲線の土台となる N-ヘックスの形は，3 回割の対称性をもつものしか許されないということから，N-ヘックスの中央に正 6 角形があるか無いかに応じて N が

$$N = 3k+1,\ \text{または}\ N = 3k,\ k = 0, 1, 2, \cdots \tag{2}$$

ゲーム・パズル編

に制限されることがすぐにわかります．

次に，一般化ゴスパー曲線のイニシエータの両端は，図7のように結ばれなければならないという事と，土台の面積とイニシエータの載っている正6角形の面積が等しい，ということから，N に関する制約条件

$$N = x^2 + y^2 + xy, \ x = 0, 1, 2, \cdots,$$
$$y = 0, 1, 2, \cdots, (x, y) \neq (0, 0) \tag{3}$$

を得ます．なぜなら，イニシエータの両端が図7のように N-ヘックスの境界上の頂点を1つおきにとって結ばれるということは，図9のように，N-ヘックスに使う正6角形を並べて描いておき，イニシエータの一方の端，始点を決めると，もう一方の端は，始点を格子点とする3角格子の格子点上になければならなくなるからです．図9では，灰色の正3角形が正6角形1つを表しています．

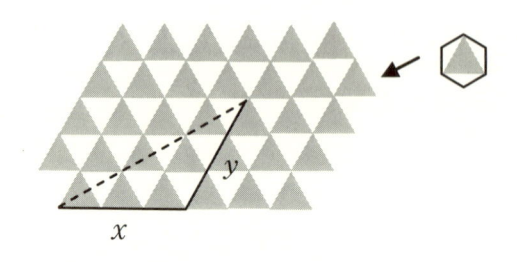

図9 イニシエータと3角格子

イニシエータを点線で表し，3角格子の横方向の座標を x，縦方向の座標を y とし，3角格子の正3角形の1辺を1とすると，このイニシエータの載っている正6角形の面積は，$S = \sqrt{3}(x^2 + y^2 + xy)/2$ です．一方，N-ヘックスの面積は $\sqrt{3}\,N/2$ なので，これらが等しいとおいて(3)式が得られます．

次に，$N = 3k$ ではない事，つまり，$N = 3k + 1$ でなければならない事を，第1段階の土台において曲線が通過できる頂点の数を数えることで証明します．

第11章 ゴスパー曲線とその一般化

■**補題** 一般化ゴスパー曲線の第1段階の土台において，曲線が通過する事のできる正6角形の頂点の数は，$N=3k$ では $N-2$ 個，$N=3k+1$ では $N-1$ 個．

すると，$N=3k$ では，イニシエータの一端から出発した曲線が通過できる頂点が $N-2$ 個しかないので，イニシエータの両端を N 本の線分で結ぶことはできません．一方，$N=3k+1$ では，通過できる頂点が丁度 $N-1$ 個あるので，通過可能な頂点をうまく使えば，イニシエータの端から端までを線分で結べる可能性があります．$3k+1$, $k=0,1,2,\cdots$ は，$6k+1$，または，$6k+4$ と書き直せるので，結局，(3)式とあわせて，次数に関する次の定理を得ます．

> **定理1** 一般化ゴスパー曲線の次数 N は，$N=6k+1$ または $N=6k+4$, $k=0,1,2,\cdots$, でかつ(3)式を満たさなければならない．

筆者らが，一般化ゴスパー曲線の次数について証明できた性質はこれだけです．コンピュータによる探索結果から，N は $6k+1$ しか許されないと予想していますが，数学的な証明はできていません．

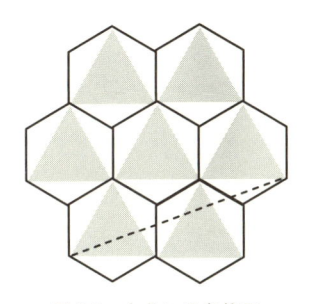

(補題の証明) 土台となる N-ヘックスとイニシエータが与えられたとします．その N-ヘックスを構成する N 個の正6角形の内部に，図10のように，イニシエータの両端が3角格子の格子点になるように，正3角形を描きます．

図10 土台と3角格子

このように正3角形を描くと，2つ以上の正3角形の頂点が重なった点だけが，曲線が通過する可能性のある頂点になります．というのは，正3角形の辺が曲線になるので，1つの正3角形から2つの辺を選ぶことができないからです．そこで，N-ヘックス内(境界を含む)の2つ以上の正3角形の頂点が重なった点をノードと呼ぶことにします．そして，このノードを，N-ヘックスを構成する正6角形と同じ形に膨らませます．これを T 図形と呼ぶことにします．図10に対する T 図形を図11に示します．N-ヘックスは3回割の回転対称性をもつので，ノードの配置も3回割の回転対称性をもち，したがって，T 図形も3回割の回転対称性をもちます．

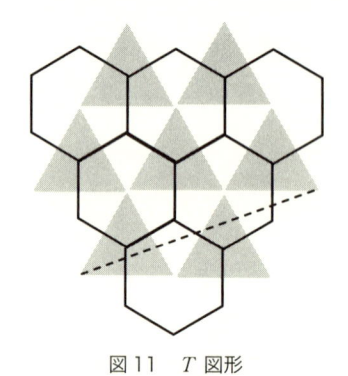

ところで，N-ヘックスは，(1)式の2方向の平行移動によってタイリングされています．この時，タイリング全体は，図12の灰色の丸で示す N-ヘックス

図11　T 図形

の中心と，黒丸，白丸の点で3回割の回転対称性をもちます[4]．同じ種類の丸印は，3回割で重なる点になっています．図12の正6角形は N-ヘックスに置き換える正6角形です．

---

[4] 周期的タイリングが3回割と共存する時には，3回割の点の分布が決まってしまいます．これは2次元空間群の理論によって詳しく調べられています．[5]

第 11 章　ゴスパー曲線とその一般化

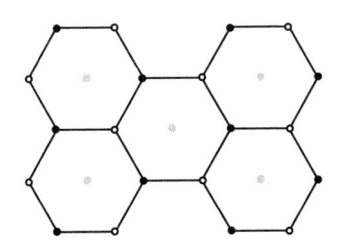

図 12　3 回割りの周期的タイリングの対称性

すると，N-ヘックス単体の 3 回割の中心は N-ヘックスの中心にしかないので，黒丸や白丸の点は N-ヘックスの境界になければならず，しかも 3 回割の中心ですから，3 つの N-ヘックスが 1 点で交わる点となります[5]．そして，黒丸と白丸が図 12 のようにつながっていることを示すことができるので，1 つの N-ヘックスは 6 個の N-ヘックスで囲まれ，3 つの N-ヘックスが 1 点で交わるのは，白丸と黒丸の点でだけになります．これより，白丸と黒丸がノードにはなりえない事と，N-ヘックスを構成する正 6 角形のそれ以外の頂点はすべてノードであることがわかります．

N-ヘックスを構成する正 6 角形，あるいはノードを膨らませた正 6 角形の面積を 1 とします．N-ヘックスの面積は N です．T 図形の面積ですが，(1) に従ってタイリングされた N-ヘックスを T 図形に置き換えると，白丸と黒丸の点はノードではないので穴が開く可能性があります．T 図形の面積がノードの個数です．

$N=3k$ の場合は，N-ヘックスの中央に正 6 角形が無いので，白丸，黒丸の何れもが頂点となり，白丸も黒丸も，図 13 のように，ノードでない空洞になります．仮に空洞が無ければ T 図形の面積は N-ヘックスと同じ N ですから，空洞が T 図形 1 つあたりに 6 個あり，それらは 3 つの N-ヘックスが 1 点で接する点ですので，T 図形の面積は $N-6/3=N-2$ となります．

---

[5]　N-ヘックスのタイリングで，3 つ以上の N-ヘックスが一点で交わることはありません．

163

ゲーム・パズル編

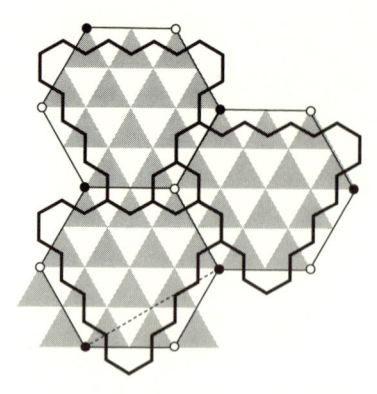

図13 $N=3k=12$ の T 図形の例

　$N=3k+1$ の場合は，N-ヘックスの中心に正6角形があり頂点ではないので，図14のように，白丸あるいは黒丸の一方は頂点，一方は頂点でなくなります．これから，上と同じように考えて，T 図形の面積は $N-1$ と計算されます．

図14 $N=3k+1=7$ の T 図形の例

(証明終わり)

5．ゴスパー曲線の無限系列

　一般化ゴスパー曲線は，無限に存在することを示します．特に，ここでは，与えられた数より大きな N の一般化ゴスパー曲線を常に作れることを

第 11 章　ゴスパー曲線とその一般化

示します．まず，コンピュータによる探索結果を示します．表 1 の $N=19$ と $N=37$ の一般化ゴスパー曲線は図 15 と図 16 のようになります．

図 15　$N=19$ の一般化ゴスパー曲線．第 1 段階と第 2 段階

図 16　$N=37$ の一般化ゴスパー曲線．第 1 段階と第 2 段階

図 15 と図 1 を比べると，$N=19$ の土台は $N=7$ の土台の周りに正 6 角形をつけて，$N=7$ の曲線の始点と終点を伸ばした形になっている事に気づきます．同じように，図 15 と図 16 を比べると，$N=37$ の土台も $N=19$ の土台の周りに正 6 角形をつけて，$N=37$ の曲線の始点と終点を伸ばした形になっていることがわかります．この観察結果から，$N=7$ の土台のまわりに正 6 角形を 1 層ずつつけて，土台を大きくして，曲線を伸ばしていくと，

$$N = 3n^2 + 3n + 1, \quad n = 1, 2, 3, \cdots \tag{4}$$

の一般化ゴスパー曲線が得られる事に気づきます．筆者らは，この他にも，もう少し複雑な，色々なルールで，小さな一般化ゴスパー曲線から大きな一

般化ゴスパー曲線を次々に作り出す，つまり一般化ゴスパー曲線の無限系列を作り出す方法を見出しています．その一部は文献[4]で発表しましたが未発表のものもあります．ここでは，紙面の都合で残念ながらそれらを紹介することはできません．

6. おわりに

$N \leqq 49$ の範囲では，全ての一般化ゴスパー曲線は次数が $N = 6k+1$ と (3) 式を満たすものだけでした．そして，逆に，その範囲で $N = 6k+1$ と (3) 式を満たすけれども，一般化ゴスパー曲線が存在しない次数は 25 だけです．これらの事から，$N = 6k+1$ と (3) 式は，一般化ゴスパー曲線の次数の必要条件で，しかも，この条件を満たすけれども，一般化ゴスパー曲線の存在しない場合はかなり少ないのではないかと予想されます．以下に，筆者らの気づいた次数が $N = 6k+1$ で (3) 式を満たす土台の形の特徴を書いておきます．証明は簡単ですので，挑戦してみてください．もちろん，この性質が $N = 6k+1$ の証明につながるかどうかはわかりません．次数 $3k$ が許されない事を証明するのに，すでに曲線のノードを考察した事を思い出すと，$6k+1$ の証明では曲線と土台の関係についての様々な性質をうまく使わないと証明ができないのではないかと思われます．

(**性質**) (3) 式を満たす一般ゴスパー曲線の第 1 段階の土台において，$N = 6k+1$ では，イニシエータの上に頂点が等間隔に奇数個並ぶ．$N = 6k+4$ では，イニシエータの上に頂点が等間隔に偶数個並ぶ．ここで，頂点とは N-ヘックスを構成する正 6 角形の頂点のことである．なお，イニシエータの両端は頂点である．

本章を読んで，$N = 6k+1$ をうまく証明できた方がおられましたら，ぜひ筆者 (fukuda@kitasato-u.ac.jp) にご連絡ください．

第11章 ゴスパー曲線とその一般化

参考文献

[1] マーチン・ガードナー　別冊サイエンス，数学ゲーム I, (日経サイエンス 1979).
[2] Branko Gruenbaum and G.C.Shephard, "Tilings and Patterns", W H Freeman & Co (1986).
[3] Hiroshi Fukuda, Michio Shimizu and G.Nakamura, "New Gosper Space Filling Curves", Proceedings of the International Conference on Computer Graphics and Imaging (CGIM2001), 34–38 (2001).
[4] Jin Akiyama, Hiroshi Fukuda, Hiro Ito, and Gisaku Nakamura, "Infinite Series of Generalized Gosper Space Filling Curves", Lecture Notes in Computer Science 4381, 1–9 (Springer, 2007).
[5] D. Schattschneider "The plane symmetry groups: their recognition and notation", American Mathematical Monthly 85 (1978) 439–450.

発展理論編

第12章

グラフマイナー

1. はじめに

　離散数学の連載として，著者は「グラフマイナー理論」の魅力について執筆するようにと依頼を受けました．正直に言うと，「これは困ったな…」というのが引き受けたときの率直な感想でした．たしかにグラフマイナー理論は，20世紀の離散数学におけるハイライトの1つであることは間違いありませんし，グラフマイナー理論の衝撃やそれが生み出した成果の大きさは計り知れないものがあります．しかし，それを実際に一般向けに解説するとなると様々な限界があるのです．例えば，

1. 実際の「手法」や理論の奥に潜んでいる難解な「アイディア」を理解するには，非常に幅広い数学的知識が必要となってきます（これらを全て理解している研究者は実はそれほど多いとは言えないのが現状です．）．
2. 全容をわかりやすく解説した書物は，残念ながらまだ存在していません．
3. さらに理論そのものの証明，そしてその拡張を網羅的に説明するとなると，専門家向きであっても膨大なページ数が必要となってきます．

　以上のような限界があるにもかかわらず，この依頼を引き受けたのは，グラフマイナー理論が離散数学の理論的「深さ」を伝えるのに最適の分野だと思ったからです．離散数学は20世紀に産声を上げた比較的新しい分野です

が，近年，数学的な「深さ」も兼ね備えた領域に成長しつつあります．その一翼を担っているのがグラフマイナー理論なのです．本稿では，グラフマイナー理論の起源である有名な四色定理を取り上げ，理論成立の背景と概略をできるだけわかりやすく解説したいと思います．それらを通してグラフマイナー理論の魅力を最大限お伝えできればと思っています．なお，さらに詳しくグラフマイナー理論について勉強したい方は，グラフ理論の最良の教科書と言われているディーステル（Diestel）のグラフ理論［1］を参照して下さい．また，基本的な用語については他の章をご覧下さい．

2．グラフマイナー理論

　グラフマイナー理論は，1980年代初めにカナダ人数学者ロバートソン（Robertson）とイギリス人数学者シーモア（Seymour）の二人によって提唱された非常に新しい理論です．しかし歴史が浅いにもかかわらず，この理論はその後，離散数学のみならず理論計算機科学，トポロジー，数学基礎論等，多くの分野に多大な影響を与えていきます．ここではまずグラフマイナー理論がどのようにして生まれたのか，その背景から探っていきましょう．

2.1　四色定理と平面グラフ

　グラフマイナー理論は，今から約70年前，有名な「四色定理」のアプローチを起源としています．四色定理とは一言で言えば「どんな地図も隣接している領域が異なる色になるように塗るには4色で十分である」という定理です．一般的には1852年にイギリスの法科学生フランシス・ガスリー（Francis Gathrie）によって定式化されたことになっていますが，イギリスの地図製作業者の間では反例が見つかっておらず，数百年前から経験的に知られていたことでした．この定理は，実はそのままグラフ理論の定理に書き換えることができるのです．具体例を挙げてみましょう．左の図は関東地方の県庁所在

発展理論編

地と都道府県の境界を示した図です．この各県庁所在地に頂点をおき，隣接している県同士を辺で結んだグラフを書いてみましょう．それが右の図です．

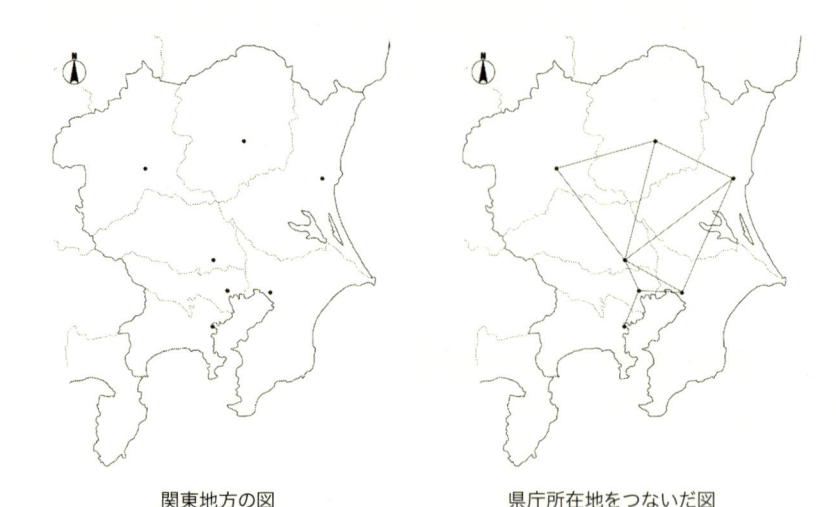

関東地方の図　　　　　　県庁所在地をつないだ図

　このグラフを見ると，各県庁所在地を結んだ辺はそれぞれ交差しないように平面上に描けることがわかりますね．このようなグラフを「平面グラフ」と呼びます．つまり四色定理をグラフ理論の言葉で置き換えると，「隣接している頂点同士が異なる色になるように平面グラフを彩色するには，4色で十分である」ということになるわけです．
　さらに平面グラフには次のような重要な性質があります．それは，「どんな平面グラフでも，次の3つの操作を加えた後も平面グラフの性質は変わらない」ということです．この3つの操作とはつまり，

1. 頂点を取り除く
2. 辺を取り除く
3. 辺を縮約する

という作業です．この3つの操作をグラフ理論の分野では「マイナー」操作といいます．

第12章 グラフマイナー

この3つのマイナー操作の中で「辺の縮約」が，ちょっとイメージがつかみにくいかもしれませんね．前に出した関東地方の地図の例で言うと，例えば「栃木県と茨城県を統合してしまう」ということなのです（栃木県と茨城県の方，ごめんなさい）．これを平面グラフで描くとこのようになります．

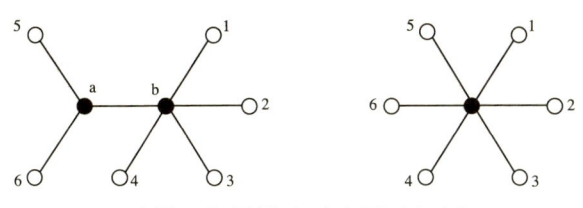

左図の ab を縮約すると右図になります

この3つの操作をしても平面グラフがその性質を保存することを「マイナー操作に関して閉じている」と呼びます．また「グラフ G が，H をマイナーに持つ」とは，グラフ G から上記の3つのマイナー操作を経てグラフ H を得ることができるということです．

先ほど示した通り，平面グラフはマイナー操作に関して閉じています．実はこの「マイナー」という考え方がグラフ理論の研究に非常に役に立つのです．それはこの考え方を使うことによって，平面グラフの「よい」特徴づけができるからなのです．それがクラトウスキー（Kuratowski）の定理です．

定理 2.1 クラトウスキーの定理

与えられたグラフ G が平面グラフである必要十分条件は，G が，$K_{3,3}$ と K_5 をマイナーとして含まないことである．

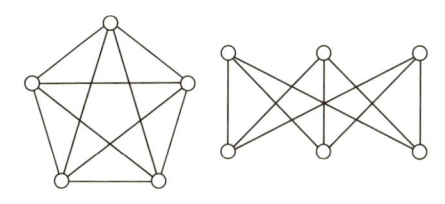

K_5 (左), $K_{3,3}$

173

発展理論編

　この定理を使うと，四色定理は次のように言い換えることができます．

　「$K_{3,3}$ と K_5 をマイナーとして含まないグラフは，頂点を4色で彩色することが可能である」

　この考察を利用して，ドイツ人数学者ワグナー (Wagner) は，四色問題 (当時) をマイナーの視点から解決しようと試みました．1930年代中頃のことでした．これが一般的にはグラフマイナー理論の萌芽であると考えられています．では彼がどのようにこの四色定理に取り組んでいったのか，次章で詳しく見ていきましょう．

2.2　ワグナーのアプローチとハドウィガー予想

　ある数学の問題に対して証明を試みるとき，数学的帰納法にかけるのはとても一般的な方法の一つです．その際，証明したい命題より「強い」命題を証明することがしばしばあります．さらに，強い命題を証明したほうが，証明が容易になることもあるのです．ワグナーも四色問題へのアプローチとして，「平面グラフ」より，強い仮定で解決しようとしました．つまり，$K_{3,3}$ と K_5 をマイナーとして含まないグラフ（すなわち平面グラフ）を考える代わりに，K_5 のみをマイナーとして含まないグラフが4彩色可能であることを証明しようとしたのです．その証明過程で驚くべき発見が数多くなされました．

　その中で最も重要な発見が以下の定理です．

　「K_5 をマイナーとして含まないグラフは，平面グラフと8点からなる特殊なグラフ (Wagner graph とよびます) から生成することが可能である」(これは「ワグナーの分解定理」と呼ばれています．)

　この定理から，ワグナーが証明したかった命題「K_5 のみをマイナーとして含まないグラフが4彩色可能」が四色定理と同値であることがわかります．この事実が，後年，グラフ理論でも最も難解な[1]ハドウィガー (Hadwiger) 予

---

[1] 現在，解明されていない重要な問題の中で，最も難しい予想の一つと考えられています．

174

想（1943年）を生み出すのです．少し寄り道になりますが，ハドヴィガー予想についても触れておきましょう．

> **ハドヴィガー（Hadwiger）予想**
> 「K_k をマイナーとして含まないグラフは $(k-\ell)$ 色で彩色が可能である．」

この予想が $k \leq 4$ の時に成立することは比較的容易に証明できます．そして，$k=5$ の場合が四色定理に相当します．またこの予想では $k=1$ の正当性が $k<\ell$ の正当性を導くことは容易にわかります．ですから $k \geq 6$ の場合は，四色定理より強いことを証明していると言えるのです[2]．

ワグナーの定理は現在，グラフマイナー理論の基本的な道具として使われています．特にその定理の証明に使われた手法は，「あるグラフをマイナーとして含まないグラフ」がどのような形をしているか？　という問いに対して明確な答えを生み出すのに重要な役割を果たしています．

このように，グラフ理論の分野で非常に重要な成果を残したにもかかわらず，残念ながらワグナーの四色問題への挑戦は失敗に終わりました．しかし70年以上も昔，四色問題に果敢に取り組んだ彼の地道な努力が，現代のグラフ理論，中でもグラフマイナー理論の礎を築いたと言えるのではないでしょうか．

2.3　ワグナー予想

近代グラフ理論とグラフマイナー理論の基礎を築く数多くの重要な成果を生み出したにもかかわらず，ワグナーの「マイナー」を経由した四色問題への

---

[2] 1993年にロバートソン（Robertson），シーモア（Seymour），トーマス（Thomas）によって，$k=6$ の場合が証明されました（厳密には，彼らは $k=6$ の場合も四色定理と同値であることを証明しました）．ただし $k \geq 7$ の場合は，今のところ解決に至っていません．

発展理論編

アプローチは失敗に終わりました[3]．では彼の失敗の原因は何だったのでしょうか？それは，「平面グラフ」がどの場面においても常に顔を出してきてしまうことにあります．四色問題を解くためには，結局平面グラフに帰着せざるを得なかったのです．

平面グラフの特徴づけは，先ほど述べたクラトウスキーの定理の中で行われています．この定理の中で，平面グラフに対しては，$K_{3,3}$ と K_5 が「禁止」すべきマイナーとして挙げられています．ここで重要なのは，禁止すべきマイナーが，平面グラフでは $K_{3,3}$ と K_5 だけであるということです．ワグナーはまず，なぜ $K_{3,3}$ と K_5 だけが平面グラフの禁止マイナーとして十分であるのかを理解しようとしました．その過程で次のような問題に突き当たったのです．

「平面グラフに限らず，マイナー操作に閉じている性質 P に対して同じような定理が成り立つだろうか？」

マイナー操作に閉じている性質 P は，実はたくさんあります．例えば以下のようなものです．

1. 曲面上に埋め込めるグラフ（ドーナツ状のトーラスが典型的な例です．下図を参照してください）．

2. 3次元にリンクを含まないように埋め込めるグラフ（リンクは下図を参照してください）．

---

[3] 四色問題に関しては，1977 年に，アッペル (Appel)，ハッケン (Hakken) によって，コンピューターを使った証明が発表されました．その後，ロバートソン (Robertson)，サンダース (Sanders)，シーモア (Seymour)，トーマス (Thomas) によって，証明が簡略化されましたが，依然，コンピューターに依存しています．

第 12 章　グラフマイナー

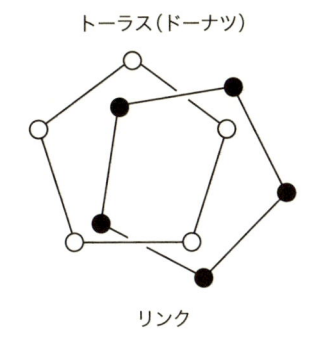

トーラス(ドーナツ)

リンク

　ワグナーは，これらの例を踏まえて次のようなきわめて重要な問題を提起しました．

　「マイナー操作に閉じている性質 P は，有限個の禁止するべきマイナーで特徴づけが可能か？」

　この予想を「ワグナー予想」とよびます[4]．このワグナー予想がその後，グラフマイナー理論が大きく進展する起爆剤となっていくのです．

2.4　グラフマイナー理論のインパクト

　1960 年代，ワグナー自身も，その当時彼の弟子であったハリン（Halin），マーダー（Mader）[5]とともにワグナー予想をあらゆる角度から議論しました．その結果，大きな成果は得られませんでした．

　しかし 1980 年代に入り，その当時マトロイド理論研究で，大きな仕事を成し遂げていた若手イギリス人数学者シーモアと，カナダ人数学者ロバートソンの二人が，シーモアのマトロイド理論における分解定理とその証明手法を利用して，ワグナー予想の解決へ乗り出します（マトロイド理論について

---

[4] ディーステル（Diestel）によると，ワグナー自身は，この予想を肯定的に考えていたわけではないようです．その証拠にワグナー自身が，この予想を「ワグナー予想」と呼ばれることを非常に嫌っていました．
[5] 現在，この二人はドイツを代表するグラフ理論研究者となっています．

は，第14章を参考にして下さい）．このシーモアの定理は，ワグナーの分解定理の拡張であり，当時最先端の結果として知られていたものです．彼らはこの斬新なアプローチで，それまで誰一人として突き崩すことにできなかった強大なワグナー予想に挑みました．その解決への道筋は決して平坦なものではありませんでしたが，一歩一歩着実な前進を積み重ねた結果，ついに1986年，シーモアが公式にワグナー予想の解決を宣言するに至るのです．1960年代にワグナーが予想を提出してから，優に25年以上の月日が流れていました．さらにその後，彼らは5年以上の歳月をかけ，これらの証明すべてをなんと総ページ数500ページを超える20本の論文[2]に書き尽くします[6]．

彼らがワグナー予想を解く過程で，グラフマイナー理論の発展に最も大きく貢献した点は「マイナー」という操作に閉じた性質のグラフの「よい」特徴づけに成功したということです．彼らはこの結果を利用していくつもの重要な結果を導きました．その中で最も大きな成果は，先ほど述べたワグナー予想の肯定的解決です．

定理2.2 （ロバートソン，シーモア[2]）
マイナー操作に関して閉じている性質のグラフは，その性質に依存する有限個の禁止すべきマイナーによって特徴付けができる．

この証明はグラフマイナー理論分野に提出されたロバートソンとシーモアの一連の論文[2]の成果に基づいた膨大かつ強力なものです．この定理2.2によって，先ほど述べた1. 曲面上に埋め込めるグラフ，および2. 3次元にリンクを含まないようなグラフ，が有限個の禁止すべきマイナーで特徴付けられることが明らかとなったのです．

---

[6] その証明自体の難解さゆえに，最後の論文が出版されたのは2004年，彼らが証明に成功してから，さらに20年の歳月が流れた後でした．論文はすべて離散数学における最も権威ある雑誌 J. Comboin. Theory Ser. B に収録されています [2]．

さらにアルゴリズムの分野においても，次のような重要な結果を導き出しました（アルゴリズム論，計算理論についての詳細は第 6 章を参考にしてください）．

> **定理 2.3** （ロバートソン，シーモア [2]）
> マイナー操作に関して閉じているグラフの判定をする，$O(n^3)$ 時間アルゴリズムが存在する[7]．

定理 2.3 の主な系を見てみましょう．トポロジー研究には，「与えられたグラフを 3 次元に埋め込んだときに，ノットを含むか」という命題があります．定理 2.3 は，この問題に対して判定アルゴリズムを与えてくれるのです．なぜなら 3 次元にノットを含まないという性質は，マイナーの操作，つまり頂点を抜く，辺を抜く，辺を縮約する等の操作を行っても閉じているからです．さらに，「与えられたグラフがいかなるマイナー操作に対しても閉じているという性質が $O(n^3)$ 時間で判定できる」という事実は，理論計算機分野にとても大きなインパクトを与えました．

このようにロバートソンとシーモアのワグナー予想解明への取り組みは，離散数学の中でも特にグラフ理論，アルゴリズム分野において数多くの深遠な結果と大きな前進をもたらしました．現在では，この 20 世紀離散数学最大のハイライトをもって，グラフマイナー理論の学問的枠組みの確立とみなされています．

3. おわりに

グラフマイナー理論発展の背景を「四色定理」と「ワグナー予想」の証明を軸

---

[7] このアルゴリズムは，最近になって，著者とリード（Reed）によって，$O(n \log n)$ まで改良されました．

にごく簡単に概観してきましたが，筆者が考えるグラフマイナー理論の最も大きなインパクトは，結果だけでなくその手法にあると思います．特に「グラフ G がグラフ H をマイナーに持たないとき，どのような構造をしているか？」という問いに対して，構造定理を導き出すのに成功したことは特筆に値します．この構造定理とその手法は，後に以下の面で応用されています．

1. 曲面上に埋めこまれたグラフに関する理解
2. 新しい「連結度」の概念の提唱（「連結度」に関する研究は，第13章を参考にしてください）
3. グラフを木の形へ分割
4. 動的計画法の活用など，アルゴリズム面への応用
5. 数理論理学における定理とグラフ理論の橋渡し

グラフマイナー理論は各分野で大きな成果をあげてきましたが，残されたもう一つの強力な予想であるハドヴィガー予想の解決は，グラフマイナー理論の道具を駆使しても成功していないのが現状です．もともと，シーモアがグラフマイナー理論を開始する際の動機のひとつは，ハドヴィガー予想をグラフマイナー理論から解決しようとするものでした．その成果としてハドヴィガー予想のアルゴリズム的側面に関して，ある程度の成果[8]が得られていますが，それ以上の進展は現段階では提出されていません．

現在でも，グラフマイナー理論の手法を駆使して，様々な分野で新たな理論を導き出そうという試みが数多くの研究者によってなされています．しかし冒頭でも述べたように，まだそれほど多くの人が，グラフマイナー理論で使われている手法とその奥に隠されているアイディアを完全に理解するに至っていないのが現状です．これは逆に，グラフマイナー理論が若い世代，若い研究者に大きな可能性を残した分野であることを示しているのではない

---

[8] ロバートソンとシーモアは，ハドヴィガー予想は多項式時間で解決可能であることを証明しています．後に著者とリードがこれを $O(n^2)$ アルゴリズムに改良しました．

でしょうか．先述の通り，離散数学，グラフ理論は 20 世紀に産声をあげたばかりの，まだまだ若い分野です．ハドヴィガー予想を始めとして，グラフマイナー理論には未解決の問題もたくさん残されています．さらにここで見てきたように，グラフマイナー理論は離散数学のみならず，他分野にも大きな影響を与える可能性を秘めた分野です．これからのグラフ理論を担っていく若い研究者達が精力的にこれらの未解決の問題に挑戦し，グラフマイナー理論を大きく飛躍させてくれることを願ってやみません．もしこれを読んでグラフマイナー理論に興味をもたれ，さらに多くのことを学びたいという読者がいらっしゃれば，喜んでお手伝いしたいと思います．

参考文献

[1] R.Diestel, Graph Theory, 3rd Edition, Springer, 2005. 日本語版は，グラフ理論（第 2 版）(2000 年)，根上生也，太田克弘訳

[2] N.Robertson and P.D.Seymour, Graph minors. I-XX. *J.Combin. Theory Ser. B* 1984-2004.

第13章
連結度と関連問題

1. はじめに

　世の中には，道路や鉄道のネットワークや通信網など，ネットワーク構造を持つ対象物が数多く存在します．ネットワークに関する諸現象を理論的に扱う場合，しばしばグラフにモデル化されて考えられます．例えば，第4章では，カーナビシステムなどで使われている，最短路問題が紹介されました．本章では，ネットワークの制御・設計において，耐故障性に関する基本的な評価尺度の一つである，「グラフの連結度」という概念と，それに関する話題をいくつか紹介します．なお，用語について詳しくはこれまでの章や参考文献として挙げた教科書[1, 2, 4, 6]などをご参照下さい．

2. 連結度とは何か

2.1 ネットワークの耐故障性

　図1のグラフ[1]で表わされる通信ネットワークを考えます．ここでは，グラフ上の2節点間にパスが存在すれば，その2節点間は通信可能であるとし

---

[1] 本章では，グラフは無向グラフのことを指すことにします．

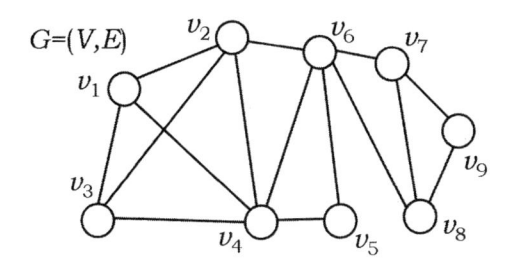

図1 無向グラフの例

ましょう．このグラフは連結ですので，どの2節点間も通信可能であることが分かります．では，これで十分でしょうか？実際の通信ネットワークでは，リンクやノードが故障・点検等のために使用できなくなる場合があります．例えば，節点 v_6 が故障した場合，節点 v_1 にいる人と節点 v_9 にいる人は通信できなくなります．また，枝 (v_6, v_7)，(v_6, v_8) が同時に故障した場合でも，節点 v_1 と節点 v_9 は通信不可能になってしまいます．これらの観点から，実際のネットワークでは，枝や節点にある程度の故障が起きても対処できる構造を持つことが望まれます．連結度とは，このネットワークの耐故障性の度合いを示す一つの指標です．

2.2 カットによる定義

図1のグラフの枝集合 $\{(v_6, v_7), (v_6, v_8)\}$ や節点集合 $\{v_6\}$ のように，削除するとグラフが非連結になる枝集合，節点集合を，それぞれ枝カット，点カットと言います．但し，$\{(v_6, v_7), (v_6, v_8), (v_7, v_8), (v_7, v_9)\}$ は枝カットですが，その部分集合 $\{(v_6, v_7), (v_6, v_8)\}$ だけでも枝カットです．「削除するとグラフが非連結になる」という意味では，$\{(v_6, v_7), (v_6, v_8), (v_7, v_8), (v_7, v_9)\}$ より $\{(v_6, v_7), (v_6, v_8)\}$ の方が本質的であると言えます．このことから，本稿では，枝カット（点カット）という場合は，その真部分集合はいずれも枝カット（点カット）ではないことを仮定することにします．枝集合 $\{(v_6, v_7), (v_6, v_8)\}$ はこの仮定の下でも，枝カットです．この仮定により，

発展理論編

G における枝カットは，ある節点集合 $X \subseteq V$ に対し，X と $V-X$ の間にまたがる枝の集合として表現できますので，文脈によっては枝集合の代わりに $E_G(X, V-X)$ と表記することにします．例えば，枝カット $\{(v_6, v_7), (v_6, v_8)\}$ は，節点集合を用いて $E_G(\{v_1, v_2, v_3, v_4, v_5, v_6\}, \{v_7, v_8, v_9\})$ と表わすこともあります．2節点 $u, v \in V$ に対して，削除すると u と v が非連結になる枝集合 $E' \subseteq E$ （節点集合 $V' \subset V$）のことを，u と v を分ける枝カット（点カット）と言い，$|E'|$（$|V'|$）を枝カット（点カット）のサイズとします．最小サイズの枝カット（点カット）を，特に最小枝カット（最小点カット）と言います．グラフの連結度は，これらのカットを用いて次のように定義されます．

グラフ $G = (V, E)$ において，2節点 $u, v \in V$ 間の局所枝連結度は，u と v を分ける最小枝カットのサイズで定義され，$\lambda_G(u, v)$ で表わすこととします．2節点 $u, v \in V$ 間の局所点連結度は，$(u, v) \notin E$ であれば u と v を分ける最小点カットのサイズ，$(u, v) \in E$ であれば u, v 間の枝を除いたグラフでの u と v を分ける最小点カットのサイズに1加えた値で定義され，$\kappa_G(u, v)$ で表わすこととします．つまり，2節点 $u, v \in V$ 間の局所枝連結度（局所点連結度）が k 以上ならば，任意の $k-1$ 本以下の枝（u, v 以外の任意の $k-1$ 個の節点）を故障したものとして G から削除しても，u と v を結ぶパスが存在します．例えば，図1のグラフでは，v_1, v_9 間の局所枝連結度 $\lambda_G(v_1, v_9) = 2$ [2]，v_3, v_6 間の局所枝連結度 $\lambda_G(v_3, v_6) = 3$ [3]，v_1, v_9 間の局所点連結度 $\kappa_G(v_1, v_9) = 1$ [4]，v_3, v_6 間の局所点連結度 $\kappa_G(v_3, v_6) = 2$ [5] です．

グラフ全体の枝連結度 $\lambda(G)$（点連結度 $\kappa(G)$）は，全ての $u, v \in V$ 間の局所枝連結度（局所点連結度）の中の最小値で定義されます．つまり，

---

[2] v_1 と v_9 を分ける最小枝カットは $\{(v_6, v_7), (v_6, v_8)\}$ または $\{(v_7, v_9), (v_8, v_9)\}$．

[3] v_3 と v_6 を分ける最小枝カットは $\{(v_1, v_3), (v_2, v_3), (v_3, v_4)\}$，$\{(v_2, v_6), (v_4, v_5), (v_4, v_6)\}$ または $\{(v_2, v_6), (v_4, v_6), (v_5, v_6)\}$．

[4] v_1 と v_9 を分ける最小点カットは $\{v_6\}$．

[5] v_3 と v_6 を分ける最小点カットは $\{v_2, v_4\}$．

$$\lambda(G) = \min\{\lambda_G(u, v) | u, v \in V\},$$
$$\kappa(G) = \min\{\kappa_G(u, v) | u, v \in V\}$$

で，グラフの枝連結度（点連結度）は，グラフの枝カット（点カット）の最小サイズとも言えます．図1のグラフの枝連結度 $\lambda(G) = 2$，点連結度 $\kappa(G) = 1$ です．

2.3 パスによる定義

連結度は，2節点間のパスの本数を用いて次のように定義することもできます．

- $\lambda_G(u, v)$：u, v 間の，枝を互いに共有しない（枝素な）パスの最大数．
- $\kappa_G(u, v)$：u, v 間の，u, v 以外の節点を互いに共有しない（内部点素な）パスの最大数．

これら二つの定義の等価性は，次のメンガーの定理（Menger's Theorem）として知られています．

> **定理1** （ⅰ）2節点 $u, v \in V$ に対して，u, v を分ける枝カットの最小サイズは，u, v 間の枝素なパスの最大数に等しい．
> （ⅱ）互いに隣接しない2節点 $u, v \in V$ に対して，u, v を分ける点カットの最小サイズは，u, v 間の内部点素なパスの最大数に等しい．

ここで，（ⅰ）がなぜ成り立つのか少し考えてみましょう．節点 u, v を分ける任意の枝カット E' に対して，そのカットを通過するのに $|E'|$ 本の枝しか使えず共有もできないわけですから，u と v の間に枝素なパスは高々 $|E'|$ 本しか存在しません（図2参照）．

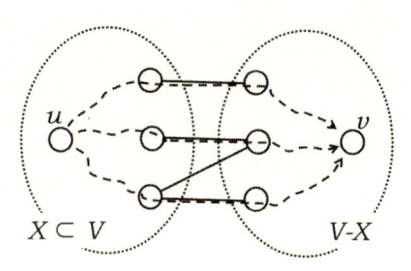

図2 u, v 間の枝素なパスの数は，u, v を分ける枝カットのサイズ以下

従って，(i)が成立することを示すには，u と v を分けるある枝カット E'' に対して，そのサイズと同じ数の枝素なパスが u, v 間に存在することを示せばよいということが分かります[6]．

以下では，図1のグラフの2節点 v_1, v_9 に対してそのような E'' が存在することを構成的に示してみましょう．まず，図3(a)のように，各枝を互いに異なる向きの2本の有向枝に置き換えます．次に，その有向枝をたどって，v_1 から v_9 へのパスを探します．もし存在すれば，たどった枝を逆向きにして付け替えます．

---

[6] もしそのような E'' が存在すれば，枝素なパスが $|E''|$ 本存在することから，それより小さいサイズの u, v を分ける枝カットは存在し得ないので，E'' が u, v を分ける最小枝カットであることが分かります．同様に考えて，枝カット E'' が存在することから，$|E''|$ 本より多く枝素なパスが存在しないことも分かります．

第 13 章 連結度と関連問題

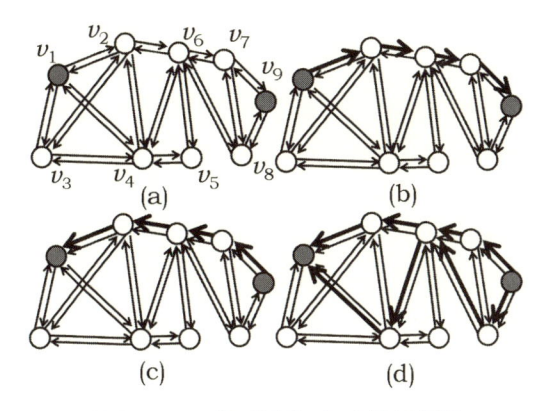

図 3 v_1, v_9 間の枝素なパスを求める過程

ここでは，図 3(b) のように $v_1 \longrightarrow v_2 \longrightarrow v_6 \longrightarrow v_7 \longrightarrow v_9$ とたどり，図 3(c) のグラフが得られたとします．

次に，再びこの更新されたグラフで，v_1 から v_9 へのパスを探し，もし存在すれば，先ほどと同様にたどった枝を逆向きにして付け替えます．この操作を可能な限り，繰り返していきます．図 3(c) のグラフで，$v_1 \longrightarrow v_4 \longrightarrow v_6 \longrightarrow v_8 \longrightarrow v_9$ とたどったとすると，図 3(d) のグラフが得られます．

図 3(d) のグラフ上では，v_1 からたどれる節点は v_1, v_2, v_3, v_4, v_5, v_6 で，v_9 まで到達できません．ここで，v_1 から到達できる節点集合と，到達できない節点集合の間にまたがる枝カット $\{(v_6, v_7), (v_6, v_8)\}$ のサイズは 2，得られた枝素なパスの本数も 2 です．つまり，$\{(v_6, v_7), (v_6, v_8)\}$ が，上記の E'' の条件を満たす枝カットになります．

このことをもう少し一般的に説明すると，次のようになります．節点 u から節点 v への枝素なパスを上記の方法で見つけて行く過程で，既に k 本のパスが見つかっている状態を考えます（そのときの有向グラフを $\vec{G}_k$ とします）．このとき，u, v を分ける枝カット $E_G(X, V-X)$（$u \in X$, $v \in V-X$ とします）に対して，元のグラフ G においてそのカットサイズが $k+1$ 以上で

187

あったなら，$\vec{G}_k$ には必ず X から $V-X$ へ向く有向枝が少なくとも1本残っています（なぜだかちょっと考えてみて下さい）．つまり，u, v を分ける枝カットの最小サイズ未満の本数のパスしか見つかっていない状態なら，必ず u から v へ到達できてパスの本数を増やせるのです（到達できないなら，$V-X$ から X の向きの有向枝しかない $u \in X$, $v \in V-X$ を満たす節点集合 X が存在するということです）．厳密な証明ではありませんが，定理1（ⅰ）が成り立つ理由が少しはお分かりいただけたでしょうか？

また，上記の説明は，実際に2節点 u, v 間の局所枝連結度が多項式時間で求まることも同時に示しています．u から v へパスを見つけるには $O(|E|)$ 時間で可能ですし，パスの本数は高々枝の総数以下ですので，$O(|E|^2)$ 時間で2節点間の局所枝連結度が求まることが分かります．また，グラフ全体の枝連結度については，全ての2節点間の局所枝連結度が分かれば求まりますので，やはり多項式時間で計算できます（2節点のペアの場合の数は $\frac{|V|(|V|-1)}{2}$）．現在のところ，$O(|V||E|)$ 時間でグラフの枝連結度が求まることが知られています．

定理1（ⅱ）の局所点連結度に関しては，各枝を異なる向きの2本の有向枝に置き換えた後，さらに次のようなグラフの変形を行う（図4参照）ことで，同様に証明できます．

- 各節点 v を2節点 v', v'' に分け，v' から v'' へ有向枝を1本加える．
- v に入ってくる各有向枝 (u, v) に対し，有向枝 (u'', v') に置き換え，v から出ている各有向枝 (v, u) に対し，有向枝 (v'', u') に置き換える．

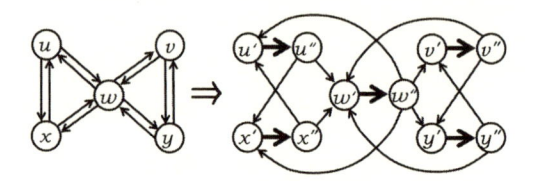

図4　各節点を有向枝に置き換えたグラフ

この変換により，元のグラフ G において節点 w を通るパスは，変換後の有向グラフでは必ず有向枝 (w', w'') を通ることになります．従って，G における u から v への内部点素なパスの集合は，変換後の有向グラフにおける，u'' から v' への枝素なパスの集合に対応するため，（ⅰ）の議論と同様にして，（ⅱ）が成立することを証明することができます．

枝連結度と点連結度の大小関係については，次の関係が成り立ちます．これは，互いに内部点素なパスの集合は，互いに枝素でもあるからです．

> **定理2**　（ⅰ）任意の $u, v \in V$ について，$\lambda_G(u, v) \geqq \kappa_G(u, v)$.
> （ⅱ）$\lambda(G) \geqq \kappa(G)$.

3. 連結度を考慮したネットワーク問題

3.1　ネットワーク解析問題

耐故障性の観点から，与えられたネットワークの性能や信頼性の解析を行うことを考えてみましょう．最低何本の枝故障が発生したらネットワークの連結性が壊れるかは，前節の通り枝連結度の計算を行えば，知ることができます．例えば，図5のグラフ $G = (V, E)$ の枝連結度は4です（破線と交差している枝の集合は最小枝カット）．

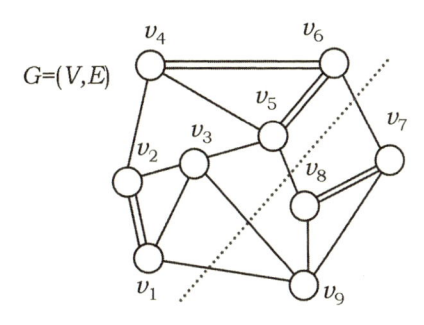

図5　枝連結度が4のグラフの例

発展理論編

しかし，ネットワークの運用・管理を行うには，枝連結度だけでなく，どの枝とどの枝が故障すると通信できなくなるのかなど，ネットワークの脆弱な箇所も把握しておく必要があるでしょう．前節のパスを見つけるアルゴリズムでも，一つの最小枝カットは見つけることができます．しかし，一般に最小枝カットは複数存在します．図5の場合，破線で示されている箇所の他に，$E_G(\{v_1\}, V-\{v_1\})$ も $E_G(\{v_4, v_5, v_6\}, V-\{v_4, v_5, v_6\})$ も最小枝カットですし，他にもまだありそうです．では，全ての最小枝カットがどこにあるかを知りたいとしたら，どうすればよいでしょうか？

ここでは，別の簡潔なグラフを構成することにより全ての最小枝カットを表現できることを紹介しましょう．図5のグラフ $G = (V, E)$ に対しては，図6の「カクタス（表現）」と呼ばれるグラフ $H = (W, F)$ がそれに当たります．

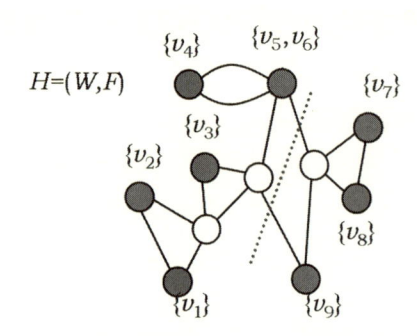

図6　図5のグラフの全ての最小枝カットを表現するカクタスグラフ

カクタスとは，任意の二つの閉路が高々1点しか共有点を持たないグラフのことを言います[7]．G の各節点は，H のいずれか1点に対応づけられています．どの節点に対応づけられているかは，図6の各節点の横に記されています[8]．このとき，次のような対応関係により，H は G の全ての最小枝カットを表現

---

[7] カクタス（cactus）とは，日本語に訳すとサボテンです．図6のグラフはサボテンに見えるでしょうか？

[8] H では，G のどの節点からも対応づけられない節点の存在も許すことに注意して下さい．

します．

（ⅰ）H の任意の最小枝カット $E_H(Y, W-Y)$ に対して，Y に対応づけられている G の節点集合を X_Y とすると，$E_G(X_Y, V-X_Y)$ は G の最小枝カットである．

（ⅱ）G の任意の最小枝カットが，H のある最小枝カットに対して（ⅰ）の変換により表現される．

例えば，図 5 と図 6 において破線と交差している枝カットは，互いに対応している最小枝カットになっています．他の最小枝カットについても，確認してみて下さい．

カクタスは非常に簡潔なグラフで，また最小枝カットのサイズは 2 ですので，容易に最小枝カットを見つけることができます．この単純な構造のため，G の最小枝カットの総数が $O(|V|^2)$ であることも分かります．

では，最小枝カットは，なぜカクタスのような閉路をつなげたような形で表現できるのでしょうか？その証明を全て行うにはページ数が足りませんので，ここではカクタス表現と関連性のある最小枝カットの性質を紹介するに留めたいと思います．ここで，グラフ G の枝カット $E_G(X, V-X)$ のサイズを $d_G(X)$ と記すことにします．このとき，次の関係式が常に成り立ちます．

$$d_G(X) + d_G(Y) \geq d_G(X \cap Y) + d_G(X \cup Y) \tag{1}$$
$$d_G(X) + d_G(Y) \geq d_G(X - Y) + d_G(Y - X) \tag{2}$$

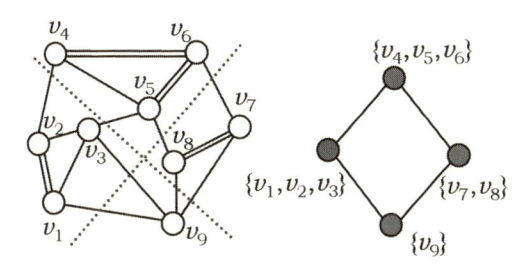

図 7　図 5 のグラフの最小枝カット $E_G(X = \{v_1, v_2, v_3, v_9\}, V-X)$ と $E_G(Y = \{v_7, v_8, v_9\}, V-Y)$ 周辺の最小枝カットを表現するカクタスグラフ

発展理論編

今，図5において，$X = \{v_1, v_2, v_3, v_9\}$ と $Y = \{v_7, v_8, v_9\}$ とします．$E_G(X, V-X)$, $E_G(Y, V-Y)$ はともに最小枝カットですが，互いに交差するような形になっています．このとき，(1) より $4+4 = d_G(X) + d_G(Y) \geqq d_G(X \cap Y) + d_G(X \cup Y)$ が成り立ちます．一方で，$\lambda(G) = 4$ より，$d_G(X \cap Y) \geqq 4$, $d_G(X \cup Y) \geqq 4$ ですので，$d_G(X \cap Y) = d_G(X \cup Y) = 4$, つまり，$E_G(X \cap Y, V-(X \cap Y))$, $E_G(X \cup Y, V-(X \cup Y))$ もともに最小枝カットであることが分かります．同様に，(2) より $E_G(X-Y, V-(X-Y))$, $E_G(Y-X, V-(Y-X))$ も最小枝カットであることが導き出されます．つまり，図7のように，$\{v_1, v_2, v_3\}$, $\{v_4, v_5, v_6\}$, $\{v_7, v_8\}$ をそれぞれ1点にまとめることで，これらの6個の最小枝カットを閉路で表現することができます．カクタス表現ができることを証明するにはさらに複雑な議論が必要なのですが，このような表現ができそうな雰囲気は感じていただけたでしょうか？

その他に，グラフの局所枝連結度の構造を簡潔に表わす表現方法として，ゴモリー・フー木（Gomory-Hu Tree）がよく知られています．図8のグラフ H は，図1のグラフ G に対するゴモリー・フー木です．H の各節点は G の

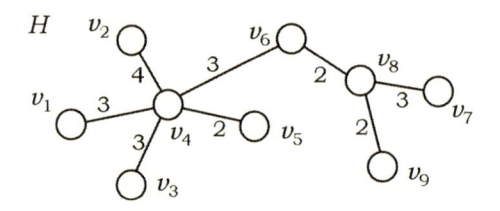

図8 図1のグラフに対するゴモリー・フー木

節点に対応します．また，H の各枝には数値が付されていますが，任意の2節点 u, v に対して

「G における u, v 間の局所枝連結度」＝「H における u, v 間のパス上に付されている数値の最小値[9]」

---

[9] H は木ですので，2節点間のパスは唯一つに決まることに注意して下さい．

という性質が成り立ちます．つまり，H の枝に付されている数値を見るだけで容易に G の 2 節点間の局所枝連結度を知ることができます．さらに，H での u, v 間のパス上の最小の数値を持つ枝を削除したときに得られる連結な二つの節点集合 $X, V-X$ [10] に対して，$E_G(X, V-X)$ は G において u と v を分ける最小枝カットである，という性質も満たします．例えば，節点 v_1, v_7 に対して，H でこの 2 節点間のパス上で最小の数値は 2 で，それを実現している枝 (v_6, v_8) を削除することで得られる連結成分は $X' = \{v_7, v_8, v_9\}, V-X'$ です．実際，G において $\lambda_G(v_1, v_7) = 2$ で，$E_G(X', V-X')$ は v_1, v_7 を分ける最小枝カットになっています．

任意のグラフに対して，上記のカクタス表現もゴモリー・フー木も必ず存在し，また多項式時間で計算できることも分かっています．詳細については，[3, 4, 5] をご参照下さい．点カットに対しては，1 や 2 程度の低い点連結度のグラフに対しては木表現などが知られています．しかし，一般の場合は構造が複雑なため，枝連結度の場合のようなきれいな表現方法は現在のところ知られていません．

3.2 ネットワーク設計問題

前節では，既存のネットワークの耐故障性を解析する問題を扱いましたが，この節ではある一定の連結度を保証するネットワークを構成する問題を考えてみましょう．グラフの枝を増やせば，連結度を上げることができますが，コストの面を考えるとできるだけ少ない枝の追加で実現できる方がいいでしょう．この種のネットワーク設計問題として，次の連結度増大問題と呼ばれる問題を紹介しましょう．

---

[10] これも H が木であるという性質から，1 本の枝を削除すると H は必ず二つの連結成分に分かれます．

問題1 （枝連結度（点連結度）増大問題） **入力**：グラフ $G=(V,E)$, 目標の枝連結度（点連結度） k.
出力：$G+F$ の枝連結度（点連結度）が k 以上となる最小本数の新しい枝集合 F（但し，$G+F$ は，$G=(V,E)$ に枝集合 F を加えてできるグラフ $(V, E\cup F)$ を表わすとする）．

　ここでは，図5のグラフの枝連結度を4から5に増大させてみましょう．枝集合 F' に対して，$G+F'$ の枝連結度が5以上であるかどうかは，2節の方法を用いて判定できます．仮に，枝連結度が5以上になっているとして，その枝集合 F' が最適かどうかはどのようにすれば分かるのでしょうか？もちろん，1本の枝の加え方を全通り，2本の枝の加え方を全通り，…，というように，しらみつぶしに調べていけば最適な解は求まりますが，これまでの章で指摘されてきている通り，この方法は現実的ではありません．
　少し見方を変えて，まず何本枝が必要であるか考えてみましょう．例えば，G の枝連結度は4ですので，少なくとも1本は枝を加える必要があることはすぐに分かります．ですので，もし1本加えることで枝連結度が5になれば，その解は最適であると結論づけることができます．このように，何本枝が必要であるか，という見方は，解の善し悪しを判別するのに役立ちそうです．この「最低限必要な枝の本数」についてもう少し詳細に見ていきましょう．
　枝連結度を1増やすためには，各最小枝カット $E_G(X, V-X)$ に対して X と $V-X$ の間に少なくとも1本の枝を加える必要があります．このことを，X の不足度は1である，と表現することにします．G の最小枝カットは，図6の H で表現されていますので，H を見てみることにしましょう．H の次数2の節点に対応する G の節点集合 X に対して，$E_G(X, V-X)$ は G の最小枝カットであることから，$\{v_1\}, \{v_2\}, \{v_3\}, \{v_4\}, \{v_7\}, \{v_8\}, \{v_9\}$ はいずれも，その不足度は1です．この不足度の合計は7ですが，これを新しい枝を加えることで解消する必要があります．もし枝 (v_1, v_2) を加えると，$\{v_1\}$ と $\{v_2\}$ の不足度をそれぞれ1ずつ解消できます．このように，1本の枝を加えることで減らせる不足度は多くて2ですので，少なくとも $\left\lfloor \dfrac{7}{2} \right\rfloor = 4$ 本

の枝を加える必要がある[11]，と言うことができます．

一方で，図6のカクタス表現を再び用いることで，4本の枝から成る解を見つけることができます．図6において，再び次数2の節点に注目し，グラフを外側からなぞりながら，図9(a)のようにたどった順に番号を付けていきます．この例では，7まで番号が付けられましたが，次に，たすきがけのような形で，互いに番号が $\left\lceil\frac{7}{2}\right\rceil$ ずれている節点同士を新しい枝により結びます．実際には，元のグラフ G において対応する節点同士を結びます．この例では，図9(b)のように，$(v_1, v_7), (v_2, v_8), (v_3, v_9), (v_4, v_1)$ を加えることになります．

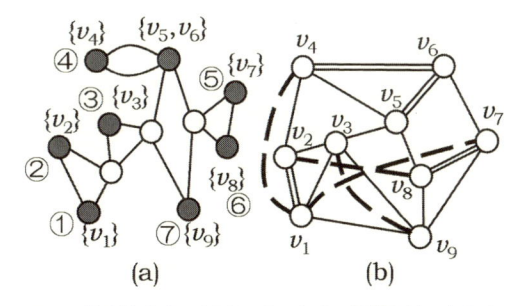

図9 枝連結度を5以上にするための最適な枝の加え方

図6は G の全ての最小枝カットを表現していますので，これらの枝により，全ての最小枝カット $E_G(X, V-X)$ に対して，X と $V-X$ の間に枝が1本以上加えられていることが見てとれるでしょう．このように，最低限必要な本数の枝集合で解を構成できたので，この解は最適であると言えます[12]．また，全ての最小枝カットを表わすカクタスグラフが多項式時間で構成できることから，この解は多項式時間で構成できます．

---

[11] $\lceil a \rceil$ は，a 以上である最小の整数を表わします．

[12] この「解の下界値」（この場合は，最低限必要な本数に相当します）を考えることは，最小化問題を解く上で非常に重要な考え方の一つです（最大化問題に対しては，「解の上界値」）．定理1（ⅰ）の説明においても，u, v を分ける枝カットのサイズが u, v 間の枝素なパスの本数の上界値であることを用いました．

195

ここでは，枝連結度を1だけ増やす場合を取り上げましたが，任意の目標値に増やす場合でも，同様に枝カットの不足度を用いた「解の下界値」を利用することで，最適解を多項式時間で見つけることができます．一方で，点連結度を増大させる問題に関しては，未解決な部分が多く，現在のところ，多項式時間で解けるかどうかも，NP困難かどうかもまだ分かっていません．

4．おわりに

本章では，グラフの枝連結度・点連結度と，連結度を考慮したネットワーク解析問題，構成問題の例を紹介しました．理解しやすさに重点を置いたため，全体的に厳密な証明より，直感的な説明を心がけました．また，話題を無向グラフの場合に限定しましたが，連結度は有向グラフでも定義されます．詳細に興味を持たれた方は下に挙げた文献などをご覧になって下さい．

連結度の概念は，ネットワークの信頼性という面だけでなく，データセキュリティの分野やフレームワークの剛性理論などでも応用されています．皆さんの身の周りにある問題でも，連結度の概念が生かせるかどうか考えてみて下さい．

参考文献

[1] 浅野孝夫，情報の構造，下，ネットワークアルゴリズムとデータ構造，日本評論社，1994．

[2] 茨木俊秀，情報学のための離散数学，昭晃堂，2004．

[3] B.Korte, J.Vygen, Combinatorial Optimization: Theory and Algorithms, Springer-Verlag, 2005. 浅野孝夫，平田富夫，小野孝男，浅野泰仁訳，組合せ最適化 — 理論とアルゴリズム，シュプリンガー・フェアラーク東京，2005．

[4] 永持仁，"グラフの最小カット，" 離散構造とアルゴリズム II，近代科学社，1993．

[5] 永持仁，"グラフの連結度増大問題とその周辺，" 離散構造とアルゴリズム IV，近代科学社，1999．

[6] 滝根哲哉，伊藤大雄，西尾章治郎，ネットワーク設計理論，岩波講座「インターネット」，5，岩波書店，2001．

第14章 マトロイドと組合せ最適化

1. マトロイド

マトロイドは，ベクトル集合の線形独立性の組合せ論的性質を抽象化して得られる公理系を満たすものとして，1935年に H. Whitney と中澤武雄によって独立に定義されました．

線形空間における k 本のベクトル $\mathbf{a}_1, \mathbf{a}_2, \cdots, \mathbf{a}_k$ が線形独立であるとは，

$$\sum_{i=1}^{k} \lambda_i \mathbf{a}_i = \mathbf{0}$$

を満たすことが，全ての $i = 1, 2, \cdots, k$ に対して $\lambda_i = 0$ となる場合に限られることを意味します．

ベクトルの有限集合 $S = \{\mathbf{a}_1, \mathbf{a}_2, \cdots, \mathbf{a}_n\}$ において，以下の二つの性質が成り立ちます．

- $J \subseteq S$：線形独立, $I \subseteq J \Longrightarrow I$：線形独立.

- $I, J \subseteq S$：線形独立,
  $|I| < |J| \Longrightarrow \exists \mathbf{a}_j \in J \setminus I, \ I \cup \{\mathbf{a}_j\}$：線形独立.

本質的に全く同じことを行列の言葉で述べてみます．行列 A の行集合を R，列集合を E とします．行集合 R と列部分集合 $J \subseteq E$ とで定まる小行列を $A[R, J]$ と書くことにします．ここで，

発展理論編

$$\mathcal{I} = \{J \mid J \subseteq E,\ \mathrm{rank}\, A[R, J] = |J|\}$$

とすると，$\mathcal{I}$ は次の三つの条件を満たします．

(I0) $\emptyset \in \mathcal{I}$.

(I1) $I \subseteq J \in \mathcal{I} \Longrightarrow I \in \mathcal{I}$.

(I2) $I, J \in \mathcal{I},\ |I| < |J| \Longrightarrow \exists e \in J \setminus I,\ I \cup \{e\} \in \mathcal{I}$.

一般に，有限集合 E とその部分集合族 $\mathcal{I} \subseteq 2^E$ が (I0) - (I2) を満たすとき，$\mathbf{M} = (E, \mathcal{I})$ をマトロイドといいます．マトロイド (matroid) という言葉は，「行列」を意味するマトリックス (matrix) に「のようなもの」を表すギリシャ語起源の接尾辞 "-oid" を付けて作られたもので，謂わば「行列もどき」を意味しています．

マトロイド $\mathbf{M} = (E, \mathcal{I})$ において，E を $\mathbf{M}$ の台集合，$\mathcal{I}$ を独立集合族といいます．独立集合族 $\mathcal{I}$ の元 $I \in \mathcal{I}$ は，$\mathbf{M}$ の独立集合と呼ばれます．

独立集合のうちで，集合の包含関係に関して極大なものを基と呼びます．公理 (I2) から明らかなように，基の要素数は全て等しくなります．この数をマトロイド $\mathbf{M}$ の階数といいます．基の全体を基族と呼びます．基族 $\mathcal{B}$ は以下の (B0) - (B1) を満たします．

(B0) $\mathcal{B} \neq \emptyset$.

(B1) $B, D \in \mathcal{B},\ b \in B \setminus D$
$\Longrightarrow \exists e \in D \setminus B : (B \setminus \{b\}) \cup \{e\} \in \mathcal{B}$.

一方，独立でない E の部分集合は従属であるといいます．特に，極小な従属集合をサーキットと呼びます．

任意の部分集合 $X \subseteq E$ に対して，
$$\rho(X) = \max\{|I| \mid U \subseteq X,\ I \in \mathcal{I}\}$$
$$= \max\{|X \cap B| \mid B \in \mathcal{B}\}$$

と定義します．この関数 ρ がマトロイド $\mathbf{M}$ の階数関数です．階数関数 ρ は以下の (R0) - (R3) を満たします．

(R0) $\rho(\emptyset) = 0.$.

(R1) $\forall X \subseteq E : \rho(X) \leq |X|$.

(R2) $X \subseteq Y \Longrightarrow \rho(X) \leq \rho(Y)$.

(R3) $\forall X, Y \subseteq E : \rho(X) + \rho(Y) \geq \rho(X \cup Y) + \rho(X \cap Y)$.

特に，(R3)の性質は劣モジュラ性と呼ばれています．

ここでは，独立集合族の公理系 (I0) - (I2) でマトロイドを定義し，基や階数関数の性質を述べました．逆に，基の性質 (B0) - (B1) や階数関数の性質 (R0) - (R3) を出発点としてマトロイドを定義することもできます．

最も簡単なマトロイドの例は，一様マトロイドです．有限集合 E の部分集合で，要素数が k 以下のものの全体を $\mathcal{I}$ とするとすると，$(E, \mathcal{I})$ は (I0) - (I2) を満たし，マトロイドとなることが容易に確かめられます．このようなマトロイドは一様マトロイドと呼ばれています．

2．グラフとマトロイド

グラフ $G = (V, E)$ において，枝集合 E の部分集合のうち，閉路を含まないものは森と呼ばれます．森の全体を $\mathcal{I}$ とすると，$\mathbf{M}(G) = (E, \mathcal{I})$ は (I0) - (I2) を満たし，マトロイドになります．マトロイド $\mathbf{M}(G)$ のサーキットは，G の初等的閉路に対応しています．

グラフからマトロイドが得られる事情は，グラフの接続行列を経由すると理解しやすいでしょう．グラフ $G = (V, E)$ の接続行列とは，V を行集合，E を列集合とする次のような行列 $A(G)$ です．各枝 $e \in E$ に任意の向きを付け，始点 u と終点 v に対して，$A(G)$ の (u, e) 成分を 1，(v, e) 成分を -1 とします．その他の成分は全て 0 とします．このとき，$F \subseteq E$ は，$A(G)[V, F]$ が列フルランクになる場合，かつそのときに限って，森になります．したがって，$\mathbf{M}(G)$ は，接続行列 $A(G)$ の列ベクトルの線形独立性に

よって定まるマトロイドに他なりません．

一般に，整数行列 A は，任意の小行列式が 0, ± 1 のとき，完全ユニモジュラ行列と言われます．

> **命題1**　グラフの接続行列は完全ユニモジュラ行列．

グラフ $G = (V, E)$ が連結ならば，$\mathbf{M}(G)$ の基は，全域木の枝集合と一致します．全域木とは，閉路を含まない連結部分グラフ (V, T) のことです．接続行列の完全ユニモジュラ性と Binet-Cauchy の公式を用いて，全域木の総数に関する公式が得られます．

> **命題2**（**Binet-Cauchy の公式**）　一般に，$m \leq n$ のとき，$m \times n$ 行列 K と $n \times m$ 行列 L に対して，
> $$\det KL = \sum_{J:|J|=m} \det K[J] \cdot \det L[J]$$
> が成立する．ただし，$K[J]$ は列部分集合 J で定まる K の小行列を表し，$L[J]$ は行部分集合 J で定まる L の小行列を表す．

> **命題3**　連結無向グラフ $G = (V, E)$ の任意の点 $r \in V$ に対して，接続行列 $A(G)$ から r に対応する行を除いた行列を A_r と書く．このとき，
> $$\text{全域木の総数} = \det A_r A_r^\top$$
> が成立する．ただし，$^\top$ は行列の転置を表す．

全ての点対間に 1 本の枝がある無向グラフを完全グラフといい，点数 n の完全グラフを K_n と書きます．命題3を完全グラフに適用すると，Cayley の公式が得られます．

> **命題4**　完全グラフ K_n における全域木の総数は n^{n-2}．

3. 平面グラフと双対マトロイド

　枝を交差させることなく平面に描けるグラフを平面グラフといいます．平面グラフ $G = (V, E)$ を平面上に描くと，面の集合 F が定まります．各面を点と看做し，隣接する二面の間の枝が両者を結んでいると解釈することで，新たな平面グラフ $G^* = (F, E)$ が得られ，G の双対グラフと呼ばれます．双対グラフ G^* に対して，さらに双対グラフを考えると，元のグラフ G に一致します．

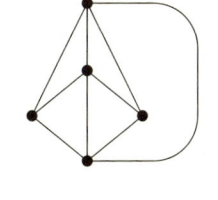

平面グラフ G　　　　　双対グラフ G^*

　このように，平面グラフ G に対しては，その双対グラフが定義できます．しかし，一般のグラフに対しては，双対グラフが定義できません．これは，グラフの範囲で考えていることに無理があるのです．マトロイドとしての双対を定義すれば，双対グラフの概念を自然に拡張することができます．

　マトロイド $\mathbf{M} = (E, \mathcal{I})$ の基族 $\mathcal{B}$ に対して，補集合の族 $\mathcal{B}^* = \{E \setminus B \mid B \in \mathcal{B}\}$ を考えると，$\mathcal{B}^*$ も (B0)-(B1) を満たします．すなわち，$\mathcal{B}^*$ を基族とするマトロイド $\mathbf{M}^*$ が定まります．このマトロイド $\mathbf{M}^*$ を $\mathbf{M}$ の双対マトロイドといいます．

　平面グラフ G に対するマトロイド $\mathbf{M}(G)$ の双対マトロイドは，双対グラフ G^* に対するマトロイド $M(G^*)$ に一致することが確かめられます．このように，双対マトロイドの概念は，双対グラフの拡張になっています．さらに，グラフ G は，マトロイド $\mathbf{M}(G)$ の双対マトロイド $\mathbf{M}^*(G)$ がグラフ的である

とき，かつそのときに限って平面グラフとなります．

> **命題5** 双対マトロイドの $\mathbf{M}^*$ の階数関数 ρ^* は，任意の $X \subseteq E$ に対して，
> $$\rho^*(X) = |X| + \rho(E \setminus X) - \rho(E)$$
> を満たす．ただし，ρ は $\mathbf{M}$ の階数関数を表す．

証明 任意の $X \subseteq E$ に対して，
$$\begin{aligned}
\rho^*(X) &= \max\{|X \setminus B| \mid B \in \mathcal{B}\} \\
&= |X| - \min\{|X \cap B| \mid B \in \mathcal{B}\} \\
&= |X| - \rho(E) + \max\{|B \setminus X| \mid B \in \mathcal{B}\} \\
&= |X| - \rho(E) + \rho(E \setminus X)
\end{aligned}$$
が成立する． □

　この証明の中では，$\mathbf{M}$ の基の要素数が全て等しいというマトロイドの性質が本質的ですが，$\mathbf{M}^*$ がマトロイドになることは使っていません．一方，命題5で得られた階数関数の公式から，ρ^* が (R0) - (R3) を満たすことが容易に確かめられます．その結果として，$\mathbf{M}^*$ がマトロイドとなることが保証されます．

　平面グラフ $G = (V, E)$ とその双対グラフ $G^* = (V, E)$ がともに連結であるとき，マトロイド $\mathbf{M}(G)$ と $\mathbf{M}(G^*)$ の階数は，それぞれ $\rho(E) = |V| - 1$ と $\rho^*(E) = |F| - 1$ で与えられます．さらに，命題5より，$\rho^*(E) = |E| - \rho(E)$ に注意します．これらの関係式を整理すると，
$$|V| - |E| + |F| = 2$$
となり，有名な Euler の公式が得られます．

4. 組合せ最適化

グラフ・ネットワークに代表される離散構造上の最適化問題を組合せ最適化問題といいます．代表的な例として，巡回セールスマン問題と最小木問題を紹介しましょう．

連結無向グラフ $G = (V, E)$ において，各点での次数が丁度 2 となる連結部分グラフ (V, T) を巡回路といいます．与えられた枝長関数 $\ell : E \to \mathbf{R}$ に関して，総枝長 $\ell(T) := \sum_{e \in T} \ell(e)$ を最小にする巡回路 (V, T) を求める問題が巡回セールスマン問題です．

完全グラフ K_n の場合，全部で $(n-1)!$ 通りの巡回路があります．この中で最短のものを見つければ良い訳ですから，簡単そうな気がするかも知れません．しかし，実際には n が少し大きくなっただけで $(n-1)!$ は莫大な数になります．全ての巡回路の長さを計算していたのでは日が暮れてしまいます．いやそれどころではありません．何か上手い方法はないでしょうか？ 実は，巡回セールスマン問題は NP 困難なので，計算に必要なステップ数が n の多項式で抑えられるような厳密解法は存在しないだろうと言われています．何とも奥歯に物が挟まったような言い方ですが，「NP $\neq$ P」予想が解決するまでは，こんな言い方を続けざるを得ないのです．

ただし，巡回セールスマン問題が NP 困難だからと言って，全然解けないという訳ではありません．実際，組合せ多面体論を駆使した分枝切除平面法に代表される厳密解法やメタ戦略に基づいた近似解法など，目的や用途に応じて様々な解法が開発され，実用に供されています．

巡回セールスマン問題と似た形式の最適化問題に，最小木問題があります．最小木問題とは，枝長関数 $\ell : E \to \mathbf{R}$ が与えられた連結無向グラフ $G = (V, E)$ において，総枝長 $\ell(T) := \sum_{e \in T} \ell(e)$ を最小にする全域木 (V, T) を求める問題です．

命題 4 より，完全グラフ K_n における全域木の本数は n^{n-2} で，巡回路よ

り多いことが分かります．実際，任意のグラフにおいて，巡回路から枝を 1 本削除すると，全域木が得られるので，全域木の方が巡回路よりも数が多くなるのです．しかし，最小木問題は，巡回セールスマン問題とは対照的に，簡単なアルゴリズムで解くことができます．

枝集合の部分集合 F を更新していくことを考えてみましょう．初期状態では F を空集合とします．グラフ $G = (V, E)$ の枝を長さの小さい順に取り上げ，F に加えることを試みます．加えた結果として，閉路ができるようであれば，その枝は捨てます．閉路ができなければ，その枝を F に加え，次の枝に移ります．こうして，全ての枝を調べ終わると，F は全域木になっています．そればかりでなく，枝長の小さい順に取り上げたために，総枝長最小の全域木となることが保証されるのです．このアルゴリズムは，Kruskal のアルゴリズムと呼ばれています．点の個数を n，枝の本数を m とすると，Kruskal のアルゴリズムに必要な手間は $O(m \log n)$ となり，非常に効率的です．現在では，さらに計算量が改善され，最小木問題を殆ど $O(m)$ 時間で解くアルゴリズムも知られています．

5．貪欲アルゴリズム

貪欲アルゴリズムで最小木問題が解ける仕組みを，マトロイドに一般化して考えてみましょう．重み関数 $w: E \to \mathbf{R}$ が与えられたマトロイド $\mathbf{M} = (E, \mathcal{I})$ において，$w(B) = \sum_{e \in B} w(e)$ を最小にする基 $B \in \mathcal{B}$ を求める最小基問題を考えます．

> **命題 6** 要素数 k の独立集合の中で，重み $w(I)$ を最小にする $I \in \mathcal{I}$ を考える．要素数 $k+1$ の独立集合の中で重みが最小のものを $J \in \mathcal{I}$ とすると，$I \cup \{e\} \in \mathcal{I}$，$w(I \cup \{e\}) = w(J)$ となる要素 $e \in J \setminus I$ が存在する．

（**証明**）　独立集合族の公理(I2)より，$I \cup \{e\} \in \mathcal{I}$ となる $e \in J \setminus I$ が存在する．そこで，$J' = J \setminus \{e\}$ とすると，$w(J') \geqq w(I)$ が成立する．さらに，$w(I) + w(J) = w(J') + w(I \cup \{e\})$ より，$w(I \cup \{e\}) \leqq w(J)$ を得る．したがって，$w(I \cup \{e\}) = w(J)$．　　　□

この命題により，要素数 k の独立集合で最小重みの $I \in \mathcal{I}$ が手元にあれば，それに新たな要素を付け加えるだけで，要素数 $k+1$ の独立集合で最小重みのものが得られることがわかります．このことを用いて，以下のようなアルゴリズムが設計でき，終了時の I が最小基を与えます．

《最小基を見出す貪欲アルゴリズム》

Step 0：$I := \emptyset$，$S := E$．

Step 1：$w(e)$ が最小の $e \in S$ を選び，$S := S \setminus \{e\}$．

Step 2：$I \cup \{e\} \in \mathcal{I}$ ならば，$I := I \cup \{e\}$．

Step 3：$S = \emptyset$ ならば終了．さもなくば，Step 1 へ．

連結グラフ G 上の最小木問題は，$\mathbf{M}(G)$ 上の最小基問題に他なりません．そして，Kruskal [3] のアルゴリズムは，マトロイドの貪欲アルゴリズムを特殊化したものに一致します．このようにして，最小木問題が解ける仕組みがマトロイドの言葉で理解できるようになると同時に，他の最適化問題であっても，マトロイドで記述できるものであれば，貪欲アルゴリズムが同様に適用できることが明らかになります．

最後に，マトロイド理論の導入においては，決して最適化への応用が意識されていた訳ではないことを強調しておきましょう．一見して抽象的で何の役に立つか分からないような理論であっても，それが何かの本質を捉えているならば，新たな応用が拓ける可能性があるということの例証といえます．同時に，組合せ最適化への応用を追求することによって，マトロイド多面体や最大共通独立集合に関する J. Edmonds [1] の定理などが生まれ，マト

ロイド理論の内容がより豊かなものになってきたことも忘れてはならないでしょう．

マトロイド理論と組合せ最適化の関わりについて，より進んだ内容を学ぶには，[2, 4] が有用です．さらに本格的な専門書としては，[5, 7] を薦めます．

参考文献

[1] J. Edmonds: Submodular functions, matroids, and certain polyhedra. R. Guy, H. Hanani, N. Sauer, and J. Schönheim (eds.), Combinatorial Structures and Their Applications, Gordon and Breach, 1970, pp. 69-87.

[2] 伊理正夫，藤重悟，大山達雄：グラフ・ネットワーク・マトロイド，産業図書，1986．

[3] J. B. Kruskal: On the shortest spanning subtree of a graph and the traveling salesman problem, Proc. Amer. Math. Soc., 7 (1956), pp. 48-56.

[4] J. Lee: A First Course in Combinatorial Optimization, Cambridge University Press, 2004.

[5] 室田一雄：離散凸解析，共立出版，2001．

[6] 中澤武雄：Zur Axiomatik der linearen Abhängigkeit. I, 東京文理科大学紀要，A2(1935), pp. 235-255.

[7] A. Schrijver: Combinatorial Optimization - Polyhedra and Efficiency, Springer-Verlag, 2003.

[8] H. Whitney: On the abstract properties of linear dependence, Amer. J. Math., 57 (1935), pp. 509-533.

第15章

論理関数における双対性

1. はじめに

0(偽)，あるいは，1(真)の値をとる変数を論理変数(あるいは，命題変数)と呼びます．論理関数(あるいは，ブール関数) f とは，n 個の論理変数 $x_1, x_2, \cdots, x_n$ の値に応じて 0，あるいは，1 の値をとる関数，すなわち，$f:\{0,1\}^n \to \{0,1\}$ です．論理関数 f に対する双対関数 f^d は，

$$f^d(x) = \bar{f}(\bar{x}) \tag{1}$$

と定義されます．ただし，$\bar{f}$ は f の否定(関数値の 0 と 1 を逆にしたもの)，$\bar{x}$ は，論理変数ベクトル $x = (x_1, x_2, \cdots, x_n)$ の補ベクトル $(\bar{x}_1, \bar{x}_2, \cdots, \bar{x}_n)$ を示します．定義より，任意の論理関数に対して $(f^d)^d = f$ が成立します．また，有名なドモルガン(De Morgan)の定理によって，論理関数 f が論理変数，定数(0 や 1)に否定 ¯，論理和 $\vee$，および，論理積 $\wedge$ の演算をほどこしたものとして表現されているならば，その双対関数 f^d の表現は，演算 $\vee$ と $\wedge$，さらに，定数 0 と 1 をそれぞれ入れ換えることによって得られます．例えば，論理関数

$$f = x_1 x_2 \vee x_2 x_3 \vee x_3 x_1 \tag{2}$$

を考えましょう．ただし，簡単化するため(今後も)論理積 $\wedge$ を省略します．この双対関数は，定義より $f^d = \overline{\overline{x_1}\overline{x_2} \vee \overline{x_2}\overline{x_3} \vee \overline{x_3}\overline{x_1}}$ となります．右辺の外側の否定に対してドモルガンの定理を用いると，

$$f^d = \overline{\overline{x_1}\overline{x_2} \vee \overline{x_2}\overline{x_3} \vee \overline{x_3}\overline{x_1}} = \overline{\overline{x_1}\overline{x_2}} \wedge \overline{\overline{x_2}\overline{x_3}} \wedge \overline{\overline{x_3}\overline{x_1}}$$

を得ます．さらに，右辺の外側の3つの否定に対してドモルガンの定理を用いると，

$$f^d = (x_1 \vee x_2)(x_2 \vee x_3)(x_3 \vee x_1) \tag{3}$$

を得ます．ここで，二重否定が肯定となることに注意して下さい．

論理関数 f が $f = f^d$ を満すとき自己双対と呼ばれます．例えば，式(3)の右辺を展開すると，

$$\begin{aligned} f^d &= (x_1 \vee x_2)(x_2 \vee x_3)(x_3 \vee x_1) \\ &= x_1 x_2 \vee x_2 x_3 \vee x_3 x_1 \ (= f) \end{aligned} \tag{4}$$

となり，式(2)が自己双対関数であることが分かります．

この自己双対関数，特に，次節で定義する単調な自己双対関数は，数学的に綺麗な性質をもっているばかりでなく，幅広い応用があることが知られています[1,3,5,9,13]．例えば，与えられた論理関数が自己双対であるかどうかを判定する問題(とそれと多項式時間的に等価な問題)が，数理計画，人工知能，ゲーム理論，学習理論，計算幾何，データマイニングなど様々な分野に現れます．では，どんな論理関数が自己双対なのでしょうか？本稿では，まず，論理関数，特に，単調な論理関数の自己双対性に関する構造的性質を解説します．次に，アルゴリズム論的な話題について述べます．

2．論理関数の自己双対性

自己双対関数とはどのようなものでしょうか？定義から，任意の $x \in \{0,1\}^n$ に対して

$$f(x) = \bar{f}(\bar{x}) \iff \{f(x), f(\bar{x})\} = \{0,1\} \tag{5}$$

を満たします．従って，

$$\begin{aligned} &|\{x \in \{0,1\}^n | f(x) = 0\}| \\ &= |\{x \in \{0,1\}^n | f(x) = 1\}| = 2^{n-1}, \end{aligned}$$

すなわち，2^n 個のベクトルのうち丁度半分のベクトルで1(0)をとる関数と言えます．また，論理関数 f をシャノン展開すると

$$f = f_{x_n=0} \bar{x}_n \vee f_{x_n=1} x_n \tag{6}$$

となります．ただし，$f_{x_n=0}$ と $f_{x_n=1}$ は，f 中の変数 x_n をそれぞれ 0 と 1 に固定することによって得られる関数です．よって，f の双対関数は，

$$\begin{aligned} f^d &= ((f_{x_n=0})^d \vee \bar{x}_n)((f_{x_n=1})^d \vee x_n) \\ &= (f_{x_n=1})^d \bar{x}_n \vee (f_{x_n=0})^d x_n \end{aligned} \tag{7}$$

ここで，$\bar{x}_n x_n = 0$, $(f_{x_n=0})^d (f_{x_n=1})^d \leqq (f_{x_n=1})^d \bar{x}_n \vee (f_{x_n=0})^d x_n$ となることに注意して下さい．ただし，2つの論理関数 f と g が任意のベクトル $x \in \{0,1\}^n$ に対して，$f(x) \leqq g(x)$ を満たすとき，$f \leqq g$ と記します．式 (6), (7) より，自己双対な関数 f は，

$$f_{x_n=0} = (f_{x_n=1})^d \quad (f_{x_n=1} = (f_{x_n=0})^d) \tag{8}$$

を満たします．従って，$f_{x_n=1}$（あるいは，$f_{x_n=0}$）さえ分かれば，(6) より自己双対関数 f の関数値を知ることができます．いま，$f_{x_n=1}$（あるいは，$f_{x_n=0}$）は，何の制限ももたない任意の論理関数であるので，以下の命題を得ます．

> **命題1** n 変数自己双対論理関数は $n-1$ 変数の論理関数と一対一に対応する．

この命題を見ると自己双対性からは何も構造的な性質が得られないように思われますが，そうではありません．下記にその一例として劣双対な関数の論理和形についての性質を記します．

論理関数 f が $f \leqq f^d$ を満たすとき，f を劣双対，$f \geqq f^d$ を満たすとき，f を優双対であると言います．定義から，f が劣双対かつ優双対であるとき自己双対と呼ばれます．論理関数の論理和形とは，項の論理和である．ただし，$P \cap N = \emptyset$ を満たす論理積 $\bigwedge_{i \in P} x_i \wedge \bigwedge_{i \in N} \bar{x}_i$ を項と呼びます．例えば，(2)

や $f = \bar{x}_1 x_2 \lor \bar{x}_2 \bar{x}_3 \lor x_3 x_4 x_5$ は，論理和形です．よく知られているように任意の論理関数は，論理和形で記述可能ですが，一般的に一意ではありません．

> **命題 2** 論理関数 f が劣双対であるための必要十分条件は，任意の f の論理和形 $\varphi = \bigvee_{j \in J} t_j$，ただし，$t_j = \bigwedge_{i \in P_j} x_i \bigwedge \wedge_{i \in N_j} \bar{x}_i$ が，
> $$(P_j \cap P_k) \cup (N_j \cap N_k) \neq \emptyset \quad \text{for all} \quad j, k \in J \tag{9}$$
> をみたすことである．

証明 定義より，劣双対でないこと $f \not\leq f^d \iff \exists x \in \{0,1\}^n : f(x) = 1$，かつ，$f^d(x) = 0$ (すなわち，$f(\bar{x}) = 1$). ここで，
$$f(x) = 1 \iff \exists j \in J : t_j(x) = 1$$
$$f(\bar{x}) = 1 \iff \exists k \in J : t_k(\bar{x}) = 1.$$
従って，$f \not\leq f^d \iff \exists j, k \in J : (P_j \cap P_k) \cup (N_j \cap N_k) = \emptyset$ を得ます． □

次節では，単調な論理関数の自己双対性について述べます．

3．単調な論理関数の自己双対性

$x \leq y$ である任意のベクトル $x, y \in \{0,1\}^n$ に対して，必ず $f(x) \leq f(y)$ を満たす論理関数を単調（あるいは，正）であると呼びます．よく知られているように論理関数 f が単調であるための必要十分条件は，f が (2) のように否定を用いない単調な論理和形で表現可能なことです．

単調な論理和形では，例えば，$f = x_1 x_2 \lor x_1 x_3 x_4 \lor x_1 x_2 x_5$ の第3項のような冗長な項を除くことで，一意な論理和形を得ることができます．このような論理和形を主論理和形をよびます．より正確には，単調な論理和

形 $\varphi = \bigvee_{j \in J} t_j$，ただし，$t_j = \bigwedge_{i \in P_j} x_i$ が，どの 2 項 t_j, t_k に対しても $P_j \not\subseteq P_k$，かつ，$P_j \not\supseteq P_k$ を満たすとき，主論理和形とよびます．したがって，論理関数は，スペルナーハイパーグラフと同一視することができる．ここで，点集合 V と枝集合 $\mathcal{E} \subseteq 2^V$ の組 $(V, \mathcal{E})$ をハイパーグラフと呼びます．ハイパーグラフ $\mathcal{H} = (V, \mathcal{E})$ の任意の 2 枝 $E_1, E_2 \subseteq \mathcal{E}$ が互いに包含関係にない $(E_1 \not\subseteq E_2$，かつ，$E_1 \not\supseteq E_2)$ とき，$\mathcal{H}$ は，スペルナー（あるいは，単純）と呼ばれます．今後，単調な関数の主論理和形を

$$\varphi = \bigvee_{E \in \mathcal{E}} \left(\bigwedge_{i \in E} x_i \right) \tag{10}$$

と記します．ただし，$\mathcal{E} \subseteq 2^V$, $V = \{1, 2, \cdots, n\}$ とする．

ハイパーグラフ $\mathcal{H} = (V, \mathcal{E})$ の任意の枝 $E \in \mathcal{E}$ に対して，$W \cap E \neq \emptyset$ を満たす $W \subseteq V$ を $\mathcal{H}$ の横断と呼びます．極小な横断の族からなるハイパーグラフを $\mathcal{H}$ の横断ハイパーグラフと呼び，$Tr(\mathcal{H})$ と記します．例えば，$\mathcal{H} = (V = \{1, 2, 3, 4\}, \mathcal{E} = \{\{1, 2\}, \{2, 3\}, \{1, 3, 4\}\})$ の横断ハイパーグラフは，$Tr(\mathcal{H}) = (V, \{\{1, 2\}, \{1, 3\}, \{2, 3\}, \{2, 4\}\})$ となります．

第 1 節で述べたように論理和形で表現された論理関数 f から，ドモルガン（De Morgan）の定理によって，f^d の（論理和形の双対表現である）論理積形が得られることから（例 (2) と (3) 参照），次の補題を得ます．

▶**補題 1** 単調な論理関数が自己双対であるための必要十分条件は，その主論理和形 (10) に対応するハイパーグラフ $\mathcal{H} = (V, \mathcal{E})$ が $\mathcal{H} = Tr(\mathcal{H})$ を満たすことである．

次に，分散システムの相互排除問題の解決策として導入された概念であるコテリを考えましょう [8]．コテリとは，交差性をもつスペルナーハイパーグラフ $\mathcal{H} = (V, \mathcal{E})$ のことです．ここで，交差性とは，

$$E_1 \cap E_2 \neq \emptyset \quad \text{for all} \quad E_1, E_2 \in \mathcal{E} \tag{11}$$

のことを言います．$\mathcal{H} = (V, \mathcal{E})$ と $\mathcal{H}' = (V, \mathcal{E}')$ を2つの異なるコテリとします．任意の $E \in \mathcal{E}$ に対して，$E' \subseteq E$ をみたす $E' \in \mathcal{E}'$ が存在するとき，$\mathcal{H}'$ は $\mathcal{H}$ を優越すると言います．コテリ $\mathcal{H}$ がどのコテリにも優越されないとき，極優コテリと呼びます．極優コテリは，相互排除問題を考える際，実用上有効な性質を有しており，特に重要です．

命題2からすぐに分かるように，コテリと単調な劣双対関数は一対一に対応します．また，極優性が自己双対性と対応することが知られています．

▶**補題2** 単調な論理関数が自己双対であるための必要十分条件は，その主論理和形 (10) に対応するハイパーグラフ $\mathcal{H} = (V, \mathcal{E})$ が極優コテリになることである．

（証明） コテリと単調な劣双対関数は一対一に対応することはすでに述べたので，極優性が自己双対性と対応することを示します．

いま，単調な劣双対関数が優双対でないと仮定します．もし $f = 0$ ならば，f に対応する $\mathcal{H}$ は明らかに極優でないので，$f \neq 0$ とします．定義より，優双対でないこと $f \not\geq f^d \iff \exists y \in \{0,1\}^n : f(y) = 0$，かつ $f^d(y) = 1$ （すなわち，$f(\bar{y}) = 0$）．ここで，f に項 $t_y = \bigwedge_{i: y_i = 1} x_i$ を付け加えた関数を $f'(= f \vee t_y)$ とすると，この f' は，$f'(y) = 1, f(y) = 0$ より，$f' > f$ を満たします．また，$t_y(x) = 1$ をみたす任意の $x \in \{0,1\}^n$ に対して，$f'(x) = 1$，かつ，$f'(\bar{x}) = f(\bar{x}) = 0$ をみたすこと，および，f が劣双対であったことから，f' も劣双対関数であることが分かります．すなわち，$\mathcal{H}$ と $\mathcal{H}'$ をそれぞれ f と f' に対応するハイパーグラフとすると，$\mathcal{H}$ と $\mathcal{H}'$ はともにコテリであり，$\mathcal{H}'$ は $\mathcal{H}$ を優越します．

逆に，$\mathcal{H} = (V, \mathcal{E})$ を極優でないコテリとすると，$W \notin \mathcal{E}$，かつ，
$$\mathcal{E}' = (\mathcal{E} \cup \{W\}) \setminus \{E \in \mathcal{E} \mid E \supseteq W\}$$
を枝集合とするハイパーグラフ $\mathcal{H}' = (V, \mathcal{E}')$ がコテリとなるような

$W \subseteq V$ が存在することが分かります．この W に対応する項 $t_W = \bigwedge_{i \in W} x_i$ を f に付け加えた関数 $f'(= f \vee t_W)$ は，$\mathcal{H}'$ がコテリより，劣双対となります．また，$f' > f$ より，$f^d > (f')^d \geqq f' > f$ となり，f が自己双対でないことが分かります． □

最後に，ハイパーグラフの彩色を考えましょう．ハイパーグラフ $\mathcal{H} = (V, \mathcal{E})$ が k-彩色可能であるとは，任意の枝 $E \in \mathcal{E}$ に対して $|\{c(i)|i \in E\}| > 1$ を満たす $c: V \to \{1, 2, \cdots, k\}$ が存在することです．

> **命題3** 単調な論理関数が優双対であるための必要十分条件は，その主論理和形(10)に対応するハイパーグラフ $\mathcal{H} = (V, \mathcal{E})$ が 2-彩色不可能なことである．

証明 定義より，優双対でないこと $f \not\geqq f^d \iff \exists x \in \{0,1\}^n : f(x) = 0$，かつ，$f^d(x) = 1$（すなわち，$f(\bar{x}) = 0$）．ここで，彩色 c を $x_i = 1$ のとき $c(i) = 1$，そうでないとき，$c(i) = 2$ と定義すると，

$$f(x) = 0 \iff E \cap c^{-1}(2) \neq \emptyset \quad \text{for all} \quad E \in \mathcal{E}$$
$$f(\bar{x}) = 0 \iff E \cap c^{-1}(1) \neq \emptyset \quad \text{for all} \quad E \in \mathcal{E}$$

となり，f の非優双対性が $\mathcal{H} = (V, \mathcal{E})$ の 2-彩色可能性と等価であることが分かります． □

この命題中の「主論理和形」を弱めて，「任意の単調な論理和形」とできることに注意して下さい．命題2と3より，単調な自己双対関数は，交差性をもつ 2-彩色不可能なハイパーグラフ（奇妙なハイパーグラフ [12]）と対応することが分かります．ここで，さらに，交差性も彩色の用語で表現しましょう．

ハイパーグラフ $\mathcal{H} = (V, \mathcal{E})$ が k-彩色不可能であり，かつ，$\mathcal{H}$ に優越されるどんなスペルナーハイパーグラフも k-彩色可能であるとき，$\mathcal{H}$ を臨界 k-彩色不可能であると呼びます．

▶**補題 3** 単調な論理関数 f が自己双対であるための必要十分条件は，その主論理和形 (10) に対応するハイパーグラフ $\mathcal{H} = (V, \mathcal{E})$ が臨界 2-彩色不可能なことである．

証明 f を自己双対関数，$\mathcal{H}$ を f に対応するハイパーグラフとします．命題 3 より，$\mathcal{H}$ は，2-彩色不可能です．また，$\mathcal{H}'$ を $\mathcal{H}$ に優越されるスペルナーハイパーグラフ，f' を $\mathcal{H}'$ に対応する関数とすると，$f' < f$ であり，f が自己双対なので，$f' < f = f^d < (f')^d$ となります．よって，f' は優双対でなく，命題 3 より，2-彩色可能です．したがって，$\mathcal{H} = (V, \mathcal{E})$ が臨界 2-彩色不可能となります．

逆に，臨界 2-彩色不可能な $\mathcal{H}$ を考えると，命題 3 より，f は優双対となります．いま，$f > f^d$ と仮定すると，$f > f' \geqq (f')^d > f^d$ をみたす単調な関数 f' が存在します．この f' は，任意の $f(y) = f(\bar{y}) = 1$ を満たす極小なベクトル $y \in \{0,1\}$ を用いて，

$$f'(x) = \begin{cases} 1 & \text{if } f(x) = 1 \text{ かつ } x \neq y \\ 0 & \text{それ以外} \end{cases}$$

と構成できます．f' に対応するハイパーグラフ $\mathcal{H}'$ は，$\mathcal{H}$ に優越され，命題 3 より，$\mathcal{H}'$ も 2-彩色不可能となり，$\mathcal{H}$ の臨界 2-彩色不可能に矛盾します． □

$\mathcal{H} = (V, \mathcal{E})$ が臨界 2-彩色不可能であるとき，$\mathcal{H}$ は，3-彩色可能であるか，あるいは，ある $i \in V$ に対して，$\mathcal{E} = \{\{i\}\}$ が成立します．

以上，補題 1, 2, 3 まとめて次の命題を得ます．

> **命題 4** f を単調な論理関数，$\mathcal{H} = (V, \mathcal{E})$ を f の主論理和形 (10) に対応するハイパーグラフとする．このとき，以下の 4 つは等価である．
> 1. f が自己双対である．
> 2. $\mathcal{H} = Tr(\mathcal{H})$ を満たす．
> 3. $\mathcal{H}$ が極優コテリである．
> 4. $\mathcal{H}$ が臨界 2-彩色不可能である．

4. 自己双対性判定の計算量

前節まで自己双対性の綺麗な性質について述べて来ました．本節では，自己双対性判定に対する計算量的な話題について触れます．

自己双対性判定問題とは，与えられた論理和形 φ の表す論理関数 f が自己双対であるかどうかを判定する問題です．まず，$f(x) \neq f^d(x)$ であるベクトル $x \in \{0,1\}^n$ が与えられると，多項式時間で f が自己双対でないことが検証可能です．したがって，自己双対性判定問題がクラス co-NP に属することが分かります．

一般の論理和形が与えられたとき，効率に解けるでしょうか？ いま，φ を論理和形 $\psi = \bigvee_{j \in J} t_j$ と ψ で用いられていない新しい変数 x_{n+1} の積に対応する論理和形，すなわち，$\varphi = \bigvee_{j \in J} t_j x_{n+1}$ とします．このとき，φ が表現する関数の自己双対性と $\psi = 1$ (恒真) であることが等価です．良く知られているように [7]，論理和の恒真性の判定は，co-NP 完全であるので，一般の論理和形に対する自己双対性判定問題も co-NP 完全となり，効率的に解けそうにないことが分かります．

では，単調な論理和形が与えられたとき，効率に解けるでしょうか？ 現時点では，この問題が準多項式時間で解け [6]，co-NP 困難ではなさそう

であることは分かっています[1]．未だに多項式時間で計算可能であるかどうか分かっておらず，計算科学分野の重要な未解決問題と言えます（例えば，[3,9,10,11,13,14] など参照）．

今後の課題は，理論面では，単調な論理関数に対する自己双対性判定問題の正確な計算量を求めることです．もちろん多項式時間アルゴリズムの開発ができればよいのですが，未だにこの問題が NP に属するかどうか分かっておらず，P には属さないと信じている研究者も多いのが現状です．また，P 困難であるかどうか，あるいは，NP には属するが，NP 困難でなく，P にも属さないと信じられている他の問題，例えば，グラフ同型性判定問題などとの関係も分かっていません．

また，応用上の重要性から様々なアルゴリズムが提案され，アルゴリズムの実験的解析が盛んに行われています．今後，さらに実用的なアルゴリズムを開発することが応用上重要な課題です．

参考文献

[1] C. Bioch and T. Ibaraki, Complexity of identification and dualization of positive Boolean functions, *Inf. Comput.*, 123 (1995), 50-63.

[2] T. Eiter and G. Gottlob, Identifying the minimal transversals of a hypergraph and related problems, *SIAM J. Comput.*, 24 (1995), 1278-1304.

[3] T. Eiter and G. Gottlob, Hypergraph transversal computation and related problems in logic and AI, In: *Proc. 8th European Conference on Logics in Artificial Intelligence*, pp. 549-564, LNCS 2224, 2002.

[4] T. Eiter, G. Gottlob and K. Makino, New results on monotone dualization and generating hypergraph transversals, *SIAM J. Comput.* 32 (2003), 514-537.

[5] T. Eiter, K. Makino, and G. Gottlob. Computational aspects of monotone dualization: A brief survey. *Discrete Applied Mathematics* 156 (2008), 2035-2049.

---

[1] ほとんどの計算量理論の専門家によって，P ≠ NP のように，準多項式時間で解ける問題は，co-NP 困難ではないと信じられています．

[6] M. Fredman and L. Khachiyan, On the complexity of dualization of monotone disjunctive normal forms, *J. Algorithms*, 21 (1996), 618-628.

[7] M. R. Garey and D. S. Johnson, *Computers and Intractability*, Freeman, New York, 1979.

[8] H. Garcia-Molina and D. Barbara, How to assign votes in a distributed system, *Journal of the ACM*, 32 (1985), 841-860.

[9] 茨木俊秀, 単調論理関数の同定問題とその複雑さ, 室田一雄, (編), 離散構造とアルゴリズムⅢ, 近代科学社, 東京, pp.1-33, 1994.

[10] D. S. Johnson, Open and closed problems in NP-completeness. *the International School of Mathematics "G Stampacchia": Summer School "NP-Completeness: The First 20 Years"*, Erice (Sicily), Italy, 20-27 June 1991.

[11] L. Lovász, Combinatorial optimization: Some problems and trends, *Tech. Report DIMACS* 92-53, RUTCOR, Rutgers University, 1990.

[12] L. Lovász, Coverings and colorings of hypergraphs. In: *Proceedings of the 4th Conference on Combinatorics, Graph Theory, and Computing*, pp. 3-12, 1973.

[13] H. Mannila, Local and global methods in data mining: Basic techniques and open problems, In: ICALP 02, pp. 57-68, LNCS 2380, 2002.

[14] C. Papadimitriou, NP-completeness: A retrospective, In : ICALP '97, pp. 2-6, LNCS 1256, 1997.

第16章
計算量理論の最先端

1. はじめに

　本章は計算量理論の最先端ではどのような話題が注目されているかについてご紹介します．分野の最先端全体を概観するなどということは，筆者の能力では到底不可能ですので，特に最適化問題の近似困難性という話題をとりあげることにします．近似困難性の分野を牽引する2つの未解決問題，"Unique Games Conjecture" と "Strong Parallel Repetition Problem"，を通して最先端の研究の雰囲気を少しでも味わってもらえれば，というのがねらいです．

　以下の図を見てください．

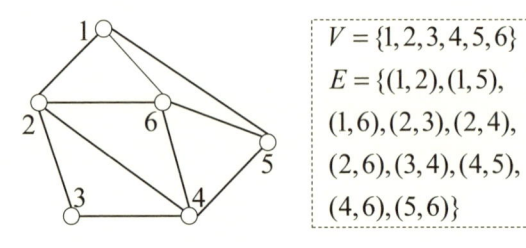

$V = \{1, 2, 3, 4, 5, 6\}$
$E = \{(1,2), (1,5), (1,6), (2,3), (2,4), (2,6), (3,4), (4,5), (4,6), (5,6)\}$

　上のグラフの最大カットの大きさはいくつでしょうか？また，その大きさを与えるのはどのような頂点の分割でしょうか？

本書で何回も登場していますが，グラフ G とは頂点集合 V と枝集合 E の対のことです．V の分割 $(S, \bar{S})$，$\bar{S} = V \backslash S$ は S の補集合，に対して，一方の頂点が S に属し他方の頂点が $\bar{S}$ に属する枝の集合 $e(S, \bar{S}) = \{(u, v) \in E \mid u \in S, v \in \bar{S}\}$ をカットといいます．最大カット問題は離散数学では代表的な最適化問題です．

> **最大カット問題．**
> 入力：グラフ $G = (V, E)$．
> 出力：最大カットを与える V の分割 $(S, \bar{S})$．

一般に n 個の頂点を持つグラフが与えられたとき，答えは簡単に求まるでしょうか？ それぞれの頂点を S に入れるか入れないかの 2^n 通りの可能性を全て調べれば，最大カットを与える分割が見つかります．しかし，場合の数は $n = 100$ のときでも $2^{100} \geqq 10^{30}$ 通り以上，$n = 1000$ なら $2^{1000} \geqq 10^{300}$ 通りと天文学的な大きさになってしまい，とても調べきれません．現在知られている最も高速なアルゴリズムでさえ，計算時間は $2^{0.792n}$ とされていますので，$n = 1000$ の場合でも解くのは難しそうです．最大カット問題は NP 困難とよばれるクラスに属している難しい問題で，多くの数学者は効率よく解けないだろうと予想しています．効率よく解けないとは，入力グラフの頂点数 n の多項式の時間で動作するアルゴリズムが存在しない，という意味です．

第6章の計算の複雑さの話を思い出してみましょう．そこでは離散数学の問題の難しさを分類する P，NP，NP 完全，NP 困難という4つのクラスについて解説されていました．計算の複雑さの分野には P＝NP？ という重要な未解決問題があり，多くの数学者は P ≠ NP と予想していること，予想が正しければ，NP 困難な問題は効率よく（問題例のデータ長の多項式時間で）解くことができないことも紹介されていました．われわれが現実に遭遇する最適化問題の多くは，NP 困難というクラスに分類されます．だからといって解くことができないとあきらめるわけにはいきません．そこで，一番良い答え，

例えば最大カット，を求めるのを目標にするのではなく，十分良い答え，例えばある程度大きいカット，を効率よく求めることを目標にしよう，というのが近似アルゴリズムの考え方です[1]．

2. 近似アルゴリズム

　一般に最適化問題は入力例題の集合，出力する解の満たすべき制約条件，解の良さを評価する関数 (目的関数)，の3つから構成されます．前節の最大カット問題では，制約はなし，目的関数はカットの大きさ，でした．最大カット問題のように，目的関数の値が大きいほど良い解である最適化問題を最大化問題，逆に小さいほど良い解である場合は最小化問題といいます．

　多くの最適化問題において最も良い答えを求めるのは非常に難しいので，制約条件を満たすできるだけ良い答えを高速に求めるのが近似アルゴリズムだと述べました．"できるだけ良い" は数学的にどう表現するべきでしょうか？最大化問題の入力例題 I に対し，最適な目的関数値を $\mathrm{OPT}(I)$，近似アルゴリズムが出力する解の目的関数値を $\mathrm{ALG}(I)$ と書くことにします．このとき近似率 $= \min_I \{\mathrm{ALG}(I)/\mathrm{OPT}(I)\}$ と定義します[2]．min は全ての例題 I についてとります．最大カット問題に対する近似率 0.7 のアルゴリズムとは，どんなグラフに対しても，最大カットの少なくとも 70% のカットを与えるような分割を返すアルゴリズムです．近似率が 1 に近ければ近いほど良い近似アルゴリズムといえます．特に近似率 $=1$ とは，必ず最適解を出力する (近似) アルゴリズムを意味します．

---

[1] 以下では近似アルゴリズムは多項式時間で動作するものを指すことにします．
[2] 最小化問題については省略します．

3. 近似困難性

　最大カット問題に対してどれくらいよい近似アルゴリズムが与えられるでしょうか？ 例えば，頂点をランダムに S に入れるか入れないか，というアルゴリズムを考えましょう．それぞれの枝 (u, v) がカットされる確率は $1/2$ ですので，全体のカットの大きさの期待値は $|E|/2$ になります．どのように分割しても高々 $|E|$ のカットしかないのですから，こんな単純なアルゴリズムでさえ（期待値の意味で）近似率 0.5 を達成しています[3]．この近似率 0.5 という数字は長らく最大カット問題に対する近似アルゴリズムの最もよい記録でしたが，1994年に半正定値計画緩和を用いたアルゴリズムにより近似率は $\alpha = 0.878$ に改善され[4]，これが現在のベストになっています．

　それでは 0.878 という近似率は，例えば 0.9 に改良できるでしょうか？ 遠い未来には $0.99, 0.999, \ldots$ といくらでも改良が続けられていくのでしょうか？ 後者については，そのような無限の改良がほぼ不可能であることがPCP定理により証明されています．

定理（**PCP定理**）．ある定数 $1 > c > s \geq 1/2$ が存在して，グラフ $G = (V, E)$ からグラフ $G' = (V', E')$ への多項式時間変換 $T(G) = G'$ で以下の性質を満たすものが存在する．

1. G がハミルトン閉路を持つ．
 　　$\Longrightarrow G'$ の最大カットのサイズ $\geq c|E'|$．
2. G がハミルトン閉路を持たない．
 　　$\Longrightarrow G'$ の最大カットのサイズ $< s|E'|$．

　この定理の意味するところはなんでしょうか？ グラフがハミルトン閉路

---

[3] 乱数を使わないアルゴリズムに修正可能です．
[4] 正確には $\alpha = (2/\pi)\min_{0 \leq \theta \leq \pi}\{\theta/(1-\cos\theta)\}$．

を持つかどうか判定する問題は NP 困難です．仮に最大カット問題に対する近似率 s/c のアルゴリズムが存在したとしましょう．このアルゴリズムを $T(G) = G'$ に適用します．もし G がハミルトン閉路を持つならば，T の性質と仮定よりアルゴリズムは G' のサイズ $c|E'| \times (s/c) = s|E'|$ のカットを出力します．一方 G がハミルトン閉路を持たないなら，T の性質からアルゴリズムはサイズ $s|E'|$ 未満のカットしか出力しません．つまり，多項式時間でハミルトン閉路問題を判定するアルゴリズムができてしまいます．これは P ≠ NP 予想からありそうもないことです．したがって最大カット問題に対する近似率 s/c のアルゴリズムは存在しないだろうと予想できます．第 6 章に登場した，帰着による問題の難しさの証明の一例になっています．

PCP 定理は 1990 年代における計算量の理論の最大の成果のひとつといわれ，近似困難性の証明やその他の分野へ多大な影響を与えました．ただし，PCP 定理で証明される c と s の値を近似率の限界を与える式 s/c に代入しても，0.99999 のようなほとんど 1 に近い値しか得られません．これは，現在の最良である近似率 0.878 とはかなりかけ離れています．計算量理論の世界では，PCP 定理だけでも相当すごい結果なのですが，もっとギャップを小さくしたくなるのは当然のことです．PCP 定理の証明以降，このギャップを小さくしようという研究が盛んに行われ，次節以降で説明する 2 証明者 1 ラウンドゲームという最適化問題と並列反復という手法を考えることにより[5]，$c = 17/21$，$s = 16/21$，つまり近似率の限界 $s/c = 16/17$ を与える PCP 定理の改良版が証明されています．さらに本章の主題であるユニークゲーム予想（これも PCP 定理の強化版です）を仮定することで，近似率 0.878 が最善であることも証明されています．

---

[5] それ以外にも確率的手法やフーリエ解析など，多くの高度な解析法が用いられています．

4．2 証明者1ラウンドゲーム

唐突ですが，アリス，ボブ，キャロルの3人の参加者で行われる以下のゲームを考えてみましょう．

最大カットゲーム．

入力：グラフ $G = (V, E)$

アリスの戦略：頂点のラベル付け $h_A : V \to \{0, 1\}$．

ボブの戦略：頂点のラベル付け $h_B : V \to \{0, 1\}$．

キャロルの質問：$(u, v) \in E$ をランダムに選択し，(x, y) として $(u, v), (v, u), (u, u), (v, v)$ のいずれかをランダムに選択して，x, y のラベルを質問する．

受理条件：アリスは $h_A(x)$，ボブは $h_B(y)$ を回答する．キャロルは質問 (x, y) が

1. (u, v) か (v, u) の場合，$h_A(x) \neq h_B(y)$
2. (u, u) か (v, v) の場合，$h_A(x) = h_B(y)$

が成り立てば受理する．

キャロルが受理する確率を最大にするアリスとボブの戦略はどのようなものでしょうか？ また，そのときのキャロルが受理する確率 $v(G)$ はどうなるでしょうか？

キャロルが枝 $(u, v) \in E$ を選択したとき，受理する確率は以下の表のようになります．

$A \backslash B$	$(0, 0)$	$(0, 1)$	$(1, 0)$	$(1, 1)$
$(0, 0)$	$1/2$	$1/2$	$1/2$	$1/2$
$(0, 1)$	$1/2$	1	0	$1/2$
$(1, 0)$	$1/2$	0	1	$1/2$
$(1, 1)$	$1/2$	$1/2$	$1/2$	$1/2$

各行と列はアリスとボブのラベル付け $(h_A(u), h_A(v))$ と $(h_B(u), h_B(v))$ に対応しています．受理する確率が大きくなるのは，アリスとボブが同じラベル付けを行い，u, v には異なるラベルを割り当てる場合です．

最大カットゲームの受理確率を最大化する最適化問題は，最大カット問題とある意味で"等価"です．グラフ G の最大カットを $(S, \overline{S})$ としましょう．アリスとボブは $v \in S$ に 0, $v \in \overline{S}$ に 1 をラベル付けします．

カットに基づくラベル付けにおいて，$(u, v) \in (S, \overline{S})$ であれば，受理確率は 1，そうなければ 1/2 になっています．したがって最大カットの大きさが $c|E|$ とすると $v(G) \geq$ (カットに入る枝を選ぶ確率) $\times 1 +$ (カットに入らない枝を選ぶ確率) $\times \dfrac{1}{2} = c + (1-c)/2 = (1+c)/2$ となります．

逆に受理確率を $v(G)$ にできるラベル付けが存在するとどうでしょうか？結論を先にいうとサイズ $(2v(G)-1)|E|$ 以上のカットが存在することがいえます．ここでも枝 (u, v) に関する受理確率に着目します．受理確率が 1 になる枝の数を $s|E|$ とします．$v(G) \leq$ (受理確率が 1 になる枝を選ぶ確率) $+$ (受理確率が 1 にならない枝を選ぶ確率) $\times 1/2 = (1+s)/2$ です[6]．受理確率が 1 になる枝 (u, v) において，アリスとボブは同じラベル付けを行っていること，また u と v のラベルが異なることに注意してください．受理確率が 1 になる枝 (u, v) において 0 を割り当てられている頂点を S, 1 を割当てられている頂点を $\overline{S}$ に入れると，たしかにサイズ $s|E| \geq (2v(G)-1)|E|$ のカットになります．

最大カットゲームのように，アリスとボブが戦略を決め，キャロルがランダムに質問を行い，質問の答えをある条件のもとで受理するゲームを 2 証明者 1 ラウンドゲーム (2-Prover 1-Round Game) と呼びます．

---

[6] 受理確率が 1 にならない枝についてはすべて受理確率を 1/2 と大きく見積りました．

> **2証明者1ラウンドゲーム**　Gとは，アリスへの質問集合X，ボブへの質問集合Y，キャロルが組$(x, y) \in X \times Y$を質問する確率の分布π，質問に対するアリスとボブの答えの集合Σ，質問(x, y)に対する答えを受理するか決める関数$Q_{x,y}(\cdot, \cdot): \Sigma \times \Sigma \to \{0, 1\}$，からなる5つ組$G = (X, Y, \pi, \Sigma, \{Q_{x,y}\})$である．アリスの戦略$h_A: X \to \Sigma$，ボブの戦略$h_B: Y \to \Sigma$に対し，キャロルの受理確率 $= \Pr_{(x,y) \sim \pi} \{Q_{x,y}(h_A(x), h_B(y)) = 1\}$とする．すべての戦略についての受理確率の最大値を$v^*(G)$と書いてゲームの値とよぶ．

5．並列反復とユニークゲーム

　最大カット問題と最大カットゲームの最適解の関係のように，ある種の最適化問題と2証明者1ラウンドゲームの値の近似困難性には強い関係があります．一般の2証明者1ラウンドゲームに対して強い近似困難性が示せれば，最大カット問題に対しても強い近似困難性も示せそうです．PCP定理から，ある定数$1 > s > 0$が存在して，ゲームの値が1であるかs未満であるか判定する問題がNP困難であることが証明されます．つまり，P $\neq$ NPのもとでゲームの値を近似率sで求めるアルゴリズムが存在しないということです．もっと強い近似困難性を示すためにはどうすればよいでしょうか？ゲームGにk並列反復（Parallel Repetition）という操作を施すことで，より近似が困難な2証明者1ラウンドゲーム$G^{\otimes k}$を多項式時間で構成できることが知られています．

> **定理（並列反復定理）．**
> ある定数$\delta > 0$が存在して，2証明者1ラウンドゲームGのk並列反復$G^{\otimes k}$について，$v^*(G^{\otimes k}) \leq \{1 - \delta(1 - v^*(G))^3\}^{k/2 \log |\Sigma|}$．

k 並列反復では，$v^*(G) = 1$ のとき，$v^*(G^{\otimes k}) = 1$ が成り立ちます．一方 $v^*(G) \leq s$ のとき，任意に小さい $s_0 > 0$ について，十分大きい k をとれば，$v^*(G^{\otimes k}) < s_0$ とできます．つまり，$v^*(G^{\otimes k})$ を近似率 s_0 で求めることは NP 困難です．この事実をうまく最大カット問題に関連づけることで，3 節で述べた 16/17 の近似率を達成することの不可能性が証明できます．それでも現在最良の近似率 0.878 と $16/17 = 0.941\cdots$ にはまだまだ開きがあります．

このギャップを埋めるために，Subhash Khot という研究者がユニークゲーム予想を提唱しました．2 証明者 1 ラウンドゲームがユニークとは，質問 (x, y) への答えを受理するか決める関数 $Q_{x,y}(a, b)$ について，a の値を固定したとき，$Q_{x,y}(a, b) = 1$ となる b の値が唯一決まり，b の値を固定したとき $Q_{x,y}(a, b) = 1$ となる a の値が唯一決まるような特別なゲームのことです．最大カットゲームはユニークゲームの 1 種です[7]．

> **予想 (Unique Games Conjecture).**
> 任意の $1 > c$, $s > 0$ に対し，ある $M > 0$ が存在して，$|\Sigma| = M$ であるユニークゲーム $G = (X, Y, \pi, \Sigma, \{Q_{x,y}\})$ について，
> 1. $v^*(G) \geq c$
> 2. $v^*(G) < s$
>
> のいずれかを判定する問題は NP 困難．

この予想のもとで，最大カット問題に対する近似率 0.878 のアルゴリズムが最良であることが証明されています．

---

[7] $v^*(G) = 1$ であるユニークゲームに対する最適な戦略は簡単に求まることに注意してください．例えば全ての枝がカットされるグラフでは，最大カットを見つけることは容易です．

6. 予想の解決に向けて

ユニークゲーム予想は以下の2つの仮定をおくと証明できます.

仮定1（最大カット問題の困難性）.

任意の $\epsilon > 0$ に対し，グラフ $G = (V, E)$ について，
1. G の最大カットのサイズ $\geq (1-\epsilon)|E|$
2. G の最大カットのサイズ $\leq (1 - 1.99\sqrt{\epsilon}/\pi)|E|$

のいずれかを判定する問題は NP 困難.

仮定2 (Strong Parallel Repetition).

ある定数 $\delta > 0$ が存在して，2証明者1ラウンドゲーム G の k 並列反復 $G^{\otimes k}$ について，$v^*(G^{\otimes k}) \leq \{1 - \delta(1 - v^*(G))\}^{k/2\log|\Sigma|}$.

仮定1はユニークゲーム予想が正しければ成立することが知られています．どうすれば証明できるのかはともかくとして，仮定1は予想の証明よりはある意味簡単といえます．

仮定2は幾何学における泡の問題（Foam Problem）とよばれる問題との深い関係が指摘されています[1]．泡の問題とはどんな問題か例をあげましょう．平面に合同な図形のコピーを置いて，隙間も重なりもないように埋め尽くすことをタイル張りと呼びます．面積が1の図形でタイル張りを行ったとき，図形の周の長さはどれだけ必要でしょうか？正方形はタイル張り可能な図形ですので，周の長さは高々4で可能です．もっと周の長さが短い図形も存在します．それは正6角形で，これが最短を達成することも証明されています[8].

---

[8] Honeycomb Conjecture という古くからあった予想ですが，1999 年にやっと解決されました．

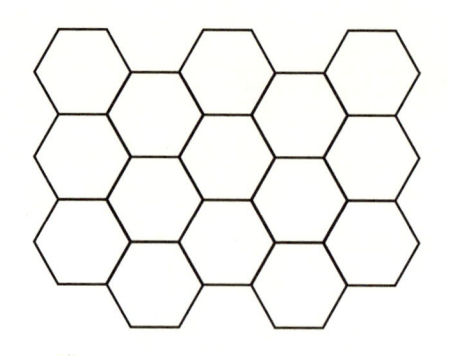

問題を一般化して，3次元空間を合同な領域に分割して，その表面積を最小化する問題，さらには4次元，5次元，... と高次元でも同様の問題を考えることもできます．これが泡の問題とよばれるものです．3次元以上の空間における泡の問題は幾何学の有名な未解決問題なのですが，仮定2を証明することは，泡の問題に重大な進展をもたらすことがわかってきています．一見何の関係もなさそうな2つの問題に強いつながりが見つかるのが，数学の不思議でおもしろいところです．

　予想の解決には仮定1を証明することが必要ですが，仮定2については必要かどうかわかっていません．幾何学の難問に真っ向からチャレンジして予想を解決するのか，それとも別のアプローチで解決を試みるのか，あるいはユニークゲーム予想が覆されてしまうのか，今後の研究の進展が待たれるところです．

7．おわりに

　本章では，計算量理論の世界のホットな話題を駆け足でのぞいて見ました．紙数の都合もあり，数学的な厳密性は犠牲にした部分もあります．近似アルゴリズムと近似困難性の全般的な背景については，詳細な教科書[2]がありますので，そちらを参照してください．興味のある方のために，計算量理論の他の話題についてもいくつか参考文献を挙げておきます[3, 4, 5]．

第 16 章　計算量理論の最先端

単行本化にあたっての追記

- 6 節の仮定 2 (Strong Parallel Repetition) は成立しないことが証明されました [6]．この結果を受けて泡の問題にも進展がありました [7]．

参考文献

[1] U. Feige, G. Kindler and R. O'Donnell, "Understanding Parallel Repetition Requires Uderstanding Foams", Proc. of CCC 2007, pp.179-192, 2007.

[2] V. V. ヴァジラーニ (著), 浅野孝夫 (翻訳), "近似アルゴリズム", シュプリンガー・フェアラーク東京, 2002.

[3] マイケル シプサ (著), 渡辺治, 太田和夫 (監訳), "計算理論の基礎", 共立出版, 2000.

[4] O. ゴールドライヒ (著), 岡本龍明, 藤崎英一郎 (翻訳), "現代暗号・確率的証明・擬似乱数", シュプリンガー・フェアラーク東京, 2001.

[5] A. Wigderson, "P, NP and Mathematics – a computational complexity perspective", *Proc. of the ICM 06*, Vol.I, EMS Publishing House, pp. 665-712, 2007.

[6] R. Raz, "A Counterexample to Strong Parallel Repetition", *In Proc. of FOCS 2008*, pp.369-373, 2008.

[7] N. Alon, "Economical Elimination of Cycles in the Torus", Combinatorics, Probability and Computing, 18:619-627, 2009.

応用編

第17章

安定結婚問題

1. はじめに

　あなたが企画するお見合いパーティに5人の男性($1, 2, 3, 4, 5$)と5人の女性(a, b, c, d, e)が参加したとしましょう．パーティでは，質問タイムやフリータイムを企画し，自分の好みの異性を探してもらいました．そして，パーティの最後に，自分が結婚したい順番に，第一位から第五位までを順位付けしたリストを皆さんに提出してもらいました．それが以下のリストです．

```
1: c e a d b     a: 4 1 3 2 5
2: a b c d e     b: 5 1 2 3 4
3: a d c e b     c: 2 3 1 5 4
4: b e d a c     d: 3 4 2 5 1
5: d a e b c     e: 3 1 5 2 4
```
図1　希望リスト

皆，左から右に向かって，順番に好きな人を書いています．例えば，男性3さんは，5人の女性の中でaさんが1番好きで，そのあとdさん，cさん，eさん，bさんという順になっています．あなたはこれを元に，5組のカップルを作らねばなりません．さてどうしますか？

　仮に，$(1, a)$, $(2, b)$, $(3, c)$, $(4, d)$, $(5, e)$ というカップルを作ったとしましょう(図2)．これはなかなか良さそうです．全員第三位以内の人とカップルになっています．(全員が第二位以内の人とカップルになる組合わせがないことを確かめてください．) あなたは参加者全員に，自分のパートナー

とそのメールアドレスを連絡しました．皆自分のパートナーと連絡を取り合い，デートを重ねた末，5組の夫婦が誕生しました．めでたしめでたし．

```
1: c  e  ⓐ  d  b        a: 4  ①  3  2  5
2: a  ⓑ  c  d  e        b: 5  1  ②  3  4
3: a  d  ⓒ  e  b        c: 2  ③  1  5  4
4: b  e  ⓓ  a  c        d: 3  ④  2  5  1
5: d  a  ⓔ  b  c        e: 3  1  ⑤  2  4
```

図2　マッチング M_1

さて後日，1さんとeさんが偶然街で出くわしました．あのお見合いパーティの時の参加者だったことを思い出します．そこでeさん，「今だから言いますけど，実は夫の5よりもあなたの方が好きだったので，あなたの方を上位に書いたの．」それを聞いて1さん，「何？　僕だってa子よりも君を上位に書いたぞ！」二人はすぐさま今の相手と離婚して，どこか遠くへ行ってしまいました…

2．安定結婚問題

　安定結婚問題とは，一口で言うと，上のような状況が生じないようなカップルの組合わせを求める問題です．以下に定義を与えます．

　安定結婚問題の問題例[1]は，同数（n人ずつ）の男女と，各個人の希望リストです．希望リストとは，異性全員を好みの順番に並べたリストです．図1の希望リストは，$n = 5$の問題例になっています．男女のペア（カップル）の集合で，誰も2つ以上のペアに属さないものを**マッチング**と言います．図2の例では，$M_1 = \{(1, a), (2, b), (3, c), (4, d), (5, e)\}$はマッチングです．$n$人の男性と$n$人の女性がいるのですから，$n$組のペアが出来るわけですが，マッチングの正確な定義では，1人の人が2人以上とカップルになっていなけ

---

[1] 「問題」と「問題例」の違いについては，第6章を参照してください．

れば良く，n 組より少なくても構いません．しかし，この記事内では，マッチングは n 組のペアからなるものとしましょう．（これを**完全マッチング**と言います．）

マッチング M において，男性 m のパートナーを $M(m)$，同様に，女性 w のパートナーを $M(w)$ と書くことにします．マッチング M において m と w はペアになっておらず，m は $M(m)$ より w の方をリストの上位に書いていて，同様に w は $M(w)$ よりも m をリストの上位に書いているとき，m と w はマッチング M の**不安定ペア**と言います．つまり，不安定ペアは，そのマッチングの中で不倫（ダブル不倫と言った方が正しいでしょうか？）を起こす関係にある男女のことで，例えば先ほどの例では，$(1, e)$ や $(3, d)$ が M_1 の不安定ペアです．

不安定ペアの存在しないマッチングを**安定マッチング**と言います．（つまり，どの男女が不倫を試みても，少なくともどちらかは損するので，不倫は成立しないのです．）安定結婚問題は，与えられた問題例の安定マッチングを求める問題です．例えば図1の問題例（これを以後 I_1 と呼びます）に対しては，$M_2 = \{(1, e), (2, c), (3, a), (4, d), (5, b)\}$ は安定マッチングです（図3）．なお，安定マッチングは1つとは限りません．I_1 に安定マッチングはいくつあるでしょうか？

```
1 : c ⓔ a d b      a : 4 1 ③ 2 5
2 : a b ⓒ d e      b : ⑤ 1 2 3 4
3 : ⓐ d c e b      c : ② 3 1 5 4
4 : b e ⓓ a c      d : 3 ④ 2 5 1
5 : d a e ⓑ c      e : 3 ① 5 2 4
```

図3　マッチング M_2

安定結婚問題の世の中への応用例はいろいろとありますが，最も有名なものは，医学部を卒業したばかりの医者の卵（研修医）を，研修先の病院へ配属させるためのシステムです．例えば研修医を男性，病院を女性と見なすと，研修医は病院を配属されたい順に，病院は研修医を来て欲しい順に並べたものが希望リストになります．ただし，1人の研修医は1つの病院にしか配属さ

れませんが，1つの病院には複数の研修医が配属されます．なので，日本のような1対1の結婚ではなく，一妻多夫制の結婚といった感じになります．アメリカでは1950年代から安定マッチングがこの研修医配属に利用されていたようですが，日本でも2004年度の配属から安定マッチングが使われるようになりました．

3. 安定マッチングを見つける

さて，与えられた問題例から安定マッチングを見つけるにはどうしたら良いでしょうか？ そもそも，どういう問題例にも安定マッチングは存在するのでしょうか？ 実は，任意の問題例に対して安定マッチングを見つける，効率の良いアルゴリズムが知られています[2]．（ということは，どんな問題例にも安定マッチングが必ず存在することの証明にもなっている訳です．）以下にそのアルゴリズム（開発者にちなんで，Gale-Shapley アルゴリズムと呼ばれます）を紹介しますが，ここでは簡単な説明にとどめますので，厳密な記述は[1]をご覧下さい．

アルゴリズムの実行中，男性と女性は**婚約中**（今，とりあえず相手がいる状態）と**フリー**（相手がいなくて1人の状態）という，2つの状態のどちらかをとります．最初は全員がフリーです．アルゴリズムの1ステップでは，フリーの男性の中から任意の1人が，自分の（現在の）リストのトップにいる女性にプロポーズします．プロポーズを受けた女性は，現在フリーならその男性と婚約し，現在婚約中なら，今の婚約者とプロポーズしてきた男性とを比べ，自分の好きな方（自分のリストで上位の人）と婚約します．振られた男性はフリーとなり，その女性を自分のリストから削除します．（つまり，リスト中でトップの女性が削除されます．）これを，新たにプロポーズする男性がいなくなるまで繰り返し，その時のペア集合が，最終的な出力となるマッチングです．

---

[2] アルゴリズムの効率については，例えば第6章を参照してください．

応用編

アルゴリズムの動作を，図1の問題例 I_1 に沿って説明しましょう．まず最初は全員フリーです．誰でもいいのですが，男性1が最初にプロポーズすることにします．男性1はリストのトップの女性 c にプロポーズし，c は現在フリーであるので，そのプロポーズを受け入れます．同様に，次は2が a にプロポーズして受け入れられます．次は3の番です．3は自分のリストのトップである a にプロポーズしますが，a は既に婚約中ですので，今の婚約者2と今プロポーズしてきた3を比べ，3の方が好きなので2を振ります．その結果，3と a が婚約し，振られた2はフリーになり，リストのトップにいた a をリストから削除します．2はフリーになったので，今度は今のリストでトップにいる b にプロポーズし，b はフリーなので受け入れられて，$(2, b)$ が婚約します．以後同様に繰り返していくと，$M_3 = \{(1, c), (2, b), (3, a), (4, e), (5, d)\}$ というマッチング（図4）が得られます．このマッチングが安定であることを確かめてください．これは，先程の M_2（図3）とはまた異なる安定マッチングですね．

```
1: ⓒ  e   a   d   b       a: 4   1   ③   2   5
2: a   ⓑ  c   d   e       b: 5   1   ②   3   4
3: ⓐ  d   c   e   b       c: 2   3   ①   5   4
4: b   ⓔ  d   a   c       d: 3   4   2   ⑤   1
5: ⓓ  a   e   b   c       e: 3   1   5   2   ④
```

図4 マッチング M_3

では，上記のアルゴリズムで必ず安定マッチングが得られることを証明しましょう．まず，以下の2つの点に注意してください．

（ⅰ）男性は，リストのトップから順番にプロポーズしていく．
（ⅱ）女性が相手を変える場合には，より好みの人に相手を変える．

さて，上記のアルゴリズムで得られたマッチングを M としましょう[3]．M

---

[3] 厳密には，「（完全）マッチングが得られること」も証明しなければならないのですが，これは簡単ですので，ここでは省略します．

が安定でないと仮定します．すると不安定ペアがいることになるので，これを (m, w) とします．不安定ペアの定義より，m は $M(m)$ よりも w を好み，w は $M(w)$ よりも m を好むことになります．

$$m: \quad \cdots \quad w \quad \cdots \quad \boxed{M(m)} \quad \cdots$$
$$w: \quad \cdots \quad m \quad \cdots \quad \boxed{M(w)} \quad \cdots$$

m が $M(m)$ と最終的にペアになったと言うことは，m が最後にプロポーズした相手は $M(m)$ ということになります．w は m の希望リストで $M(m)$ よりも上位にいますから，上記（ⅰ）より，アルゴリズムの実行中 m は w にプロポーズして振られたことになります．ところが，女性が男性を振る条件を思い出してください．2人の人からプロポーズされた状態になったときに，2人のうち嫌いな方を振るのでしたね．ということは，w が m を振った直後に w が婚約している相手は，m よりも好みの人ということになります．そして，上記（ⅱ）より，以後 w は，今より順位が下の人と婚約しなおすことはないので，最終的に w は m より好きな人とマッチしているはずです．これは，w の希望リストで m が $M(w)$ よりも上位にいることに矛盾します．最初に M が安定でないと仮定して矛盾を導いたので，M が安定だという結論になります．

4．安定結婚問題の性質

安定結婚問題にはいろいろと面白い性質があるのですが，ここではそのうちの1つを紹介しましょう．問題例 I に2つの異なる安定マッチング M と M' があったとします．以下のようにして，新たなマッチング M'' を定義します．

各男性 m に対して，$M(m)$ と $M'(m)$ のうち好きな方を M'' での相手にする．（$M(m)$ と $M'(m)$ が同じならば，m の M'' での相手はその女性とする．）

さて，実はこうして作った M'' も，I の安定マッチングなのです．先程うっかり，「新たなマッチング M'' を…」と言いましたが，よくよく考えてみると，このように作ったものがマッチングになっている保証すらありません．それが，ちゃんとマッチングになっていて，しかも安定というのですから驚きですね．では，いつものように，問題例 I_1 に戻って確認してみましょう．

一番最初に見つけた安定マッチング M_2（図3）と，新たな安定マッチング $M_4 = \{(1, c), (2, b), (3, d), (4, a), (5, e)\}$（図5）を考えましょう．

```
1 : c ⓔ a d b        a : 4 1 ③ 2 5
2 : a b ⓒ d e        b : ⑤ 1 2 3 4
3 : ⓐ d c e b        c : ② 3 1 5 4
4 : b e ⓓ a c        d : 3 ④ 2 5 1
5 : d a e ⓑ c        e : 3 ① 5 2 4
```
図3　マッチング M_2（再掲）

```
1 : ⓒ e a d b        a : ④ 1 3 2 5
2 : a ⓑ c d e        b : 5 1 ② 3 4
3 : a ⓓ c e b        c : 2 3 ① 5 4
4 : b e d ⓐ c        d : ③ 4 2 5 1
5 : d a ⓔ b c        e : 3 1 ⑤ 2 4
```
図5　マッチング M_4

上記のように構成すると，男性1は c と e の良い方を取るので，c を選びます．同様にやると，確かにマッチングができます．これを $M_5 (= \{(1, c), (2, b), (3, a), (4, d), (5, e)\})$（図6）としましょう．簡単に確かめられるのですが，M_5 には不安定ペアはありません，すなわち安定です．

```
1 : ⓒ e a d b        a : 4 1 ③ 2 5
2 : a ⓑ c d e        b : 5 1 ② 3 4
3 : ⓐ d c e b        c : 2 3 ① 5 4
4 : b e ⓓ a c        d : 3 ④ 2 5 1
5 : d a ⓔ b c        e : 3 1 ⑤ 2 4
```
図6　マッチング M_5

第 17 章　安定結婚問題

　それでは，この性質を証明していきましょう．まず，結果がマッチングになるというところからです．マッチングが出来なかったとしましょう．各男性は，ちょうど1人の女性を選んでいるわけですから，それでマッチングにならないという事は，2人の男性が同じ女性を選んだことになります．その2人の男性を m_1 と m_2，彼らに選ばれた女性を w とします．さて，m_1 は M の相手と M' の相手のうち良い方を選んだのだから，M か M' のどちらかで w とマッチしているはずです．一般性を失うことなく $M(m_1) = w$ とします．同様のことが m_2 に対しても成り立つので，$M'(m_2) = w$ のはずです．$M'(m_2) = w$ なので，m_1 の M' での相手は w ではありませんが，その女性は m_1 にとって w よりは劣ることになります．（なぜなら，m_1 が2つのマッチングの相手のうち好きな方を選んだ結果が w だったのですから．）同様に，m_2 の M での相手の女性は m_2 にとって w より劣ります．ここまでを図にまとめましょう．

$$m_1: \quad \cdots \quad w \quad \cdots \quad M'(m_1) \quad \cdots$$
$$m_2: \quad \cdots \quad w \quad \cdots \quad M(m_2) \quad \cdots$$

　ではここで，w の希望リストがどうなっているかを考えてみます．まずはじめに，w は m_1 の方が好きだとしましょう．このとき，マッチング M' を考えると，以下の図のようになっているはずですね．

$$m_1: \quad \cdots \quad w \quad \cdots \quad \boxed{M'(m_1)} \quad \cdots$$
$$m_2: \quad \cdots \quad \boxed{w} \quad \cdots \quad M(m_2) \quad \cdots$$
$$w: \quad \cdots \quad m_1 \quad \cdots \quad \boxed{m_2} \quad \cdots$$

　すると，図から分かるように，(m_1, w) が M' の不安定ペアとなり，M' が安定であることに矛盾します．同様に，w が m_2 の方を好きな場合は，マッチング M を考えると，(m_2, w) が M の不安定ペアとなり，M が安定であることに矛盾します．よって，M'' はマッチングです．

239

応用編

次に M'' が安定であることを言います．仮に，M'' が安定でなく，不安定ペアがいたとして，それを (m, w) とします．M'' において，m は w' と，w は m' とペアになっているものとします．

$$m: \quad \cdots \quad w \quad \cdots \quad \textcircled{w'} \quad \cdots$$
$$w: \quad \cdots \quad m \quad \cdots \quad \textcircled{m'} \quad \cdots$$

さて，m は M'' で w' とペアになっているので，M か M' のどちらか一方では w' とペアになっており，他方では w' かそれより劣る女性とペアになっているはずです．また，w は M'' で m' とペアになっているので，M か M' のどちらか一方で，w と m' がペアになっているはずです．そのマッチングがどちらであっても，「w は m' とペアになっている」，「m は w' かそれより劣る女性とペアになっている」という2つの事実が成り立ちます．もう一度上の希望リストを見てください．これは，そのマッチング（M または M'）でも (m, w) が不安定ペアになることを意味します．ところが，そもそも M も M' も安定マッチングだったので，これは矛盾です．従って，M'' は安定だということになります．

ところで，今，各男性が，2つの安定マッチングのうち好きな方の女性を選びましたが，逆に嫌いな方を選んだ場合も，安定マッチングが出来ます．例えば M_2 と M_4 からこのルールでマッチングを作ると，$M_6 = \{(1, e), (2, c), (3, d), (4, a), (5, b)\}$（図7）というマッチングが出来ますが，これも安定です．

$$
\begin{array}{ll}
1: c \ \textcircled{e} \ a \ d \ b & a: \textcircled{4} \ 1 \ 3 \ 2 \ 5 \\
2: a \ b \ \textcircled{c} \ d \ e & b: \textcircled{5} \ 1 \ 2 \ 3 \ 4 \\
3: a \ \textcircled{d} \ c \ e \ b & c: \textcircled{2} \ 3 \ 1 \ 5 \ 4 \\
4: b \ e \ d \ \textcircled{a} \ c & d: \textcircled{3} \ 4 \ 2 \ 5 \ 1 \\
5: d \ a \ e \ \textcircled{b} \ c & e: 3 \ \textcircled{1} \ 5 \ 2 \ 4
\end{array}
$$

図7　マッチング M_6

5. 安定マッチングの数

これまでに, I_1 の安定マッチングは, $M_2 \sim M_6$ の5個見つかりました. 実は I_1 の安定マッチングはこれで全部です. では, 同じサイズ (5人対5人) で, もっと安定マッチングを持つ問題例はあるのでしょうか？ そこで, この節では, 出来るだけ多くの安定マッチングを持つような問題例の構成方法を見てみます. ここでは簡単のため, n が2の巾乗の場合を考えます. すると, サイズ n (男性 n 人, 女性 n 人) の問題例で, 少なくとも 2^{n-1} 個の安定マッチングを持つものが存在することを示すことが出来ます.

証明は帰納法で行います. まず, $n = 2(= 2^1)$ の場合は, 以下の問題例 (これを $I(1)$ とします.) がサイズ2で2つの安定マッチングを持つので, 成立します.

$$
\begin{array}{ll}
1: a\ b & a: 2\ 1 \\
2: b\ a & b: 1\ 2
\end{array}
$$

図8　安定マッチングを2つ持つサイズ2の問題例 $I(1)$

次に, $n = 2^k$ の場合に成り立つと仮定して, $n = 2^{k+1}$ の場合に成り立つことを示します. 仮定からサイズ 2^k で 2^{2^k-1} 個の安定マッチングを持つ問題例がありますから, これを $I(k)$ とします. これを用いてサイズ 2^{k+1} で安定マッチングを $2^{2^{k+1}-1}$ 個持つ問題例 $I(k+1)$ を作ります. それが出来れば証明は完了です. 以下では, どのように $I(k)$ から $I(k+1)$ を作るのかを, $k = 1$ の例を用いて説明していきます.

まず $I(k)$ のコピー $I'(k)$ を作ります. $I'(k)$ の男女の名前には, $I(k)$ の男女の名前に全てダッシュ (') をつけることにしましょう.

$$
\begin{array}{ll}
1': a'\ b' & a': 2'\ 1' \\
2': b'\ a' & b': 1'\ 2'
\end{array}
$$

図9　$I(1)$ のコピー $I'(1)$

$I(k)$ の男性集合を X, $I'(k)$ の男性集合を X' としましょう. 同様に,

応用編

$I(k)$の女性集合をY, $I'(k)$の女性集合をY'とします. これから作る問題例 $I(k+1)$の男性集合を$X \cup X'$, 女性集合を$Y \cup Y'$とします. すると $I(k+1)$は $2 \cdot 2^k = 2^{k+1}$ 人ずつの男女を持ちますので, 確かにサイズ 2^{k+1} です.

$I(k)$の男性の希望リストをA, $I(k)$の女性の希望リストをBとします. 同様に, $I'(k)$の男性の希望リストをA', $I'(k)$の女性の希望リストをB'とします. そして, $I(k+1)$の希望リストを以下の図10のようにします. (説明が大雑把ですが, 正確に記述すると長くなるのでお許し下さい. $k=1$ の例(図11)で見て頂ければ一目瞭然だと思います.)

$$
\begin{array}{c|cc}
X & A & A' \\
X' & A' & A
\end{array}
\qquad
\begin{array}{c|cc}
Y & B' & B \\
Y' & B & B'
\end{array}
$$

図10　問題例 $I(k+1)$

```
1 : a   b   a'  b'         a : 2'  1'  2   1
2 : b   a   b'  a'         b : 1'  2'  1   2
1': a   b'  a   b          a': 2   1   2'  1'
2': b'  a'  b   a          b': 1   2   1'  2'
```

図11　問題例 $I(2)$

さて, $I(k+1)$が $2^{2^{k+1}-1}$ 個の安定マッチングを持つことを示します. 仮定から, $I(k)$ は 2^{2^k-1} 個の安定マッチングを持つのでした. この中から2つのマッチングを取り出し, これをMとM'とします (MとM'は同じものでも構いません). Mの選び方は 2^{2^k-1} 通り, M'の選び方も 2^{2^k-1} 通りありますから, MとM'の選び方は $(2^{2^k-1})^2 = 2^{2^{k+1}-2}$ 通りあります.

Mを使ってXの男性とYの女性をマッチさせ, M'を使ってX'の男性とY'の女性をマッチさせた結果となる$I(k+1)$のマッチングは安定マッチングになります. 逆に, Mを使ってXの男性とY'の女性をマッチさせ, M'を使ってX'の男性とYの女性をマッチさせた結果も$I(k+1)$の安定マッチングになります. 良く考えて頂くと分かりますが, このようにして作

られたマッチングには重複はありませんので，結果として安定マッチングは少なくとも $2 \cdot 2^{2k+1-2} = 2^{2k+1-1}$ 個存在することになり，証明が完結しました．

ところで，図11に示した $I(2)$ は，定理からは $2^{4-1} = 8$ 個の安定マッチングを持つことが言えますが，実際には10個あります．全て探すことが出来るでしょうか？

6. より良い安定マッチング

$I(1)$ の安定マッチング $M_2 \sim M_6$ を良く見てみましょう．例えば図4の M_3 では，男性は比較的上位の人とペアになっていますが，女性の側からすると比較的低い順位の人とペアになっています．よく見ると，M_3 では，どの男性も $M_2 \sim M_6$ でペアになっている女性の中で最も上位の女性とペアになっており，逆に女性は $M_2 \sim M_6$ の中で最下位の男性とペアになっています．これを，**男性最適(女性最悪)** 安定マッチングと言います．逆に，図7の M_6 はその逆の性質を持っており，**女性最適(男性最悪)** 安定マッチングです．3節で見たアルゴリズムでは，実は男性最適安定マッチングが求まるのです．当たり前ですが，同じアルゴリズムを女性からプロポーズしていくようにすると，女性最適安定マッチング(すなわち M_6)が求まります．

このように，安定マッチングも様々なので，ここでは数ある安定マッチングの中から，できるだけ良いものを求めることを考えましょう．良いマッチングと言っても，いろいろと考えられます．もちろん，みんな，自分は出来るだけ希望リストの上位の人とペアになりたいはずですから，それを指標にします．マッチング M において p という人が第何位の人とペアになっているかを p の**不満度**と呼び，$c_M(p)$ と書くことにします．例えば図3のマッチング M_2 において，男性2は第三位の c とペアになっているので，$c_{M_2}(2) = 3$ です．より良い安定マッチングの定義としては，以下の3つが良く知られています．ここで，男性集合を X，女性集合を Y とします．

$$C(M) = \sum_{p \in X \cup Y} c_M(p)$$

が最小となる安定マッチング M を**最小不満度安定マッチング**と言います．つまり，全員の不満度の和を最小にするものです．

$$R(M) = \max_{p \in X \cup Y} c_M(p)$$

が最小となる安定マッチング M を**最小後悔安定マッチング**と言います．つまり，最も不満な人の不満度を，できるだけ小さくしてやるものです．

$$D(M) = \left| \sum_{p \in X} c_M(p) - \sum_{p \in Y} c_M(p) \right|$$

が最小となる M を**男女公平安定マッチング**と言います．これは，男女の不満度が出来るだけバランスするような安定マッチングです．I_1 の5個の安定マッチングについて，上記3つそれぞれの尺度でのマッチングの値を求めると，表1のようになります．つまり，I_1 の最小不満度安定マッチング，最小後悔安定マッチング，男女公平安定マッチングはそれぞれ，M_6, M_5, M_4 ということになります．

安定マッチング	M_2	M_3	M_4	M_5	M_6
$C(M)$	22	25	23	24	21
$R(M)$	4	5	4	3	4
$D(M)$	4	11	1	4	9

表1 安定マッチング $M_2 \sim M_6$ のコスト

このように，全ての安定マッチングを求めて，マッチングの値を求めれば，最適なマッチングは求めることが出来ます．しかし，5節で見たように，安定マッチングは問題例のサイズに対して指数個存在する場合がありますので，これは多項式時間アルゴリズムではありません．ところが，安定マッチングのうまい性質を使うことによって，最小不満度安定マッチングと最小後悔安定マッチングは多項式時間で求めることができるのです．すなわち，これらの問題はクラスPに入ります．ところが一方，男女公平安定マッチングを求める問題はNP困難であることが示されています[4]．

---

[4] 「P」と「NP困難」についても，第6章を参照してください．

7. 終わりに

　本章では，安定結婚問題に関する基本的な性質を幾つか紹介しました．分かりやすく書くことを優先させたので，やや正確性を欠く記述になっている部分もありますが，ご容赦下さい．また，本章で使用した専門用語は，日本語訳として定着しているものではないものがありますが，筆者が自分の判断で日本語に訳しましたことを申し添えておきます．なお，最後に，安定マッチングに関する教科書を3つ挙げておきますので，参考にしてください．

参考文献

［1］D. Gusfield and R. W. Irving, "The Stable Marriage Problems : Structure and Algorithms," MIT Press, Boston, MA, 1989.

［2］D. E. Knuth, "Mariages Stables," Les Presses de l'Université Montréal, 1976．(Translated and corrected edition, "Stable Marriage and Its Relation to Other Combinatorial Problems," CRM Proceedings and Lecture Notes, Vol. 10, American mathematical Society, 1997.

［3］根本俊男，"安定結婚問題，"応用数理計画ハンドブック，第14章 第2節，pp.779-830，朝倉書店，2002.

第18章
オンライン問題

1. はじめに

　後悔先に立たずという諺があります．後になってから「あの時こうしていれば…」と思う経験は誰しもありますが，これは，将来の情報がない状態で決断した行動と，何とを比べているのでしょうか？後から振り返ることで，「あの時」以降の将来の情報を持っていると仮定した場合の最良の行動と比較して，あまり良くないと思う訳です．これをモデル化したのが本章で扱うオンライン問題です．

　オンラインというと，オンラインバンキングやオンライントレード，オンラインゲームなど，ネットワークにつながった状態を思い浮かべる読者の方もいらっしゃるかもしれません．本章のテーマのオンライン問題はそれとは別物で，将来の情報なしで（後悔しないように）現在の行動を決める問題です．携帯電話やパソコンの仮名漢字変換などに見られるリストアクセス問題，コンピュータの仮想記憶やキャッシュの管理などに見られるページング問題やその一般化である k サーバ問題，複数の人やサーバへの仕事の割り当てなどに見られるロードバランス問題など，社会の様々の場面で出くわす多数の重要な問題が，オンライン問題に分類されます．その中で本章はリストアクセス問題を取り上げ，将来の情報なしでいかに良い行動がとれるかを考えます．

2．リストアクセス問題

　本書ではこれまで，入力があらかじめすべて与えられ，条件を満たす最も良い解を得たいという問題を扱ってきました．本章のオンライン問題では少し切り口を変えて，入力が時系列にそって順に与えられ，その各時点で将来どのような入力が与えられるかの情報なしに行動を決めることにします．

　たとえば，携帯電話で友達にメールを書くとします．仮名を漢字に変換しながら書いていきますが，読者の皆さんにとっても仮名漢字変換のプログラムにとっても面倒なのが，同音異義語です．例えば「はかる」には，距離を「測る」，目方を「量る」，タイミングを「計る」，便宜を「図る」，審議会に「諮る」，悪事を「謀る」など様々な候補が挙げられ，その中から適切な漢字を選択します．近頃の仮名漢字変換プログラムでは文脈に沿うもっともらしい漢字が第1候補にきたりとなかなか賢いのですが，少しシンプルに以下のような状況を考えてみましょう．

⟶ 測る ⟶ 量る ⟶ 計る ⟶ … ⟶ 謀る

図1　「はかる」の同音異義語のリスト

　仮名漢字変換プログラムは，「はかる」の変換候補として，図1のように同音異義語のリストを持っています．この変換候補リストは前から順番に見ていく必要があり，たとえば「計る」が要求された場合には，リストを3回たどる必要があります．ちょうど，リストをたどる回数が，漢字変換の候補を次々と進めていって必要な漢字を出す手間に相当します．こうした要求が何度も与えられて，その度にリストをたどる必要があります．「計る」が将来何度も要求されるという情報を持っているなら，「計る」を前の方に持ってくることでリストをたどる手間が減り，気が利く仮名漢字変換プログラムだねと褒めてもらえますが，現実には将来どんな要求が与えられるかは分かりません．次に与えられるのは「計る」かもしれませんし，「測る」かもしれません．もしかしたら，「謀る」かもしれません．こうした状況で，リストの並びを適当に更新

応用編

して，リストをたどる手間をなるべく小さくしようというのがリストアクセス問題です．

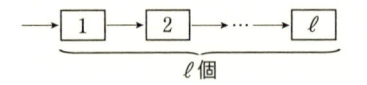

$$\longrightarrow \underbrace{\boxed{1} \longrightarrow \boxed{2} \longrightarrow \cdots \longrightarrow \boxed{\ell}}_{\ell 個}$$

図2　リストの初期状態

リストアクセス問題をきちんと定式化してみましょう．リストの要素「測る」，「量る」，「計る」などは，$1, 2, 3, \cdots$ と番号で表します（図2）．これにともなって，入力として与えられる要求も，「計る」ではなく対応する番号「3」で表します．図2のリストで「3」が要求された場合には，前から3番目の位置にありますから，リストをたどるコスト（探索コスト）は3です．要求された要素3までたどった時には，今後の要求に備えて，この要素をそれ以前の位置までコスト0で移動させても良いことにします[1]．また，それ以外の移動には，何個の要素をまたいで移動するかをコストにします．たとえば，先程のように要求された要素3までたどった時に，この要素をリストの最後まで移動させたければ，リストの最後までたどるためのコストが必要になります．

リストアクセス問題

　　入力：ℓ 個の要素からなるリスト（図2），
　　　　　入力列 $\mathbf{x} = (x_1, x_2, \cdots, x_n)$
　　　　　時刻 t に，アクセスしたい要素の番号 x_t が与えられる．

　　探索コスト：リストの i 番目の要素へのアクセスには探索コスト i が必要．
　　各時刻の行動：時刻 t で要素 x_t へアクセスした後は，その要素をそれ以前の任意の位置にコスト 0 で移動させることができる（無償移

---

[1] プログラムが得意な方は，ポインタを利用すると考えてください．たとえば，1つ前の位置に移動させるには，わざわざリストの先頭からもう一度アクセスしてその位置を探し直さなくても，1つ前の位置をポインタで覚えていれば簡単です．

動).それ以外には,移動時にまたいだ要素の個数をコストとして支払うことで,任意の要素を任意の位置に移動させることができる(有償移動).なお,時刻1の入力を受け取る前に有償移動をさせることもでき,その場合にはこのコストも総和に加える.

目的: 各時刻で必要な探索コストと有償移動のコストの総和を最小化するよう,各時刻での行動を決定する.

オンライン問題では,各時刻 t において,将来の入力 ($x_{t+1}, x_{t+2}, \cdots, x_n$) の情報なしに行動を決定する必要があります.その決定方針はオンラインアルゴリズムと呼ばれますが,リストアクセス問題ではどのようなアルゴリズムを設計すれば良いのでしょうか.読者の皆さんもここで少し時間を取って,どのような動作をすれば良いか考えてみてください.

経験的には,よく使うものは前に持ってくるという方針が良さそうだと分かります.実際,仮名漢字変換プログラムでもそのようになっています.ここでは,例として2つのオンラインアルゴリズムを挙げます.皆さんの考えられたアルゴリズムも含めて,どのアルゴリズムが良いでしょうか.また,どうして良いのかを説明できるでしょうか.

アルゴリズム TRANS (Transpose)
　アクセスした要素を,リストの1つ前の位置に移動させる.

アルゴリズム MTF (Move To Front)
　アクセスした要素を,リストの先頭に移動させる.

3. 性能評価の指標

オンラインアルゴリズム A の性能は,仮に将来の全入力を知っていたとして最適な行動をした場合(オンラインとの対比でオフラインアルゴリズムと呼ばれます)との比較で評価されます.より具体的には,入力列 **x** が与えられた

時のオンライン，オフラインのアルゴリズムのコストを $A(\mathbf{x})$，$\text{OPT}(\mathbf{x})$ として，$A(\mathbf{x})/\text{OPT}(\mathbf{x})$ を入力列 $\mathbf{x}$ における競合比と呼びます．また，任意の入力列 $\mathbf{x}$ に対して $\max_{\mathbf{x}} A(\mathbf{x})/\text{OPT}(\mathbf{x})$ をアルゴリズム A の競合比と定義します．最適なアルゴリズムよりもコストが小さくなることはありませんから，競合比は 1 以上であり，1 に近いほど良いアルゴリズムということになります．

この競合比の考え方を理解するために，簡単なオンラインアルゴリズムを例にとって，性能解析を行ってみましょう．

アルゴリズム NOP（No Operation）
何もしない．すなわち，要素は移動させずに同じ位置のままにしておく．

例えば，$\mathbf{x} = (1, 1, 1)$ という入力列では，NOP も OPT もコストは同じで 3 になります．だからといって，NOP が OPT と同じ性能と言うのは無理があります．これは，NOP にとって都合の良い入力だけしか考えていないからです．このため，あらゆる入力を考えてその中で最大の比を競合比としています．つまり，競合比 c とは，最悪の場合でも OPT（原理上取りえる最適なコスト）の c 倍以内のコストで収まることを示しています．

それでは，NOP の競合比を求めてみましょう．リストの長さは最大でも ℓ ですので，任意の時刻の入力 x_i に対して，NOP の探索コストは最大でも ℓ です．したがって，長さ n の入力列 $\mathbf{x}$ に対する NOP のコストは $\text{NOP}(\mathbf{x}) \leq n\ell$ と表せます．一方，各時刻のアクセスには最低でもコスト 1 が必要ですから，$\text{OPT}(\mathbf{x}) \geq n$ となります．したがって，任意の $\mathbf{x}$ に対して $\text{NOP}(\mathbf{x}) \leq n\ell \leq \ell\, \text{OPT}(\mathbf{x})$ が成り立ちますから，NOP の競合比は ℓ 以下ということが分かります．NOP の競合比の上限が ℓ であるということもできます[2]．

NOP の競合比は，ℓ よりも小さいのでしょうか．実は，ℓ よりも小さくな

---

[2] ちょっと考えれば分かりますが，リストアクセス問題では，どんなアルゴリズムを持ってきても競合比の上限は ℓ です．

りません．これは，競合比が ℓ となるような具体的な入力の列を示すことができるからです．ここで，$\mathbf{x} = (\ell, \ell, \cdots, \ell)$ と要素 ℓ に毎回アクセスする入力列が与えられた場合を考えます．この場合に，NOP は毎回リストを最後までたどって要素 ℓ にアクセスする必要があります．毎回の探索コストが ℓ かかることになりますので，長さ n の入力列 $(\ell, \ell, \cdots, \ell)$ に対する NOP のコストは全部で $n\ell$ となります．

一方，同じ入力列に対して OPT はどのように動作するでしょうか．最初の入力 x_1 を受け取った時点ではリストは図 3(a) です（図 2 と同じものです）から，長さ ℓ のリストの最後の要素 ℓ にアクセスするには探索コスト ℓ が必要です．このアクセスの後で，将来もずっと要素 ℓ へのアクセスが続くことを知っているなら，この要素をリストの先頭に持ってくることは自然でしょう（図 3(b)）．この移動は，アクセスされた要素を前に移動させるだけですから，無償移動です．こうすることで，時刻 2 以降の入力に対してコスト 1 でアクセスできるようになります．したがって，長さ n の入力列 $\mathbf{x}$ に対する OPT のコストは全部で $\ell + n - 1$ となります．

長さ $n = 1$ の入力列 (ℓ) が与えられた時には，当然 NOP, OPT のいずれもコスト ℓ となり，この入力における競合比は 1 となります．長さ $n = 2$ の入力列 (ℓ, ℓ) では競合比は $2\ell/(\ell+1)$，長さ $n = 3$ の入力列では $3\ell/(\ell+2)$ と，入力を長くすれば長くするほど競合比は単調増加し，$\lim_{n \to \infty} n\ell/(\ell+n-1) = \ell$ に漸近していきます．こうして競合比が ℓ となる入力列 $(\ell, \ell, \cdots, \ell)$ を見つけましたから，アルゴリズム NOP の競合比が ℓ 以上となることが分かります．NOP の競合比の下限が ℓ であるということもできます．以上の議論から，アルゴリズム NOP の競合比は ℓ であることが分かります．

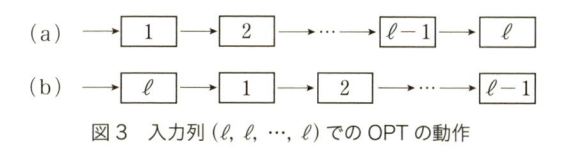

(a) $\rightarrow \boxed{1} \rightarrow \boxed{2} \rightarrow \cdots \rightarrow \boxed{\ell-1} \rightarrow \boxed{\ell}$

(b) $\rightarrow \boxed{\ell} \rightarrow \boxed{1} \rightarrow \boxed{2} \rightarrow \cdots \rightarrow \boxed{\ell-1}$

図 3　入力列 $(\ell, \ell, \cdots, \ell)$ での OPT の動作

4. アルゴリズム TRANS

それでは，アルゴリズム TRANS から性能を調べてみましょう．いくつかの入力列に対して TRANS がどのように動作するかを観察して，TRANS が不得意なものを考えてみます．

まずは，アルゴリズム NOP が不得意だった入力列 $(\ell, \ell, \cdots, \ell)$ はどうでしょうか．リストの初期状態は，図4(a)です．（図2と同じものです．）時刻1の入力 x_1 に対しては探索コスト ℓ がかかります．この時，リストの要素 ℓ が1つ前の位置に移され，リストは図4(b)の状態になります．TRANS の移動はすべて無償移動ですので，コストはかかりません．時刻2の入力 x_2 が与えられた時の探索コストは改善し，$\ell-1$ になります．リストの要素 ℓ はさらに1つ前の位置に移されますから，リストは図4(c)の状態になります．こうして要素 ℓ が1つずつ前に移されるにつれて，入力 ℓ に対する探索コストは改善していき，リストが図4(d)の状態になった後は，OPT とまったく同じ動作をします．

では，TRANS にとって都合の悪い入力列とは，どんなものなのでしょうか．先述のように，時刻1での入力が ℓ だった時には，コストが ℓ かかり，リストは図4(b)の状態になります．ここで，次の時刻2の入力が $\ell-1$ だとすると，コストは同じく ℓ かかり，リストは図4(a)の状態に戻ります．つまり，$(\ell, \ell-1, \ell, \ell-1, \cdots)$ という入力列に対しては，毎回コストが ℓ かかることになります．

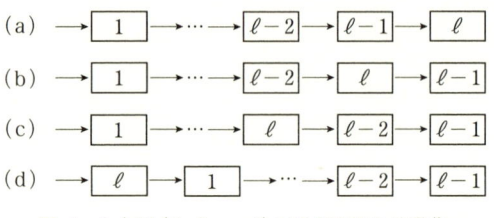

(a) $\rightarrow \boxed{1} \rightarrow \cdots \rightarrow \boxed{\ell-2} \rightarrow \boxed{\ell-1} \rightarrow \boxed{\ell}$
(b) $\rightarrow \boxed{1} \rightarrow \cdots \rightarrow \boxed{\ell-2} \rightarrow \boxed{\ell} \rightarrow \boxed{\ell-1}$
(c) $\rightarrow \boxed{1} \rightarrow \cdots \rightarrow \boxed{\ell} \rightarrow \boxed{\ell-2} \rightarrow \boxed{\ell-1}$
(d) $\rightarrow \boxed{\ell} \rightarrow \boxed{1} \rightarrow \cdots \rightarrow \boxed{\ell-2} \rightarrow \boxed{\ell-1}$

図4　入力列 $(\ell, \ell, \cdots, \ell)$ での TRANS の動作

一方，OPTのコストはいくらになるでしょうか．将来ずっと要素 $\ell, \ell-1$ へのアクセスが続くことを知っているなら，最初の $\ell, \ell-1$ へのアクセスの後にこの 2 つの要素をリストの先頭に持ってくることは自然でしょう．例えば，時刻 1 の入力 ℓ があった時点で，この要素をリストの先頭に移動させます．次に，時刻 2 の入力 $\ell-1$ があった時点で，この要素をリストの先頭から 2 番目の位置に移動させます．ここまでのコストは 2ℓ です．これ以降はリストの要素を動かさないとすると，要素 ℓ へのアクセスにはコスト 1 が，要素 $\ell-1$ へのアクセスにはコスト 2 がそれぞれ必要ですから，コストの総和は $2\ell + \frac{3}{2}(n-2)$ となります．（簡単のため，入力列の長さ n を 2 の倍数としています．）OPT としてもっと良い動作があるかもしれませんが，OPT のコストがこれ以下であることは確かです．したがって，アルゴリズム TRANS の競合比は $\lim_{n \to \infty} n\ell / \left(2\ell + \frac{3}{2}(n-2)\right) = \frac{2}{3}\ell$ 以上となることが分かります．

定理 1 アルゴリズム TRANS の競合比は $\frac{2}{3}\ell$ 以上．

5．アルゴリズム MTF

続いて，アルゴリズム MTF の性能を調べてみましょう．先程の TRANS と同じく，MTF がどのように動作するかを観察して，MTF が不得意な入力列を考えてみます．

まずは，入力列 $(\ell, \ell, \cdots, \ell)$ です．時刻 1 に入力 ℓ が与えられると，これまでと同様に探索コストが ℓ かかります．リストは図 4 (d) のように要素 ℓ がリストの先頭に移され，以後の入力に対して探索コスト 1 でアクセスできるようになります．MTF の移動もすべて，無償移動です．この入力列に対しては，MTF は OPT とまったく同じ動作をすることになります．

応用編

では，MTF にとって都合の悪い入力列とは，どのようなものなのでしょうか．TRANS を参考にして，例えば $(\ell, \ell-1, \cdots, 1)$ という入力列を考えてみます．時刻 1 に入力 ℓ が与えられると，探索コストが ℓ かかります．リストは図 5(a) の初期状態から要素 ℓ が先頭に移され，図 5(b) の状態になります．時刻 2 に入力 $\ell-1$ が与えられると，今度は要素 $\ell-1$ がリストの最後になっていますから，探索コストは同じく ℓ かかります．リストは図 5(c) の状態に変化します．このように，入力列 $(\ell, \ell-1, \cdots, 1)$ では MTF は毎回リストの最後の要素にアクセスし，時刻 ℓ に入力 1 が与えられると，リストの状態は図 5(d) から (a) の状態へと戻ってきます．コストは毎回 ℓ だけ必要ですから，ℓ 回で合計 ℓ^2 のコストとなります．

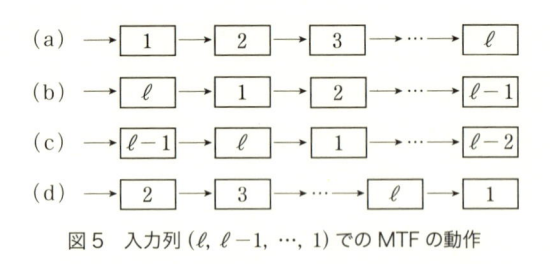

```
(a) → [ 1 ] → [ 2 ] → [ 3 ] → ⋯ → [ ℓ ]
(b) → [ ℓ ] → [ 1 ] → [ 2 ] → ⋯ → [ ℓ-1 ]
(c) → [ ℓ-1 ] → [ ℓ ] → [ 1 ] → ⋯ → [ ℓ-2 ]
(d) → [ 2 ] → [ 3 ] → ⋯ → [ ℓ ] → [ 1 ]
```

図5 入力列 $(\ell, \ell-1, \cdots, 1)$ での MTF の動作

一方，要素の移動を行わない NOP は，時刻 1 の入力 ℓ に対して探索コスト ℓ，時刻 2 の入力 $\ell-1$ に対して探索コスト $\ell-1$ と各時刻での探索コストが 1 ずつ減少し，ℓ 回で合計 $\frac{1}{2}\ell(\ell+1)$ のコストとなります．OPT としてもっと良い動作があるかもしれませんが，OPT のコストがこれ以下であることは保証されます．したがって，MTF の競合比は，$\ell^2 / \frac{1}{2}\ell(\ell+1) = 2 - 2/(\ell+1)$ 以上となることが分かります．上述のように，時刻 ℓ の入力の後でリストは図 5(a) 初期状態に戻りますから，入力列 $(\ell, \ell-1, \cdots, 1)$ が何度も繰り返された場合も競合比は変わりません．

定理2 アルゴリズム MTF の競合比は $2-2/(\ell+1)$ 以上．

第18章 オンライン問題

こうして，アルゴリズム MTF はアルゴリズム TRANS よりも性能が良さそうなことが分かってきました．しかし，厳密な意味では，定理 1 と 2 だけでは性能の比較はできません．たとえば，入力列 $(\ell, \ell-1, \cdots, 1)$ は MTF にとって都合が悪そうには見えますが，実はたまたま都合良く競合比が小さくなっただけで，本当はもっと競合比の悪くなる場合があるかもしれません．性能を保証するためには，どんな入力列でも常に MTF の競合比が小さいことを示す必要があります．

> **定理 3**　アルゴリズム MTF の競合比は $2 - 1/\ell$ 以下．

詳細は省略しますが，MTF の競合比の上限は，各時刻の MTF と OPT の持つリストで要素の対を見比べて，順番の入れ替わっているものの個数を考慮に入れたならし解析[3] をすることで得られます．定理 3 は，MTF が TRANS よりも良い性能を持っていることを理論的に保証しています．

6. 競合比の下限

さて，アルゴリズム MTF が TRANS よりも性能が良いことは分かりました．では，MTF よりも性能の良いオンラインアルゴリズムはあるのでしょうか．それとも，MTF が最良のアルゴリズムなのでしょうか．実は，以下の定理に示すように，どんなオンラインアルゴリズムを持ってきても競合比は $2 - 2/(\ell+1)$ 以上であり，MTF がほぼ最適なオンラインアルゴリズムということになります．

> **定理 4**　任意の決定性オンラインアルゴリズムの競合比は $2 - 2/(\ell+1)$ 以上．

---

[3] 償却解析と呼ばれることもあります．

定理 2 と少し似ていますね．定理 4 の証明は，「任意のオンラインアルゴリズム」という点が難しいのですが，定理 2 を少し発展させた形で簡単に示すことができます．

まずは，お好きなもので構いませんので，現在の入力とリストの状態が与えられた時にリストの要素をどの位置に移動させるかが 1 つ決定される，具体的なオンラインアルゴリズムを 1 つ思い浮かべてください．アルゴリズムの専門家向けには，決定性のオンラインアルゴリズムといいます．以降では，これをアルゴリズム A とします．そして，アルゴリズム A にとって都合の悪い入力列として，アルゴリズム A の動作で更新されていくリストの最後の要素を常に要求する入力列 $\mathbf{x} = (x_1, x_2, \cdots, x_n)$ を考えます．この入力列に対して，A は探索コスト $n\ell$ が必要となります．

一方，OPT の代わりに以下の $\ell!$ 個のアルゴリズムを考えます．[OPT_1] 時刻 1 の入力の前に 1, 2, 3, $\cdots$, ℓ とリストを並べ替えて，以後はリストの並べ替えを行わない．[OPT_2] 時刻 1 の入力の前に 2, 1, 3, $\cdots$, ℓ とリストを並べ替えて，以後はリストの並べ替えを行わない．[OPT_3] 時刻 1 の入力の前に 2, 3, 1, $\cdots$, ℓ とリストを並べ替えて，以後はリストの並べ替えを行わない．(中略) [$OPT_{\ell!}$] 時刻 1 の入力の前に ℓ, $\ell-1$, $\ell-2$, $\cdots$, 1 とリストを並べ替えて，以後はリストの並べ替えを行わない．要するに，要素数 ℓ の順列すべて（全部で $\ell!$ 種類）を考え，最初にそれぞれの順列へと並べ替えを行う訳です．

最初の並べ替えは有償移動です．そのコストは，どのアルゴリズム OPT_i も ℓ^2 以下ですから，$\ell!$ 個のアルゴリズムのコストの総和は $\ell!\ell^2$ 以下です．一方，時刻 j の入力 x_j がリスト k 番目の位置にあるアルゴリズムは $(\ell-1)!$ 個あり[4]，それぞれの探索コストは k です．したがって，時刻 j の入力 x_j に対する $\ell!$ 個のアルゴリズムの探索コストの総和は，

---

[4] k 番目の位置に置く要素は 1 通りで，残りの位置に $\ell-1$ 個の要素を置くと，$(\ell-1)!$ 通りの並べ方があります．そのそれぞれに対応するアルゴリズムが存在します．

$\sum_{k=1}^{\ell} k(\ell-1)! = (\ell-1)!\frac{\ell(\ell+1)}{2}$ となります．以上より，長さ n の入力列に対する $\ell!$ 個のアルゴリズムのコストの総和は $\ell!\ell^2 + n(\ell-1)!\frac{\ell(\ell+1)}{2}$ となり，平均すると，コスト $\ell^2 + \frac{1}{2}n(\ell+1)$ 以下のアルゴリズムが存在することになります[5]．OPT は，これ以下のコストで動作することができます．したがって，この入力列 x に対するアルゴリズム A の競合比は，$\lim_{n\to\infty} n\ell / \left(\ell^2 + \frac{1}{2}n(\ell+1)\right) = 2\ell/(\ell+1) = 2 - 2/(\ell+1)$ 以上となります．この議論はどのようなオンラインアルゴリズムに対しても成立しますから，定理は成り立ちます．

7. 確率の導入

これまでのアルゴリズムは，決定性オンラインアルゴリズムと呼ばれる，現在の入力とリストの状態が与えられた時にリストの要素をどの位置に移動させるかが1つ決定されるアルゴリズムでした．一般に，確率を利用した乱択アルゴリズムを設計することで，性能を良くすることができます．

リストアクセス問題でも，アルゴリズム MTF に確率を導入することで，競合比を改善できることが知られています．そのために，リストの各要素 e_i に，1ビットの記憶領域 $b(e_i)$ を準備します．この記憶領域を使ったアルゴリズム BIT は以下のように動作します．

アルゴリズム BIT

アルゴリズムの開始時に，リストの各要素 e_i に対し，独立かつ一様ラン

---

[5] 平均の議論は強力な証明道具です．例えば 10 人の所持金の合計が 10 万円なら，所持金が 1 万円以下の人が必ず 1 人は存在します．同時に，所持金が 1 万円以上の人も必ず 1 人は存在します．理由は考えてみてください．

応用編

ダムに 0 または 1 を割り当て，$b(e_i)$ に記憶する．時刻 j でアクセスした要素 x_j に対し，$b(x_j)$ の 0, 1 を反転させる．反転後，$b(x_j)$ が 1 ならばリストの先頭に移動させる．0 ならば何もしない．

例えば，図 6(a) のように長さ 4 のリストを初期状態として，各要素の $b(e_i)$ の初期値を 0, 1, 1, 0 とします．リストの各要素の下の 0, 1 が $b(e_i)$ の値です．入力列 (4, 3, 2, 1, 4, 3, 2, 1) が与えられた時の BIT の動作は図 6(a) から (i) のように順に変化します．各要素の $b(e_i)$ の初期値によって，リストは多様な変化を見せますので，読者の皆さんも $b(e_i)$ の初期値を変えて動作を確かめてみてください．

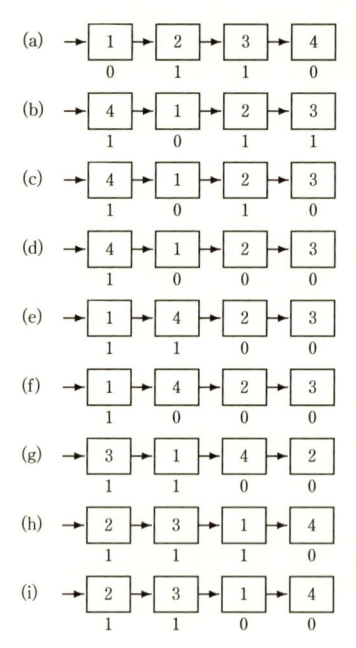

(a) →	1 →	2 →	3 →	4
	0	1	1	0
(b) →	4 →	1 →	2 →	3
	1	0	1	1
(c) →	4 →	1 →	2 →	3
	1	0	1	0
(d) →	4 →	1 →	2 →	3
	1	0	0	0
(e) →	1 →	4 →	2 →	3
	1	1	0	0
(f) →	1 →	4 →	2 →	3
	1	0	0	0
(g) →	3 →	1 →	4 →	2
	1	1	0	0
(h) →	2 →	3 →	1 →	4
	1	1	1	0
(i) →	2 →	3 →	1 →	4
	1	1	0	0

図 6　入力列 (4, 3, 2, 1, 4, 3, 2, 1) での BIT の動作

第18章 オンライン問題

さて，アルゴリズム BIT の性能を測るには，3節で定義した決定性アルゴリズムの競合比をどのように拡張すると良いのでしょうか．$b(e_i)$ の初期値に応じて入力列を変更する意地悪なモデル[6] もあるのですが，ここでは，BIT が $b(e_i)$ の値を決める前にあらかじめ固定された1つの入力列を BIT と OPT に与えることにし，BIT のコストの期待値[7] と OPT のコストの比を考えて，最悪の入力列に対する比を BIT の競合比とします．証明は省略しますが，確率を利用した乱択アルゴリズムである BIT は，定理4に示した決定性アルゴリズムの競合比の下限を打破することができます．

定理5 アルゴリズム BIT の競合比は 7/4 以下．

ところで，BIT と同じように MTF に確率を導入した乱択アルゴリズムに，RMTF というアルゴリズムがあります．

アルゴリズム RMTF（Random MTF）

アクセスした要素を，確率 $\frac{1}{2}$ でリストの先頭に移動させる．そうでない時には，何もしない．

不思議なことにアルゴリズム RMTF の競合比は2より良くなることはなく，やみくもに確率を導入しても競合比の改善にはつながらないことが知られています．BIT の記憶領域の存在が，競合比改善のためのキーポイントになっているようです．

ちなみに，実行開始時に確率選択をして，確率 4/5 で BIT を確率 1/5 で

---

[6] アダプティブモデルといい，さらに OPT の能力によってアダプティブオフラインモデルとアダプティブオンラインモデルに分類されます．

[7] 起こりえるすべての場合についてそれが起こる確率とその時のコストとの積を計算し，その総和を取ったものです．図6の例だと，$b(e_i)$ が 0, 1, 1, 0 となる確率は 1/16 で，その時の検索コストは 26 です．$b(e_i)$ の他の初期値についても同様に求めて，積の総和を求めます．

別の決定性アルゴリズムを実行するアルゴリズム COMB が現在知られている最良の乱択アルゴリズムで，競合比を 8/5 以下とすることができます．

8. おわりに

　本章では，リストアクセス問題を例に，オンラインアルゴリズムの設計と解析の理論の初歩を学びました．分かりやすさを優先させるため，やや正確性を欠く記述になっている部分もありますが，ご容赦ください．

　オンラインアルゴリズムの研究は様々な概念と結びつきながら発展しており，たとえば，学習や統計の概念を取り入れたオンライン学習モデルなどが提案されています．さらに近年では，巨大なデータをオンライン的に取り扱うとの観点から，非常に小さな記憶領域のみを使用して入力を蓄積せずに処理するストリームアルゴリズムの研究も盛んです．

　より詳しくは，オンラインアルゴリズムの専門的な教科書を挙げておきますので，そちらをご覧ください．読者の皆さんにとって「転ばぬ先の杖」を得る手掛りになりましたら幸いです．

参考文献

[1] A. Borodin and R. El-Yaniv, Online computation and competitive analysis, Cambridge University Press, 1998.

[2] S. Muthukrishnan, Data stream: Algorithm and applications, Cambridge University Press, 2005.

[3] 徳山 豪, オンラインアルゴリズムとストリームアルゴリズム (アルゴリズム・サイエンスシリーズ), 共立出版, 2007.

第19章

ビザンティン合意問題とその周辺

1. はじめに

　通信ネットワークで結ばれた複数の計算機から成るシステムを分散システムと呼びます．インターネットはいうに及ばず，情報家電，家庭用ロボットなど，ありとあらゆるものに計算機が組み込まれ，それらが有線，ないし，無線ネットワークで結ばれる時代はすぐそこまできています．それらを円滑に運用し，活用するために，分散システムの知識は必須です．なお，以下の議論では，実行中のプログラムをプロセスとよびます．また，分散システムではプロセスがネットワークを介しお互いに通信します．また，プロセス間の通信はメッセージの送受信によるものとします．
　分散システムは，プロセス間で送信されたメッセージが一定時間内に必ず受信側プロセスに受信される同期システムと，有限時間内での受信は保証するが，いつ着くかわからない，すなわち，到達時間に上限がない，非同期システムに分かれます．
　分散システムを構成するプロセスのうち，いくつかのプロセスが故障していてもちゃんと正しい答えを出すアルゴリズムを耐故障アルゴリズムといいます．
　ここで扱う問題は，プロセスが故障する可能性がある場合に，故障していないプロセス間で値に関して合意をとることです．

応用編

　プロセスの故障には，いったん故障すると停止しつづける停止故障と，故障した場合にどのような振舞でも行う可能性のあるビザンティン故障があります．本章では，このうち，たちの悪い方のビザンティン故障を取り上げます．

　合意問題は，以下のように定義されます．

[合意問題]

　プロセス P_i, $i = 1, 2, \cdots, n$, がそれぞれ初期データ I_i をもつとする．全ての正常プロセス P_i の変数 w_i を，条件1, 2の下に，ある一つの値 $w \in W$ に設定せよ．
但し，全てのプロセス P_i の変数 w_i に対する可能な初期値の全てからなる集合を $W (|W| \geq 2)$ とする．

条件1. 任意の $w \in W$ に対して，$w_i = w$ として停止する初期値の組 $I = \langle I_1, I_2, \cdots, I_n \rangle$ が存在 (**非自明条件**: non-trivial condition)．

　(**注意**) この条件がないと，事前に定めておいたある特定の値，たとえば，1に合意するという自明な解が存在してしまいます．

条件2. 全ての正常プロセス P_i が，同じ初期値 I を持つならば，$W = I$．
　(**強合意条件**: strong unanimity condition)　□

　合意問題とは，全ての正常プロセスを同じ値 w で合意に導く問題です．以下，プロセス故障のみを考慮し，リンクは故障しないものと仮定します．また，受信プロセスは，受信されたメッセージをどのプロセスが直接送信したかを知ることができると仮定します．

　ここで，同期分散システムにおいてすら，3個のプロセスのうち，1個がビザンティン故障しているだけで合意問題を解くアルゴリズムが存在しないことを，次の反例を用いて示します．

第 19 章　ビザンティン合意問題とその周辺

[**反例 1**]　高々 1 個のプロセスが故障の可能性があり，故障プロセスはビザンティン故障，すなわち，どのようにでも振舞う可能性がある．お互いに通信可能な 3 個のプロセス P_1, P_2, P_3 からなる同期分散システムを考える．すると，この分散システム上で合意問題を解くアルゴリズムは存在しない．

(**証明**)　以下，この分散システム上で合意問題を解くアルゴリズム A が存在すると仮定して矛盾を導きます．

3 つのプロセスがいずれも故障していない場合は，アルゴリズム A は当然正しく動きます．そこで，丁度ひとつのプロセスがビザンティン故障しているときを考えます．その時，対称性から，以下の 3 つの場合があるとして一般性を失いません．

場合 1)　P_1 と P_2 は正常で，P_3 は故障．また，$I_1 = I_2 = 0$ である．

場合 2)　P_2 と P_3 は正常で，P_1 は故障．また，$I_2 = I_3 = 1$ である．

場合 3)　P_1 と P_3 は正常で，P_2 は故障．また，$I_1 = 0$ かつ $I_3 = 1$ である．

対称性から他の場合も同様に論じることができますので，場合 3) のみを考えます．ビザンティン故障であるとの仮定から，P_2 はどのようにでも振舞うことができるので，P_2 は，P_1 に対しては，$I_2 = 0$ かつ P_3 から一切メッセージを受信できない正常プロセスのように (つまり，あたかも，P_3 が故障しているかのように)，そして，P_3 に対しては，$I_2 = 1$ かつ P_1 から一切メッセージを受信できない正常プロセスのように (つまり，あたかも P_1 が故障しているかのように) 振舞うことができます．このとき，合意問題を解くアルゴリズム A の下で，正常プロセス P_1 は，自分の持っている値が 0 なので，合意問題の強合意条件から，値 0 を持っていると装っている P_2 が正常で，P_3 が故障しているとして，$w_1 = 0$ を出力します．一方，P_3 は，同様の議論から，アルゴリズム A の下で，$w_3 = 1$ を出力します．すなわち，$w_1 = 0$，かつ $w_3 = 1$ となり，正常プロセス P_1, P_3 の間で合意が成立せ

263

ず，矛盾が導かれました．従って，この分散システム上で合意問題を解くアルゴリズムは存在しません．□

ビザンティン合意問題（Byzantine Consensus Problem）とは，ビザンティン故障を想定する合意問題です．あるアルゴリズムが t-耐故障（t-resilient）とは，このアルゴリズムが，高々 t 個のプロセス故障に耐えることをいいます．

2. 同期システム

定理1 分散システム Σ に属するプロセス数を n とするとき，$n > 3t$ でなければ，すなわち，$3t \geq n$ のとき，t-耐故障合意アルゴリズムは存在せず．

反例1に示したように，$n = 3$，$t = 1$ の場合，合意アルゴリズムは存在しません．本定理はこの事実を一般の場合に拡張します．

証明 $3t \geq n$ であるようなある t に対して，t-耐故障アルゴリズム A が存在すると仮定して矛盾を導きます．

分散システム Σ に属する n 個のプロセスを，いずれも要素数が t 以下の3つの集合 X, Y, Z に分割します．高々 t 個のプロセスが故障するという仮定から，X, Y, Z のいずれも，それに属するすべてのプロセスが故障プロセスであることがありえることに注意してください．

X, Y, Z に属するすべてのプロセスをそれぞれ同一視して得られる3つのプロセス P_X, P_Y, P_Z からなる分散システムを Σ' とします．P_X は，X 中のプロセスの代理をつとめる Σ' のプロセスとみなせます．すなわち，P_X は X に属するプロセスを A に従って同時に実行します．P_Y, P_Z も同様です．例えば，X に属するあるプロセスが Y に属するプロセスにメッセージを送るときには，Σ' における P_X から P_Y へのメッセージとなります．P_X は，

X に属するプロセスの合意値を用いて，その合意値を以下のようにして決めます．X に属するすべてのプロセスが同じ合意値 I をもつならば，P_X は I を合意値とします．それ以外の場合は，0 を合意値とします．これは，見方を変えると，Σ' の 3 つのプロセス P_X, P_Y, P_Z の振舞を，Σ の n 個のプロセスで模倣 (simulate) しているとみなせます．

そこで，分散システム Σ' において，P_X, P_Y, P_Z のうちひとつが故障したとします．それは，高々 t 個の Σ のプロセスの故障に相当することに注意すると，A が Σ に対して $t-$ 耐故障なら，この模倣 (simulation) により，Σ' に対して $1-$ 耐故障です．すなわち，Σ' に対する $1-$ 耐故障アルゴリズム A' が構成できたことになります．これは，反例 1 に反するので矛盾です．　□

なお，この定理は非同期システムに対しても成立ちます．ここで，条件 $n > 3t$ が $t-$ 耐故障ビザンティン合意アルゴリズムが存在するための十分条件であることを，Lamport, Shostak, Pease の $t+1$ ラウンドで合意を達成するアルゴリズム LSP により構成的に示すことができます．以下では，そのアルゴリズム LSP のアイデアを紹介します．

同期システムであることに注意すると，あるラウンドでプロセス P から来るべきメッセージがそのラウンド内で受信できないなら，P は故障プロセスです．そのとき，プロセス P の振舞いは無視して合意アルゴリズムを続行することにより，問題が縮小されます．

アルゴリズム LSP では，各プロセスは，高さ $t+1$ の根付木 T の節点に値ラベルを付与していくとみなせます．T は LSP によって順次作られていきますが，その構造は次のようになります．

一般に，根以外の節点 v を，根からの経路上のプロセス列 σ と対応させます．

- T の根 r は，すべてのプロセス $P_1, \cdots, P_n$ をその子節点としてもつ．

- もし，節点 v に対応するプロセス列が $\sigma = P_1 P_2 \cdots P_k$ ならば ($k=0$ のとき，$\sigma = \lambda$，λ は空列)，v は $P_1, \cdots, P_k$ を除いた $n-k$ 個のプロセスを，それぞれ子節点として持ちます．この子節点の集合を $CHILD(\sigma)$ と呼びま

す．

また，$NEXT(\sigma) = \{\sigma P \mid P \in CHILD(\sigma)\}$ と定義します．従って，T の葉と，同じプロセスが高々1回出現する長さ $t+1$ のプロセス列とは一対一に対応し，T の葉の数は，${}_nC_{t+1}(t+1)!$ となります．各節点 σ に振られるラベル $\sigma = P_1 P_2 \cdots P_k$ は，$Val(\sigma) = I$ は，「P_k によると，「P_1 によると，「P_1 の初期データは I である」」」...」という意味を持ちます．従って，$P_1, P_2, \cdots, P_k$ がすべて正常プロセスならば，P_1 の初期データは確かに I のはずです．

そこで，LSP の前半では，根から値ラベル付けを始め，葉まで初期値ラベルをつけます．後半では，葉から遡って，最終値ラベル $Val^*(\ )$ を計算します．

3．非同期システムと乱択アルゴリズム

非同期分散システムにおいては，1-耐故障アルゴリズムすら存在しないことが知られています．そこで，ビザンティン合意問題を対象として，確率1で停止し，しかも，停止すれば正しい解を与えるような乱択アルゴリズム (randomized algorithm) を検討します．

ランダム性を入れるため，コイントス (Coin-Tossing; コイン投げ) を導入します．コイントスには，個々のプロセスがそれぞれコイントスを行う局所コイントス (Local Coin-Tossing) と全体で共通の結果を持つ大域的コイントス (Shared Coin-Tossing) がありますが，簡単のため，局所コイントスの場合のみ説明します．

以下で示すように，故障プロセスの割合が少ない場合は，乱択アルゴリズムを用いることで確率1で合意に達することができます．

全体のプロセス数を n，故障プロセス数を t とし，$n > 5t$ が成り立つとします．最初，各プロセス P_i は，他のすべてのプロセスに自分の初期値 I_i を送信します．正常プロセスは必ず通信することに注意すると，正常である P_i は有限時間内に (自分自身もふくめて) $n-t$ 個のプロセスからのメッ

セージを受信することが保証されており，それを受信するまで待ちます．この $n-t$ 個のメッセージ中に最悪 t 個の故障プロセスからのメッセージが含まれている可能性があることに注意しましょう．したがって，すべての正常プロセスが同じ初期値 I を持つならば P_i は $n-t$ 個のうち少なくとも $n-2t$ 個のプロセスから値 I を受信します．

> [補題1] プロセス P_i, $i=1,2,\cdots,n$, は局所変数 v_i を次のように設定するとする．P_i が $n-t$ 個のプロセスのうち $(n+t)/2$ 個を越えるプロセスから同じ値 I を受信したならば v_i を I に確定，それ以外の時には v_i は不確定とすると，以下の事実(a), (b)が成立する．
>
> (a) ある正常プロセス P_i において v_i が I に確定なら，任意の正常プロセス P_j において，もし v_j が確定なら $v_j = I$ である．
>
> (b) 正常プロセスの初期値がすべて I ならば，正常プロセスすべてにおいて v_i は I に確定． □

(a)については，正常プロセス P_i において v_i が I に確定なら，$(n+t)/2 = (n-t)/2 + t$ なので，P_i は $n-t$ 個のプロセスのうち，$(n-t)/2+t$ 個を越えるプロセスから，同じ値 I を受信したことになります．すなわち，t 個のプロセスが故障していても，正常プロセスの過半数を必ず含むプロセス集合に属するすべてのプロセスから同じ値 I を受信したことになります．従って，任意の正常プロセス P_j において，もし v_j が確定したなら $v_j = I$ です．なぜなら，P_i がそこから値を受信した正常プロセス集合と P_j がそこから値を受信した正常プロセス集合はいずれも正常プロセス全体の過半数であることに注意すると，これら2つのプロセス集合は，少なくとも1個の正常プロセスを共有するからです．よって，(a)が成り立ちます．

(b)については，$n-5t > 0$ に注意すると，$n-2t-(n+t)/2 = (2n-4t-(n+1))/2 = (n-5t)/2 > 0$ より，受信された $n-t$ 個のメッ

セージの中で，正常プロセスからのメッセージ数の下限 $(n+t)/2 < n-2t$ ($(n+t)/2$) ですので，各正常プロセスは必ず少なくとも $(n+t)/2$ 個の正常プロセスからのメッセージを受け取ります．従って，すべての正常プロセスが同じ初期値 I を持つならば，任意の正常プロセス P_i において，v_i は I に確定です．

そこで，次の手続きを考えます．$P_i, i = 1, 2, \cdots, n$ は初期値 I_i を他のプロセスすべてに送信し，補題1に述べた設定法で局所変数 v_i の値を定めます．次に，v_i が既に確定ならばその値を用い，v_i が不確定ならばコイントスで定まった値を新しい初期値 I_i として，この手続きを繰り返します．この繰り返しの1回をラウンドと呼びます(同期システムの場合と異り，その長さには上限がないことに注意)．補題1より，正常プロセスがすべて同じ初期値 I を持つようになった時点で，I を合意値として停止すれば合意問題が解けます．但し，詳細は省略しますが，すべての正常プロセスが同じ初期値 I をもつことの確認は工夫を要します．

ここで，$n > 5t$ ならば，上記のような乱択アルゴリズムで，局所コイントスを用いるとき，確率1で合意を達成することを説明します．ラウンド i の終わりで少なくともひとつの正常プロセス P_i の持つ値 w_i が他のプロセスの持つ値と異なる確率 p_i は，$l_i (< n-t < n)$ を，ラウンド i でコイントスした正常プロセスの数，とすると，$1 - \left(\frac{1}{2}\right)^{l_i} = 1 - 1/2^{l_i} (< 1 - 1/2^n)$ ですので，$0 < p_i < 1 - 2^{-n} < 1$ です．図1において，A は，合意成立，N は合意成立せずとすると，あるラウンドで合意したとき，左下に行き停止，合意しなかったとき，右下に行き，次のラウンドに入ります．k 回合意しない確率は，$p_1 p_2 \cdots p_k < (1 - 2^{-n})^k$ となり，$k \to \infty$ で0に収束します．いつまでも合意に達せず無限に停止しない場合，すなわち，図1でいつまでも右下に行きつづける場合もありえますが，その確率は0であり，このことから，確率1で停止し合意を達成することが分ります．

なお，条件 $n > 3t$ の下で確率1で停止し，しかも，停止すれば正しい解を与えるような乱択アルゴリズムも知られており，また，$n \leq 3t$ なら，そのよ

第19章　ビザンティン合意問題とその周辺

うな乱択アルゴリズムが存在しないことも知られています．

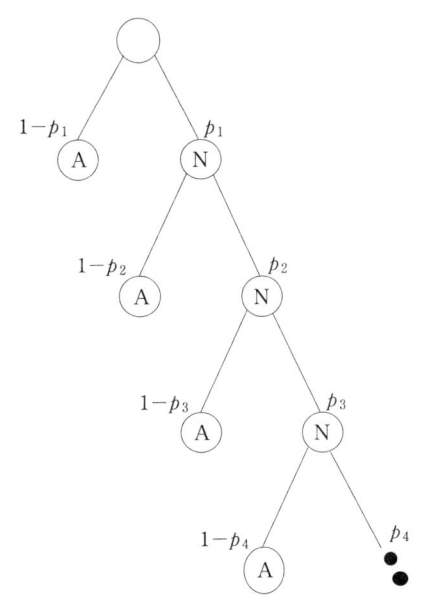

図1　ビザンティン合意問題に対する乱択アルゴリズムの振舞

4．むすび

　本章では，分散システムに置けるビザンティン合意問題について紹介しました．さらに勉強したい方には，[1]，[2]をおすすめします．本章は，主として，[1]に基づいています．

参考文献

[1] 亀田恒彦，山下雅史，分散アルゴリズム，近代科学社，1994．
[2] Nancy A. Linch, Distributed Algorithms, Morgan Kaufmann, 1996．

第20章

バイオインフォマティクス

1. はじめに

　バイオインフォマティクスは生命情報学などと訳され，文字どおり生物学と情報科学の融合分野です．具体的には，DNA 配列データなどのコンピュータによる解析手法の開発と，コンピュータを用いた生物学的知識の発見を主目的としている分野です．

　生物学と数学は関係ないと思われるかもしれませんが，現在までに膨大な量の DNA 配列や関連データが生成されており，それらを解析するには数学の方法論が必要になっているのです．ご存じのように DNA 配列はアデニン (A)，グアニン (G)，シトシン (C)，チミン (T) の4種類の塩基が並んだものですので，A, C, G, T の4種類の文字からなる文字列と解釈でき，まさに離散数学の対象です．ヒトの場合，この DNA 配列の長さは約32億文字からなります[1]．32億文字を人間の目だけで解析するのは不可能ですから，どうしてもコンピュータが必要になるのです．さらに，他の生物種のデータも数多くありますし，今後は個体ごとの配列決定も可能となってきますので，より膨大なデータを解析する必要があります．そのためには単にコンピュータを用いるだけでは不十分で，離散数学などの方法論に基いて設計された高速かつ高精度の解析アルゴリズムが必要となるのです．

---

[1] 正確にはゲノム配列の長さです．

第20章 バイオインフォマティクス

この章ではこのバイオインフォマティクスから離散数学と関連の深いトピックをいくつか紹介します．なお，本質的な部分はすべて本稿に示しましたが，詳細を省略した箇所もあります．詳細や関連事項については拙著[1]をご参照下さい．

2. 配列比較

生物学実験によって，ある遺伝子の DNA 配列がわかったとします[2]．その遺伝子の機能を更なる実験によって同定するのは簡単なことではありません．そこで実験を行わずに DNA 配列だけから遺伝子の機能を推定できればとても便利です．そのための基本原理は**配列が似ていれば機能も似ている**という

S_1　ATGGGGCTCAGCGAG
S_2　ACTGGCGCTGTGAG
S_3　AGACAAAGAACCTTC

$S_1 \longleftrightarrow S_2$
S_1　|A|-|T|G|G|G|G|C|T|C|A|G|C|G|A|G|
S_2　|A|C|T|G|G|C|G|C|T|-|-|G|T|G|A|G|

$S_1 \not\longleftrightarrow S_3$
S_1　|A|T|G|G|G|G|C|T|C|A|G|C|G|A|G|-|
S_3　|A|-|G|A|C|A|A|A|G|A|A|C|C|T|T|C|

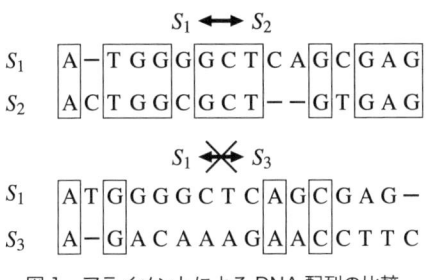

図1　アライメントによるDNA配列の比較

ものです[3]．この原理に基づけば，機能がわからない遺伝子があった場合に

---

[2] 遺伝子には様々な定義や解釈がありますが，一般には，DNA 配列中でタンパク質に翻訳される部分です．ヒトの場合は2万数千個あると見積もられており，1個の遺伝子の長さは数百から数千文字程度です．
[3] 原理と書きましたが常に成立するというわけではありません．

は，その遺伝子の配列と類似していて，かつ，機能のわかっている遺伝子の配列を探すことが有用です．

　配列の類似性を測るために様々な尺度や手法が提案されていますが，最も基本的かつ重要なのは**配列アライメント**，もしくは，単に**アライメント**とよばれるものです．すぐ後で詳しく説明しますが，アライメントとは図1に示すように，2個の配列の文字間の対応関係がわかりやすくなるように，'−'で表わされるギャップ記号を挿入して2個の配列の長さを揃えたものです[4]．その結果，同じ文字が同じ列に数多く並べば2個の配列は類似していると判定され，そうでなければ類似していないと判定されます．たとえば，図1の例では S_1 と S_2 は類似していると判断され，S_1 と S_3 は類似していないと判断されます．

　A, C, G, T の4文字からなる長さ m の文字列 $S = s_1 s_2 \cdots s_m$ と長さ n の文字列 $T = t_1 t_2 \cdots t_n$ があったとします．S と T のアライメントは，2個の配列が同じ長さとなるようにそれぞれの配列の先頭，末尾，もしくは途中にギャップ記号を挿入して，それを縦に並べたものです．ただし，ギャップ記号が同じ列に並んではいけないものとします．たとえば，$S =$ ACCTGT，$T =$ ACATC の時，以下のいずれもがアライメントとなります．

```
ACCTGT      ACC-TGT     AC-CTGT-
ACATC-      AC-AT-C     ACA---TC
```

なお，同じ列にある文字どうしが対応するものとします．たとえば，左のアライメントでは，(A, A), (C, C), (C, A), (T, T), (G, C), (T, −) というように対応しています．

　それぞれのアライメントには，アライメントの良さの指標となるスコアが割り当てられます．スコアの与え方には様々な方法がありますが，ここでは簡単のため距離となるようなスコアの与え方を説明します．各列に同じ文字

---

[4] ギャップ記号は進化の過程で塩基の挿入や欠失があったことに対応しています．

が並んでいればスコアを0とし，違う文字が並ぶかギャップ記号が現れていればスコアを1とし，アライメント全体のスコアは各列のスコアの和として定義します．すると前の例では，アライメントのスコアは左から順に3, 4, 5となります．そして，スコアが最小となるアライメントが最適アライメントとなり，2個の配列の類似性は最適アライメントのスコアにより評価されます[5]．

可能なアライメントの総数は S の長さ m と T の長さ n の関数となりますが，それを $A(m, n)$ としましょう．$A(m, n)$ を求めるのは離散数学の問題です．まずは漸化式を導きましょう．ここでアライメントの最後の列を考えます．すると，ギャップ記号どうしが対応するのは許されませんで，(s_m, t_n), $(-, t_n)$, $(s_m, -)$ という3種類の対応関係が考えられます．この3種類は必ず異なるアライメントに対応しますので，

$$A(m, n) = A(m-1, n-1) + A(m, n-1) + A(m-1, n)$$

という漸化式が導かれることがわかります．初期条件については練習問題とします(以下も同様です)．

漸化式とは別に，組み合わせを考えることにより $A(m, n)$ を導くこともできます．アライメント中でギャップ文字が現れない列の個数を k とします．前にあげた例では k の値は左から5, 4, 3となります．するとアライメント全体の長さは $m+n-k$ となり，さらに，k 個の列は (s_i, t_j)，$m-k$ 個の列は $(s_i, -)$，$n-k$ 個の列は $(-, t_j)$ という対応関係があることがわかります．つまり，$m+n-k$ 個の要素を k 個，$m-k$ 個，$n-k$ 個の3種類に分割する組合せの個数分のアライメントがあることになります．よって，可能なアライメントの総数は

$$A(m, n) = \sum_{k=0}^{\min(m,n)} \frac{(m+n-k)!}{k!(m-k)!(n-k)!}$$

---

[5] ただし，最適アライメント自体は必ずしも一意に定まらないこともあります．

となります．$A(m, n)$ ははある種の格子状グラフでにおけるパスの個数と本質的に同じで，Delannoy 数とよばれるものに等しく，その母関数や近似値を与える式などが知られています [2]．さらにそのことにより，アライメントの総数は m や n の指数関数のオーダーであることがわかります[6]．

アライメントの総数が指数関数オーダーあることから，最適アライメントを定義どおりの方法で計算するのは現実的でないことがわかります．そこで，効率的なアルゴリズムが必要となりますが，これまでの章にも出てきた**動的計画法**を使うことにより効率的に計算できます．多くの場合，動的計画法のアルゴリズムは漸化式を用いることにより表現できます．最適アライメントの計算アルゴリズムも漸化式により表現することができます．S の部分文字列 $s_1 \cdots s_i$ と T の部分文字列 $t_1 \cdots t_j$ に対する最適アライメントのスコアを $D(i, j)$ とします．すると $A(m, n)$ の漸化式を導いたのと同様の考え方により，以下の漸化式が導かれます．

$$D(i, j) = \min \begin{cases} D(i-1, j-1) + f(s_i, t_j) \\ D(i, j-1) + 1 \\ D(i-1, j) + 1 \end{cases}$$

ここで，$f(x, y)$ は $x = y$ の時 0 となり，それ以外の場合は 1 となる関数です．この式の右辺の一番上はアライメント中で s_i と t_j が同じ列にきた場合のスコア，二番目は t_j がギャップ記号と対応した場合のスコア，三番目は s_i がギャップ記号と対応した場合のスコアに対応します．いったんスコア表 $D(i, j)$ が計算できれば，トレースバックという手続きを用いて最適アライメントを構成することができます．

このアルゴリズムの時間計算量，領域計算量（メモリーの使用量）はともに $O(mn)$ となります．$O(mn)$ という計算時間は 2 個の配列の比較だけで済むのであれば十分に高速です．しかしながらデータベース検索を行う場合には，数十〜数百万個以上の配列を相手に比較を行う必要があり，十分に高速とは

---

[6] 指数関数のオーダーであることを示すだけであれば近似式を用いなくても簡単にできます．

言えません．そこでより高速なアルゴリズムが望まれますが，領域計算量に関しては $O(m+n)$ に減らすことができるのですが，時間計算量に関しては大幅な改良ができるかどうかは未解決問題です．しかしながら，理論的保証はないものの非常に高速にデータベース検索や長い配列のアライメントやを行うアルゴリズムが数多く開発されており，実際にも広く利用されています．

3．配列決定

　ヒトの DNA 配列の長さは約 32 億文字と書きましたが，1 回の実験で 32 億文字全部を読みとることができるわけではありません．DNA 配列を読み取るには様々な方法がありますが，一般に小さな配列に分割してそれらを直接読み取り，読み取った結果をつなぎ合わせるという方法論が用いられます．分割やつなぎ合わせには様々な方法があるのですが，ここでは **Sequencing By Hybridization** (SBH) という方法を紹介します．SBH は広く利用されるには至っていないのですが，後でわかりますように離散数学とはとても相性のよい方法です．

　SBH は，DNA チップという実験装置を用いることによって元の配列における長さ k の各部分列の有無を判別できるという事実に基づいており，以下のように定式化されます．入力として長さ k の文字列の集合 S が与えられた時，S 中のすべての要素を (連続した) 部分列としてちょうど 1 回含み，かつ，長さ k の他の文字列を部分列として含まないような文字列の有無を判定し，存在すればその一つを出力するというものです．

　たとえば，$k = 3$, $S = \{\text{ACA, ACT, CAC, CTG}\}$ の場合には，ACACTG という配列が条件を満たします．一方，$S = \{\text{ACA, ACT, CAC, CAG}\}$ の場合には条件を満たす配列は存在しないことがわかります．いずれの場合も，S の要素の順番を決めれば，配列の有無を判定することができます．前者の場合には，ACA, CAC, ACT, CTG と順番を決めると

応用編

```
ACA
 CAC
  ACT
   CTG
```

というように1文字ずつずらして重ね合わせることができ，(必ずしも一意とは限りませんが)元の配列を復元することができます．一方，後者においてはどのような順番で要素を並べてもそのように重ね合わせることができません．このことから，S の要素のすべての順列を考えて，1文字ずつずらす重ね合わせ方があるかどうかを調べれば SBH を解くことができます．しかしながら，すべての順列を調べるのは非効率的で有用なアルゴリズムとはなり得ません．

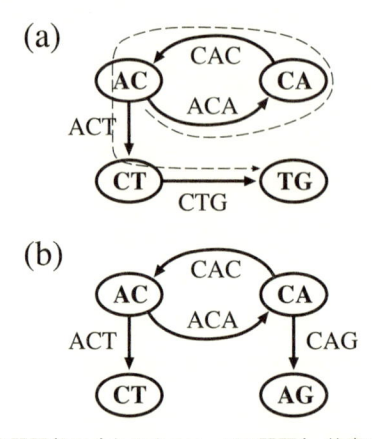

図2 配列決定問題(SBH)からオイラーパス問題(一筆書き問題)への変換

SBH は前の章にも出てきた(有向グラフに対する)**オイラーパス問題**(一筆書き問題)に変換することにより効率的に解くことができます．まず，頂点と長さ $k-1$ の文字列を同一視することにより，頂点集合 V を

$$V = \{t \mid t \cdot x = s \text{ もしくは } x \cdot t = s \text{ を満たす文字} \\ x, \text{ および，文字列 } s \in S \text{ が存在}\}$$

と定義します．次に，辺集合 E を
$$E = \{(s_1, s_2) \mid s_1 \cdot x = s \text{ かつ } y \cdot s_2 = s \text{ を満たす}$$
$$\text{文字 } x, y, \text{ および，文字列 } s \in S \text{ が存在}\}$$

と定義します．なお，$s \cdot t$ は文字列 s の後に文字列 t をつなげて得られる文字列を表します．すると，図2からもわかりますように，SBH が解をもつことと $G(V, E)$ がオイラーパス[7]をもつことが等価となります．なお，図2(a) は $S = \{\text{ACA, ACT, CAC, CTG}\}$ の場合に，図2(b) は $S = \{\text{ACA, ACT, CAC, CAG}\}$ の場合に対応します．さらに，図2(a) から，オイラーパス（一筆書き）における辺の順番が，先ほど説明した部分列の順番に対応することもわかります．オイラーパスは高速に計算できることが知られていますので，SBH も高速に解けることがわかります．

4．タンパク質構造予測

　遺伝子はタンパク質に翻訳されることにより機能を発揮します．タンパク質は 20 種類のアミノ酸がつながってできた化学物質で，20 種類の文字からなる文字列（アミノ酸配列）と考えることができます．タンパク質の多くは生体内で固有の 3 次元構造をとり，その構造が機能に深く関連します．タンパク質を解析するためにはその 3 次元構造を計測することが重要になるのですが，その計測は簡単ではありません．一方，タンパク質のアミノ酸配列の決定は比較的容易です．そこで，アミノ酸配列情報からのタンパク質 3 次元構造の推定，すなわち，タンパク質構造予測の研究が数十年にわたり行われてきました．タンパク質構造予測には理論的なものから実用的なものまで幅広い領域に渡る多くの研究がありますが，ここでは最も単純なモデルの一つである **HP モデル**（Hydrophobic–Hydrophilic model）に関する研究を紹介します．

　HP モデルでは 20 種類のアミノ酸を疎水性と親水性の 2 種類に分類し，入

---

[7] オイラー閉路の場合も含みます．

応用編

力アミノ酸配列を 0,1 の 2 種類の文字からなる配列として取扱います．以下では 0 が親水性のアミノ酸，1 が疎水性のアミノ酸を表すものとします．そしてアミノ酸を 2 次元もしくは 3 次元の整数格子上に配置していきます．その際に配列上で隣接するアミノ酸は格子上でも隣接するように配置し，かつ，同じ座標に 2 個のアミノ酸が重ならないようにします．配列上では隣接しないが格子上では隣接する疎水性アミノ酸ペアの数をスコアとして定義し，そのスコアが最大となるような配置（最適解）を計算することが目的となります．つまり，入力された 0,1 配列を，格子上でのみ隣接する 1-1 ペアの個数が最大となるように，格子上で折りたたむのです．このことは，一般にタンパク質はエネルギー最小の状態に折りたたんだ構造を取ると考えられていることに対応しています．図 3 に 2 次元の場合の HP モデルの例を示します．なお，この図では 1 は黒い四角で，0 は白い四角で示されています．格子上でのみ隣り合う 1-1 ペアの個数は左の図においては 9 個で，右の図においては 5 個です．この場合，よく吟味すれば 9 個が最大となることがわかりますので，左の図が求める最適解であり，右の図は非最適解ということになります．

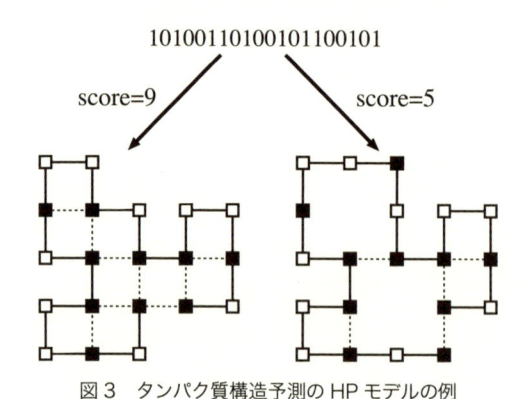

図 3 タンパク質構造予測の HP モデルの例

HP モデルにおける最適解の計算は 2 次元においても 3 次元においても NP 困難であることが知られています．ですので，最適解を計算するのは非常に困難です．そこで最適解ではなく，近似解の計算法についての研究がい

くつか行われています．ここでは，2次元の場合について，最適解のスコアの
ほぼ1/4以上のスコアを持つ近似解を常に出力するアルゴリズムを紹介しま
す．

まず，HPモデルの特徴を吟味することにより，以下の性質がわかります．

性質1： 配列上で奇数番目となる文字どうし，もしくは，偶数番目となる文
字どうしは格子上で隣接することができない．

性質2： 1個の文字に格子上でのみ隣接する文字の個数は，最初と最後の文
字を除いては2個以下であり，最初と最後の文字それぞれについては
3個以下である．

ここで，配列上で奇数番目にある1の個数を X とし，偶数番目にある1の
個数を Y とします．また，一般性を失うことなく，$X \leq Y$ と仮定します．
すると上の性質から，最適解のスコアは $2X + 2$ であることがわかります．

次に，具体的に近似解を構成するアルゴリズムの概略を示します．図4に
示しますように，最初に，入力配列 S を以下の性質を満たすように S_1 と
S_2 に分割します．そのような分割は必ずしも存在するとは限りませんが，前
半と後半を入れ替えることなどにより必ず存在するようにできます．

- S_1 に出現する(もとの配列における)奇数番目の1の個数は $X/2$ 以上．
- S_2 に出現する(もとの配列における)偶数番目の1の個数は $X/2$ 以上．

なお，図中では奇数番目の1は黒い四角で，偶数番目の1は黒い丸で示され
ています．そして，S_1 を奇数番目の1が1個おきに水平位置に並び，かつ，
すべての文字が水平線より上にくるように折りたたみます．また，S_2 を偶数
番目の1が1個おきに水平位置に並び，かつ，すべての文字が水平線より下
にくるように折りたたみます．最後に，S_1 における奇数番目の1が，S_2 に
おける偶数番目の1と向いあうように S を折り曲げます．証明は省略します

が，性質1からこのように折りたたむことが可能となります．

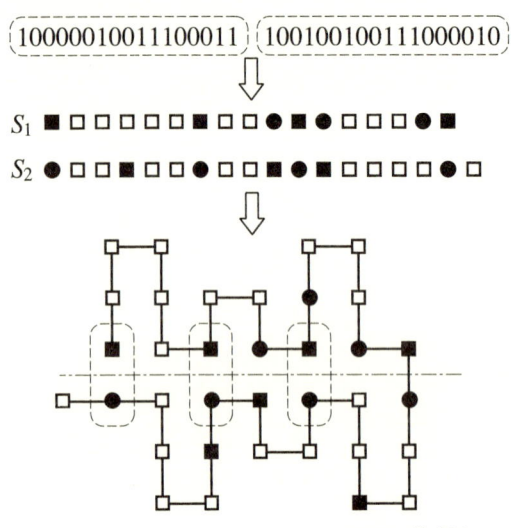

```
  10000010011100011   100100100111000010
                    ↓
S₁ ■□□□□□■□□■■●■●□□□●■
S₂ ●□□■■□□□■□■■■■□□□□■
                    ↓
```

図4　2次元 HP モデルにおける近似解の構成例

　この近似解のスコアを評価しましょう．まず，S_1 に出現する奇数番目の1の個数は $X/2$ 以上であったことを思い出して下さい．その中で最も中央に近い文字以外は，必ず S_2 の偶数番目の1と格子上で向かい合います．最も中央に近い文字も向かい合うのですが，図4の下の図の右はしの黒い四角と丸のペアのように，配列上で隣接してしまう場合があるため，スコアとしてカウントできません．よって，近似解のスコアは $X/2-1$ 以上であることがわかります．一方，最適解のスコアは前に示したように $2X+2$ 以下でした．よって，近似解スコアの最適解スコアに対する割合は

$$\frac{X/2-1}{2X+2} = \frac{X-2}{4X+4}$$

以上となります．この値は X が大きければ $1/4$ に十分近い値となります．よって，最適解のスコアのほぼ $1/4$ のスコアをもつ近似解が常に計算できることがわかります．アルゴリズムの詳細な手続きは示しませんでしたが，配

列の長さを n とした時, $O(n)$ 時間で計算できます. なお, 1/4 という割合は 1/3 まで改善できることが知られています. また, 3 次元の場合には 3/8 という割合のスコアの近似解が $O(n)$ 時間で計算できることが知られています.

5. おわりに

　この章ではバイオインフォマティクスにおける 3 種類の問題を紹介し, それらに対するアルゴリズムが離散数学の方法論に基づき設計されていることを見てきました. 紙面の関係もあり 3 種類しか紹介できませんでしたが, バイオインフォマティクスにおいては離散数学の観点からも興味深い問題が数多く見つかってきましたし, また, 離散数学における技法や方法論を活用することにより実用的なアルゴリズムがいくつも開発されてきました[8]. 生物学的実験により生成されるデータの量は急速な勢いで増加しつつありますし, 実験技術の進歩により, より多様なデータが生成されつつあります. よって, それらの解析のためには, さらに進んだアルゴリズムを開発する必要があり, 離散数学の力がますます必要になるのです.

　生物学は数学の立場から見ると単なる応用分野の一つに過ぎないのかもしれません. しかしながら, 32 億文字に人間の設計図が収まってしまうのは驚くべきことです. 32 億文字というと多いように思われるかもしれませんが, CD-ROM 1 枚少々に収まってしまう量です. ちょっとしたゲームソフトやビジネスソフトよりも少ない量なのです. そこに, 60 兆個もあるといわれる細胞のつながり方から, 本能や知能の原理まで, すべてが書かれているはずなのです. そこには驚くべき数学的な原理が隠れているはずだと筆者は考えています.

---

[8] ただし, 実際に役立てるには, 多くの場合, 工学的な工夫が必要となります.

参考文献

[1] 阿久津達也, "バイオインフォマティクスの数理とアルゴリズム", 共立出版 (2007).
[2] R. A. Sulanke, Objects counted by the central Delannoy numbers, Journal of Integer Sequences, Vol. 6, Article 03.1.5 (2003).

第21章

ペトリネットとその拡張モデル

1. はじめに

　並行処理プログラムなどを始めとして，シーケンス制御，通信プロトコルから人間の行動に至るまで，並行・非同期で離散的な動作を特徴とする大規模で階層的なシステムを記述し，解析するためのツールとしてフローチャートやダイヤグラム・ネットワークと同じようにシステム構造の可視的な表現手段であるペトリネットを用いる方法があります．このモデルは，システムの並行的で動的な事象をそのままシミュレーションすることができると共に，代数方程式等を用いて数学的に解析することも可能であるという特徴があり，有用なモデルの一つとして盛んに研究されています．本文では，このモデルを中心に話を進めます．

2. 対象とする情報

　林檎が木から落ちたら？　…ニュートンは木から林檎が落ちるのを見て引力を発見しました．では，お腹を空かした子猿ならどうでしょう．子猿は林檎が食べたいので，林檎が地面に落ちたかどうかに関心があります．しかし，林檎の木の持ち主は，林檎が下に落ちるのを防ぐため，何秒後に地面に落ちるかを知りたいと思うかもしれません．

応用編

　後者の場合，林檎の重さが分かれば，何秒後にどの程度落下するかは，方程式を立てることで求めることができます．この場合は，連続の量を問題にしています．一方，前者の場合はどのように落ちたかは問題ではなく，落ちるという事象が起きて地面に林檎が落ちているかどうかが問題になります．こちらは，離散的な量を問題にしています．

　後者の場合は方程式を立てることにより，数学などを使って解くことができます．では前者の場合は，どのように考えたらよいでしょう？本文では，このような問題を扱うためのモデルについて考えて見ます．

3. 離散的事象のモデル

3.1　状態遷移図

　まず，状態の変化をグラフを用いて状態の遷移図として表すことを考えてみます．まず，状態を○で，状態の変化を矢印の枝で表し，変化を起こした入力とそのときの出力を"IN／OUT"で矢印の枝にラベルとして付したグラフを考えます．これが，状態遷移図(図1)となります．

図1　状態遷移図

3.2　ペトリネット

　前述のように離散的な事象を扱うことができる有用なモデルの一つとして状態遷移図などがあります．しかしながら状態遷移図は，状態をすべて書き出さなければならないので，状態の数が多くなってきたとき，特に，分かっている状態を組み合わせたものを考える場合には，解析が複雑になってしまいます．そこで，別の見方，条件や事象に着目したグラフを紹介し，離散的

284

な事象を検討してみることにします．

　まず，条件を丸〇で表したものをプレース(place)と呼び，事象を棒｜で表したものをトランジション(transition)と呼び，条件と事象の関係を矢印の枝(arc)で表すことにします．従って，条件から条件，事象から事象への矢印の枝は存在しないことになります．そして，各プレースにトークン(token)と呼ばれる黒丸・を置くことにより状態を表すことにします．トランジション t に入っている枝に接続しているプレースを t の入力プレース，t から出ている枝に接続しているプレースを出力プレースと呼びます．トランジション t のすべての入力プレースに少なくとも1つのトークンが存在しているとき，トランジション t は発火可能であると言います．発火可能なトランジション t を発火すると，t の各入力プレースからトークンが1つとりのぞかれ，t の各出力プレースにトークンが1つ加えられます．このように，発火可能なトランジションを発火することによりトークンが移動し，状態の変化を表現することが可能となります．また，トークンの分布をマーキングと呼びます．

　このように定義されたグラフのことをペトリネット呼びます．ペトリネットの研究は，1962年にドイツのダルムスタット工科大学へ提出されたC.A.ペトリの学位論文によって始められたものです．

　ここで，例を使ってペトリネットの定義を見てみます．図2にペトリネットとその発火の例を示します．

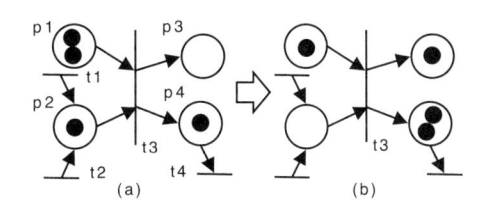

図2　ペトリネットの例

　図2(a)において，トランジション $t3$ の入力プレースにはそれぞれトークンが2個と1個あるので，$t3$ は発火可能です．そこで，トランジション $t3$ を

前述の規則に従って発火させます．各入力プレースからトークンを1つずつ取って，各出力プレースにトークンを1つずつ入れると，同図(b)のようなトークンの分布(マーキング)に変化します．なお，同図(b)では，トランジション$t3$の入力プレースの中にトークンが零のプレースがあるので$t3$は発火可能ではなくなっています．

次に，ペトリネットの簡単な解析をしてみます．ペトリネットNがm個のトランジションとn個のプレースからなるとします．そして，$m \times n$の接続行列$A = [a_{ij}]$の各要素を

$$a_{ij} = a_{ij}^+ - a_{ij}^-,$$

で定義します．ここで，a_{ij}^+はトランジションt_iからプレースp_jへの枝の数，a_{ij}^-はプレースp_jからトランジションt_iへの枝の数とします．また，マーキングをプレースに存在するトークン数をプレースの順番に並べた$n \times 1$ベクトルで表すことにします．更に，各トランジションの発火回数をトランジションの順番に並べた$m \times 1$ベクトルをXで表すことにします．

図2について同図(a)のマーキングをM，同図(b)のマーキングをM'とすると，$M = [2\ 1\ 0\ 1]^t$, $M' = [1\ 0\ 1\ 2]^t$となり，$X = [0\ 0\ 1\ 0]$,

$$A^t = \begin{bmatrix} 0 & 0 & -1 & 0 \\ 1 & 1 & -1 & 0 \\ 0 & 0 & 1 & 0 \\ 0 & 0 & 1 & -1 \end{bmatrix}$$

となります．このとき，

$$M' = M + A^t X,$$

の関係が成り立っていることがわかります．特にこの式は，発火可能なトランジションを発火させた前後で成り立っていますので，あるマーキングM_0からマーキングM_dへ到達したときの発火回数ベクトルをX'とすると

$$M_d = M_0 + A^t X',$$

が成り立ちます．このことから，「上式を満たす解X'の存在が，あるマーキングM_0からマーキングM_dへ到達可能であるための必要条件である」こ

とがわかります．

このようにペトリネットは動的な事象をそのままシミュレーションすることができると共に，代数方程式等を用いて数学的に解析することも可能であることがわかります．

次節では，幾つかの例を取り上げてペトリネットで表し，ペトリネットと離散事象との関係，ペトリネットの特徴を見てみます．

4．モデル化例

4.1 林檎の話

林檎の話は，木に林檎が生っているという条件と枝が折れるという条件が成り立って，初めて，落下するという事象が発生し，林檎が地面に落ちたという条件が成り立ちます．

まず，図1のような状態遷移図を使って表現してみましょう．状態Aを「林檎が木に生っている」，状態Bを「林檎が地面に落ちている」，入力INを「木が折れる」，出力OUTを「落下する」と表すことにします．すると図1は，木に林檎が生っている状態で木が折れるという事象の入力があった場合に，落下するという事象を出力して林檎が地面に落ちているという状態になることを示しています．

林檎の話をペトリネットで表してみます．プレース $p1$ を「林檎が木に生っている」，プレース $p2$ を「木が折れる」，トランジション t を「落下する」，プレース $p3$ を「林檎が地面に落ちている」と表すことにします．すると前述の事柄は，図3のようになります．図3を見てもわかるように，林檎が木に生っていなければ木が折れても（プレース $p1$ にトークンがなければプレース $p2$ にトークンがあっても）林檎は落下しません（t は発火しません）．林檎が木に生っているときに木が折れると（プレース $p1$ とプレース $p2$ にトークンがあると）林檎が落下し（t が発火し），林檎が落ちている（プレース $p3$ にトークン

がある)ということになります．このことからもペトリネットが離散的な事象がお互いに関係し合って動作するシステムをよく表していることがわかります．

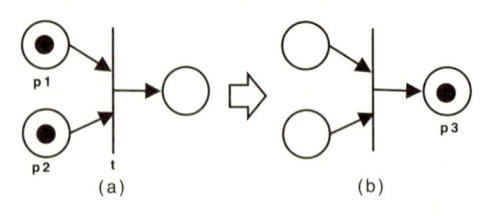

図3　ペトリネット

この例のように，条件や事象の数が少ない場合は，どちらのモデルを使っても簡単に動作が解りますが，数が多くなるとどうなるでしょうか．次に，もう少し違う例を考えて見ます．

4.2　エレベータの話

1階, 2階, 3階に止まるエレベータがⅠとⅡの2基ある場合を考えてみます．この場合，状態遷移図で表してみます．状態を(エレベータⅠの止まっている階数，エレベータⅡの止まっている階数)で表すことにします．更に，状態Aを(1,1)，状態Bを(1,2)，状態Cを(1,3)，状態Dを(2,1)，状態Eを(2,2)，状態Fを(2,3)，状態Gを(3,1)，状態Hを(3,2)，状態Iを(3,3)とします．これを状態遷移図で表すと図4のようになります．便宜上，両方向の矢印を矢印のない太線で表してあります．

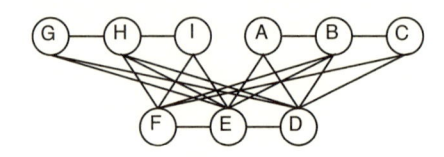

図4　状態遷移図を用いた場合

しかし，この方法ではこの例のように，3つの状態を持つものを二つ組み合わせたものを考えると，$3 \times 3 = 9$ 個の状態を考えなければならなくなります．更に，3つ組み合わせたものを考えると，状態の数は $3 \times 3 \times 3 = 27$ 個となります．従って，状態の数が多いものを組み合わせて考える場合には，状態の数が指数的に増大しますので注意が必要です．

次に，ペトリネットを用いるとどうなるか見てみます．図5に2基のエレベータを組み合わせた場合のペトリネットを示します．トークンのあるプレースがエレベータの止まっている階数を示しており，トランジションの発火がエレベータの移動を表しています．従って，図5のマーキングでは，どちらのエレベータも1階に止まっている状態を表しています．

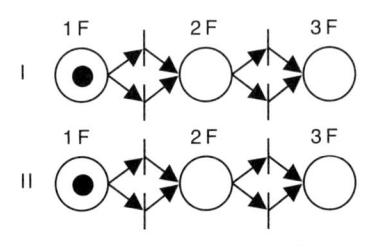

図5　ペトリネットを用いた場合

この例からもわかるように，3つの状態を持つものを二つ組み合わせたものを考えても，$3 + 3 = 6$ で済むので状態遷移図の場合よりも規模の増大が小さくて済むことがわかります．

これらの例題からも，ペトリネットが柔軟でかつ離散的な事象が互いに関係しあって動作する離散事象システムを表現し，検討するための有力な考え方の一つだという事がわかります．

更に，ペトリネットを用いる方法は離散事象システムとして見なすことができるものすべてに適用でき，理論的な解析だけでなくトークンの移動を見ることでそのままシミュレータとしても利用できるので，様々な分野に応用されています．

また，トランジションの発火に確率を導入したペトリネット，色分けした

応用編

トークンを導入したペトリネットなど様々な拡張を施した高機能ペトリネットも提案され，色々な分野で応用されています．

次節では，更に，ペトリネットの定義を拡張することで離散事象にこだわらない分野への応用の可能性について紹介します．

5. 拡張ネットモデルによるモデル化

5.1 ファジィな情報

情報の中には，ディジタル量やアナログ量として扱えないものもあります．例えば，「若い」とか「背が高い」という情報は，言葉自体は判断することができればディジタルと見ることもできますが，曖昧さを含んでおりディジタル量として扱うことができません．また，ディジタル量でないからといって，これらの言葉はアナログ量でもありません．このような曖昧な量を扱う手法の中にファジィ理論と呼ばれるものがあります．ファジィ理論の研究は，1965年カリフォルニア大学ザデー教授の論文によって始まりました．

ファジィ理論では，「30才以下」というように境界がはっきりしているものをクリスプ（crisp）とよび，「若い」というように境界のはっきりしない曖昧なものをファジィ（fuzzy）と呼びます．この場合，これら曖昧な情報は，横軸に年齢，縦軸に度合い（最大を1とする）をとって描くことができます．このようにファジィな情報とその度合いとの関係を表したものをメンバーシップ関数といいます．これにより曖昧な情報を数値を使って表現することができるようになります．

このようなファジィ理論を応用した制御を行えば，曖昧な情報をそのまま扱うことができるので処理速度も速く，豆腐をロボットアームでつかんだり，棒を立てたりという従来の制御方法では困難であった制御なども容易に行うことができるようになります．

最近，前節で紹介したペトリネットの発火規則やトークン等にファジィな

情報を扱うようにファジィ理論の考え方を応用したファジィペトリネットも提案され，研究がされるようになってきています．

その1つの例を図6に示します．ペトリネットのトークンの重みを有理数へ拡張し，重みが0から1までの値をとると考えると，重みを真理値と考えることが出来ます．そこで，条件のあいまいさをメンバーシップ関数で表し，その重心を0から1の真理値で表すことでファジィを扱っています．

例では，次のようなIF − THENルールのデータベースを考えています．

$$R_1 : \text{IF} \ (C_1 \ \text{AND} \ C_2) \ \text{THEN} \ C_4,$$
$$R_2 : \text{IF} \ C_4 \ \text{THEN} \ C_6,$$
$$R_3 : \text{IF} \ C_5 \ \text{THEN} \ C_3,$$
$$R_4 : \text{IF} \ C_5 \ \text{THEN} \ C_1,$$

このルールデータベースの入力として命題C_2の真理値が0.8でC_5の真理値が0.5とすると結果はC_2が，0.8，C_1と$C_3 \sim C_6$が0.5であることがわかります．

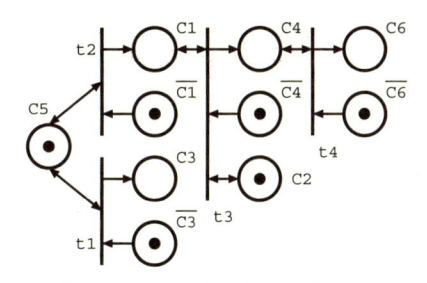

図6　ファジィペトリネットの例

5.2 量子ネットモデル

ネット理論を量子コンピュータに応用する研究は，まだ始まったばかりで，量子ビットやアルゴリズムなどのモデル化が検討され始めています．ここでは，量子ビット(qubit)のモデル化を紹介します．

応用編

　まず，量子コンピュータの基本構成要素である量子ビットの状態$|\phi>$は，"0"と"1"を使って
$$|\phi>=\alpha \cdot |0> + \beta \cdot |1>$$
と表されます．ただし，$|0>$ ($|1>$, resp.) は "0" ("1", resp.) の状態を表し，α (β, resp.) は $|\alpha|^2+|\beta|^2=1$ を満足しています．また，α (β, resp.) は複素数でその二乗はその状態の確率を意味しています．

　このことから，ペトリネットのトークンの重みを複素数に拡張し，発火規則を対応させ，図7のように従来のペトリネットの定義を包含した形で拡張します．

(a) Ordinary PN　　　(b) Extended PN III'

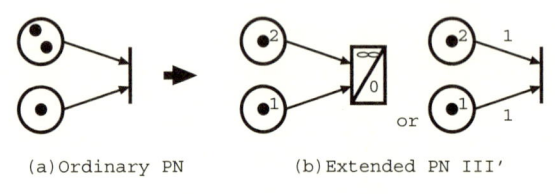

図7　ペトリネットの拡張

　図7の拡張ペトリネットを使って量子ビットをモデル化すると図8(a)のようになります．また，その計算木の一部は同図(b)のようになります．同図(b)の計算木は，量子ビットのものと一致しており，正しくモデル化されていることがわかります．

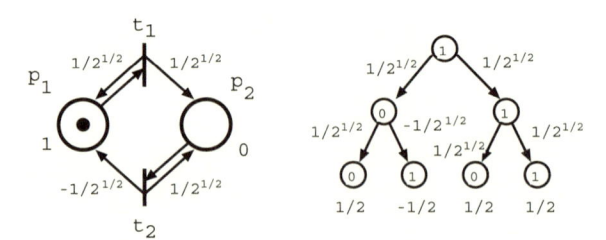

(a) An EPN III' model　(b) Tree after 2 unit times

図8　量子ビットのモデル化

　次に，量子ビットを n 個に拡張した場合を考えてみます．そのときの各量子ビットの状態推移は図10のようになるものとします．

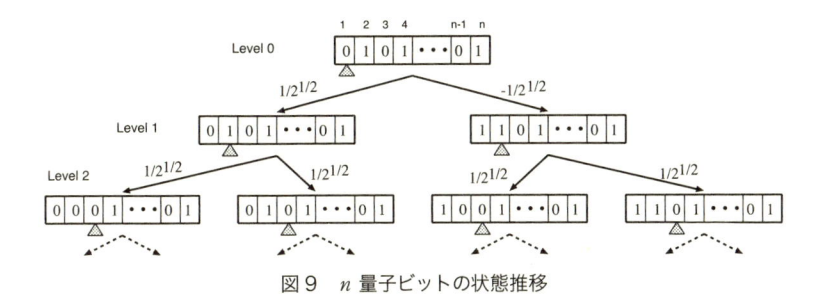

第21章 ペトリネットとその拡張モデル

図9 n 量子ビットの状態推移

　この n 個の量子ビットを拡張ペトリネットでモデル化したものとその動作を図9に示します．このモデルは，図9と同じ動作をしており，正しくモデル化されていることがわかります．更に，この動作はマーキングとトークンの重みの変化で表されているため，図9とは異なり，その規模はレベルが変化しても増加していません．また，各トークンの重みを見ることによりその時点での各量子ビットの値を知ることができ，シミュレータとしても有用なモデルであることがわかります．

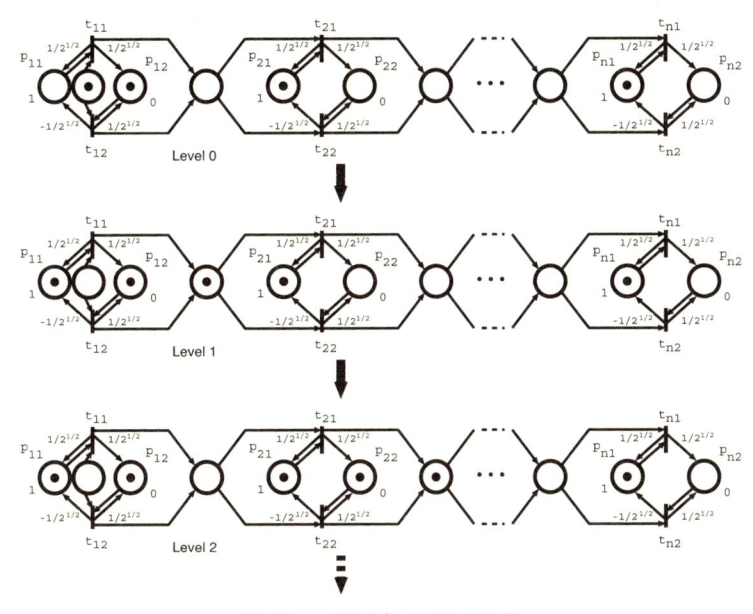

図10　n 量子ビットのモデル化

6. むすび

離散的な事象を問題とする場合の有用なモデルの1つであるペトリネットを紹介しました．また，そのモデルを拡張することでファジィや量子ビットなど幅広い分野への応用可能性を示しました．少しでも興味を持って頂ければ幸いです．参考文献として，ペトリネットの入門書や本文を書く上で参考にした論文の一部を紹介しておきます．

参考文献

[1] T.Murata:"Petri nets : properties, analysis and applications," Proc.of IEEE, 77, 4, pp.541-580 (1989).

[2] 村田忠夫:"ペトリネットの解析と応用," 近代科学社 (1992)

[3] 計測自動制御学会離散事象システム研究専門委員会:"ペトリネットとその応用," 計測自動制御学会 (1992)

[4] 椎塚久雄:"実例ペトリネット—その基礎からコンピュータツールまで," コロナ社 (1992)

[5] 村田，辻:"ペトリネットによる並行処理プログラムの解析手法," 情報処理, Vol.34, No.6, pp.701-709 (1993)

[6] 熊谷，薦田:"ペトリネットによる離散事象システム論," コロナ社 (1995)

[7] 青山，内平，平石:"ペトリネットの理論と実践," 朝倉書店 (1995)

[8] 奥川峻史:"ペトリネットの基礎," 共立出版 (1995)

[9] 辻孝吉:"ペトリネットの知能システムへの応用," システム制御情報学会誌, Vol.48, No.8, pp.457-462 (1998)

[10] 辻孝吉:"アナログとディジタルの話 — 人と情報システムのかかわり —," 未来を拓く情報科学, リバティ書房, 第3章, pp.72-92 (1997)

[11] K.Tsuji:"On a new type extended Petri nets and its applications," Proc. of IEEE ISCAS 2000, pp.192-195 (2000)

[12] K.Tsuji and A.Ohta:"An extended Petri eet III and its applications," Proc. of IEEE ISCAS 2001, pp.339-342 (2001)

第22章

複雑ネットワーク

1. はじめに

　本章は，「離散数学」の境界領域に属する研究分野である，複雑ネットワークについて紹介します．

　複雑ネットワークには明確な定義があるわけではなく，現実世界に存在する巨大で複雑なグラフのことを指す場合が多いようです．ここで，グラフというのは，点集合と，二点間をつなぐ辺の集合から構成された図形です．

　現実世界にはグラフでモデル化できるものが多々あります．実際，インターネットのルータ接続関係，WWWのハイパーリンクで繋がれたページ全体の接続関係，論文の被引用関係，人間関係，企業間取引関係，生物の神経回路網，生体内のたんぱく質相互作用，食物連鎖，言語における単語間の関係など，情報科学・社会科学・経済学・生命科学など幅広い分野において，グラフを見出すことができます．

　これらが，ここ最近特に注目されてきたのは，現実のネットワークが持つ意外な性質が見出されたことがきっかけの一つです．このような性質は，それまでのグラフ理論の研究では想定されていなかったため，すぐに利用できる知見はほとんどありませんでした．そこで，新しい研究対象として活発に研究が進みはじめたのです．

　本章では，この新しい分野の一端を紹介します．

応用編

2．複雑ネットワークの性質

複雑ネットワークが持つ性質として，まず**次数分布がべき乗則に従う**ことが挙げられます．これは，点の次数（つながっている辺の数）の度数分布がべき乗則に従う，言い換えれば，次数 k である確率 $p(k)$ の分布が $p(k) \propto k^{-\gamma}$ （γ は正の定数）となっていることを指します．

イメージ的には，小さな次数の点は多く，大きな次数の点は少なくなってはいくけれどもそれは急激ではないということです．正規分布のように平均的な次数の点が多いということもないため，分布の偏りを特徴付ける平均的な尺度（スケール）が存在しないことから，**スケールフリー**（scale-free）とも呼ばれています．

図1は，インターネットの接続関係を描画したものです[1]．図2は，イン

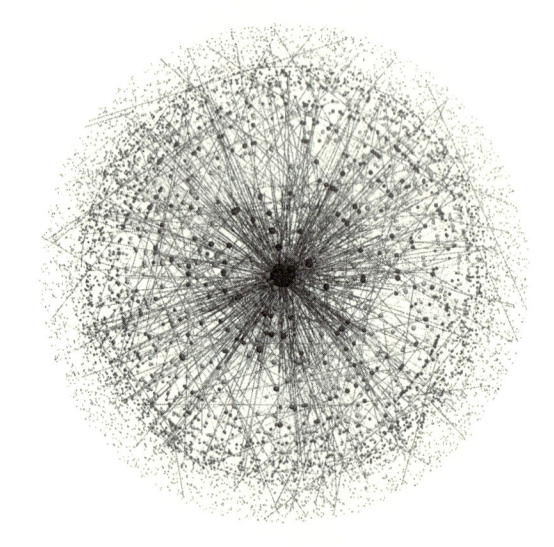

図1　インターネット

---

[1] インターネットにおける AS（Autonomous System）間の隣接関係図．http://sk-aslinks.caida.org/data/2007/ のデータに基づき，http://xavier.informatics.indiana.edu/lanet-vi/ のツールを用いて描画した．

ターネットの次数分布をあらわしています．横軸は次数（degree），縦軸はその次数の点の個数（frequency）とし，両軸を対数軸でとっています．この両対数グラフ上で度数分布がほぼ直線上にあるので（点線は $\gamma = 2.5$ のべき関数を表す），べき乗則にしたがっていると言えます．

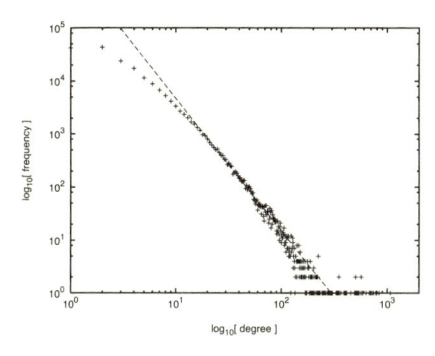

図2　インターネットの次数分布

スケールフリーネットワークの例は数多く見つかっています．例えば，人を点とみなし，お互いに知人である関係を辺として人間関係をグラフで表現することができますが，これがスケールフリーになっていることが知られています．実際，友人がとても多い人は少なく，大多数の人の友人の数はそれほど多くはありません．また，WWWでは，有名サイトは膨大な数のサイトからリンクされていますが，大多数のサイトはそれほど多くないサイトからしかリンクされていません．生体内の相互作用でも，一部のたんぱく質が多数のたんぱく質と反応する構造になっています．このように，次数に偏りがあるネットワークはあちこちで見出されますが，その分布がべき乗則にしたがっているものも少なくないのです．

次なる特徴的な性質として，**スモールワールド**があります．これは，ネットワーク内の2つの点が，中間にわずかな数の点を介してつながっているという性質です．イメージとしては「世間は狭い」ということで，無関係の人のように見えても間に少数の人を介するだけでつながっていることに気付くこ

とがしばしばあります．グラフの2つの点の間の距離を，経由する辺の数の最小値で定義するとしましょう．スモールワールドをもう少し正確に言うと，すべての2点間の距離の平均(平均点間距離 L)の増加速度が，点の数 n の増加速度に比べて小さい，つまり $L \propto \log n$ かさらに小さいという性質です．

　もう一つ，**クラスタ性が高い**という性質も挙げられます．イメージ的には「友達の友達は，また友達」ということで，内輪のつながりが強いという性質です．初対面の挨拶をした時に，共通の知り合いがいることに気付くといった経験もしばしばあることです．

　クラスタ性が高いとは，次のように定義されるクラスタ係数が大きいことを言います．点 v の次数を k とすると，v の隣接点を両端点に持つ辺は，最大で ${}_kC_2$ 本ありえますが，このうち，実際に存在する辺数の割合を v におけるクラスタ係数とし，すべての点に関するクラスタ係数の平均値を，そのグラフのクラスタ係数と言います．現実のネットワークのクラスタ係数は，規模に依らず $0.1 \sim 0.7$ 程度と観測されています．

　なお，平均点間距離が小さくかつクラスタ性が高いことをスモールワールドという流儀もあります．

　さて，以上をまとめると，現実のネットワークの中には，次数分布がべき乗則に従い（スケールフリー），平均点間距離が小さく（スモールワールド），クラスタ性が高いという性質が見られるものが少なからずあるということです．

　これらは，背景の異なる様々なネットワークに共通して見出されてきました．ということは，共通する「自然な」原理(生成モデル)が潜んでいると考えるのが自然です．では，それはどのような原理だろうかと考えられたわけですが，実はそんなに簡単な話ではなかったのです．

3. モデル

　前章で紹介した性質を持つネットワークの生成モデルを挙げる前に，まず

Erdős と Reyní によるランダムグラフというものを説明します.

n 個の要素からなる点集合を V とします. 任意の2つの点の組 $\{v_i, v_j\}$ ($\subseteq V \times V$) に対して, 辺 (v_i, v_j) が存在する確率を p ($0 \leq p \leq 1$), 存在しない確率を $1-p$ とします. 辺が存在するかどうかは, $n(n-1)/2$ 通りの組それぞれについて独立に定まるとします. すべての2点の組について, 辺が存在するか否か確率的に決めることによって, 一つのグラフを生成することができます. このランダムグラフは, 元々はある性質を満たすグラフの存在証明のために考えられた概念ですが, 複雑ネットワークの生成モデルにも使えるかもしれないと考えるのは自然でしょう.

そこで, 次数が k である確率 $p(k)$ を求めてみましょう. ある点 v の次数が k ということは, v 以外の $n-1$ 個の点のうち k 個との間に辺があり, それ以外はないということです. したがって, ある k 個の点を指定すれば, それらとの間にのみ辺がある確率は確率は $p^k(1-p)^{n-1-k}$ です. このような k 個の点の組は ${}_{n-1}C_k$ 個あるので, 結局 $p(k) = {}_{n-1}C_k p^k (1-p)^{n-1-k}$ となります. 右辺は二項分布という確率分布で, λ ($= (n-1)p =$ 平均次数) を一定としながら $n \to \infty$ としたとき, $\dfrac{e^{-\lambda}\lambda^k}{k!}$ に収束することが分かっていますが, これはポアソン分布と言うものになっています. 式からすぐに分かるように, これはべき乗則を満たしません. このランダムグラフは, とても自然な生成モデルのように思えるにも関わらず, 複雑ネットワークの生成モデルにはならないのが不思議です.

初めてスケールフリーのネットワークを生成できる自然なモデルは, 1999年, Barabási と Albert によって提案されました. このモデル (BA モデル) は, 成長と優先的選択という原理に基づいています. 成長というのは, 時間がたつにつれて点が次々にグラフに追加されていくという意味です. 優先的選択というのは, 新たに一つの点が加わって, 元からある点のどれかと辺で結びつく際, 相手先は既に多くの点とつながっている点, つまり次数の高い点とより結びつきやすいということです. 一度次数の大きくなった点ほど新しい点と結びつきやすくなって, さらに次数が大きくなりやすいというわけ

です．WWW を例として考えてみましょう．多くのリンクを集めているサイトは人気が高いと言えます．新たにサイトを新設した人は，関連する他のサイトへのリンクを張る時，人気の高いサイトを選ぶ傾向にあるでしょう．これは優先的選択をしていることに相当します．

ちなみに，検索サイトとして有名な Google は，集めているリンクの数の多少に基づいて重要度をランキングする仕組みを利用して（もちろん，その他の情報も用いていますが），検索の精度が高まることを実証しています．

BA モデルをもう少し詳しく記述すると次のようになります：r 個の点からなる完全グラフ（すべての点が互いにつながっているグラフ）K^r を初期グラフとします．新しい点を 1 つ追加し，その点から既に存在する r 個の点に対して辺を張ります．それぞれの点との間に辺が張られる確率は，各時点でのその点の次数に比例するものとします．このようにして，一つの点の追加と辺付加の手順を繰り返します．

このモデルで生成されるグラフの次数分布は，$p(k) \propto k^{-3}$ となることが証明されています．また，平均点間距離 L については，$L \propto \dfrac{\log n}{\log \log n}$ となることが知られています．したがって，BA モデルはスケールフリーであり，スモールワールドです．しかし，クラスタ係数 C については，$C \propto n^{-\frac{3}{4}}$ なので，点の数が大きくなると 0 に収束することを意味し，クラスタ性が高いとは言えません．ただし，これを拡張した形のモデルで，高いクラスタ性を持たせるようにしたものも提案されています．

BA モデルは有効なモデルですが，これだけですべてを説明できるわけではありません．BA モデルでは，成長することが本質の一つですが，ネットワークは常に成長するわけではありません．非成長なスケールフリーネットワークを説明できるモデルの一つとして，閾値モデルというものがあります．これは，各点には重み（適応度）が確率的に与えられており，点 v と w の間には，v と w の重みの和や積（一般的には 2 点の重みの関数）がある閾値を超える時，辺が張られるという原理で生成されるものです．点の重みが従う確率分布が指数分布やべき分布など，現実世界でよく現れる様々な分布に従う場

合，生成されるグラフはスケールフリーとなることが示されています．空間を考慮したモデル(空間閾値モデル)への拡張もされています．そこでは，点の重みの相互作用だけでなく，点間距離の影響力も調整するパラメータが導入されています．例えば，重みの和が小さくても距離が近いと辺が張られやすく，逆に重みの和が大きくても距離が遠いと辺が張られにくくなるというような効果が入っています．このモデルでは，点間距離の影響力が小さい場合は通常の閾値モデルに近く，大きい場合は，重みの影響が弱まって，Unit Disk Graph という単位距離以下の点間のみに辺が存在するグラフに近づきます．したがって，影響力が大きくなるにつれて平均点間距離は大きくなります．次数分布に関しては，重みがパレート分布の時はスケールフリーですが，指数分布の場合は，点間距離の影響力が大きくなるにつれてスケールフリー性が崩れていくことが知られています．

閾値モデルは，人間関係ネットワークなどのモデルとして有効だと考えられます．例えば点を人間と考え，点の重みをその人間の活動レベル(交友関係を築く能力)だと考えると，活動レベルの和がある閾値を越えると人間関係ができると解釈できます．

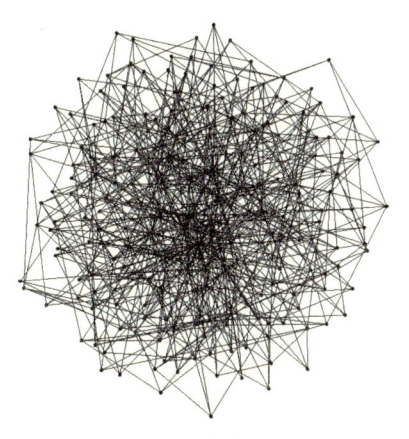

図3　BA モデルで生成したグラフの例

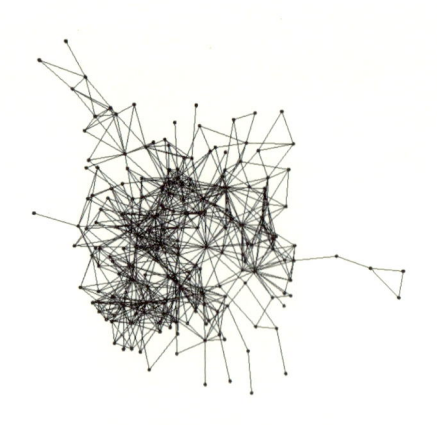

図4 空間閾値モデルで生成したグラフの例

　ちなみに，閾値モデルで生成されるグラフは，グラフ理論において閾値グラフとして知られるものになっています．閾値グラフの点集合は，クリーク（互いにつながっている点集合）と独立点集合（互いにつながっていない点集合）に分割でき，後者の点は孤立点を除いてすべてクリークの点とつながっているというものになっています．したがって，クリークが次数の高い点集合に対応し，他の点はこれらに接続するという，現実のネットワークの性質との適合性の高い描像が成り立っています．
　ここでは，成長型と非成長型から一つずつモデルを紹介しましたが，これら以外にも数多くの生成モデルが提案されています．現実のネットワークが持つ性質は共通していても，モデルは必ずしも同じとは限らないため，対象に応じたモデルの選択が重要です．

4．ネットワークの構造と機能

　ネットワークを相互作用が起こる下地ととらえ，辺を介して起こる何らかの相互作用や機能に関する研究も活発です．ここでは，そのうちのいくつかを紹介します．

4.1 ネットワーク上の伝播

　セキュリティへの関心が高まるにつれて，インターネット上でコンピュータウィルスが拡散する現象について研究されてきました．これらは，以前から研究されていた様々な感染過程のモデルを複雑ネットワークに拡張したものといえます．代表的なものとして，SIR モデル，パーコレーション，コンタクト・プロセスなどがあります．複雑ネットワーク上の感染過程の一般的なモデルにおいては，各点が健康・病気・回復・ウィルスの潜伏などの状態のうちの一つをとり，異なる状態の隣接点との間に何らかの相互作用が起きるとします．例えば，病気の人が健康な人に辺を介して隣接していると，病気をうつす可能性があります．

　コンタクト・プロセスの場合を例に，もう少し詳しく説明します．グラフの各点は，感染か非感染の 2 つの状態を取り，時間とともに変化します．非感染点は，隣接している感染点の数に応じて確率的に感染します．逆に感染点は隣接点の状況に依らず確率的に治癒して非感染点となります．

　感染点が一つである状態から開始して，感染が広がってもいずれ終息して感染点がなくなるか，いつまでも感染点が残り続けて終息しないかを見極めることが重要です．これは，感染や治癒する確率，そしてグラフ構造に依って変わります．一般にこの解析は難しく，多くのことが分かっているとは言えません．感染する確率が小さい時にはいずれ終息し，大きい時は終息しないというのは直感的に明らかですが，その境界の確率（臨界値）がどうなるかについては多くは未解決です．

　感染する確率を，ある正の実数値 λ を用いて表すことにしましょう．グラフが格子や木の場合には臨界値 $\lambda_c > 0$ が存在して，$\lambda > \lambda_c$ のときにはウィルスが蔓延する可能性があり，$\lambda < \lambda_c$ のときには蔓延しません．ある種のスケールフリーネットワークでは，次数分布を $p(k) \propto k^{-\gamma}$ とすると，$\gamma \leq 3$ の時，$\lambda_c = 0$ となることが知られています．つまり，小さい感染確率でもウィルスが広がってしまうのです．現実のネットワークでは，$2 \leq \gamma \leq 3$ であることが多いので，この結果は，現実のネットワークでは感染力に関わらずウィルスが広がりやすいことを意味しているのです．

応用編

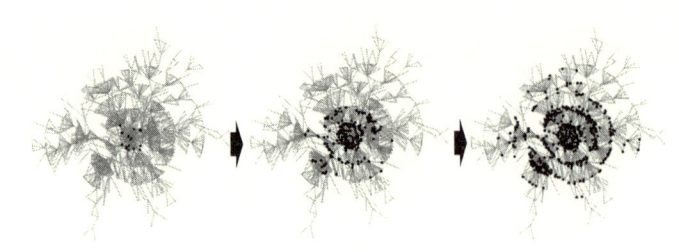

図5　感染がネットワーク全体に広がる様子

4.2　ネットワーク上のコミュニティ

　複雑ネットワークにおけるコミュニティの探索も注目されている研究の一つです．コミュニティの定義は様々ですが，グラフ内の密な部分グラフという捉え方が一般的です．例えば，Webのハイパーリンク構造によるネットワーク（Webグラフ）内のコミュニティを発見することによって，検索エンジンの性能向上に応用できるため，コミュニティは重要視されています．

　コミュニティの漠然としたイメージはほぼ共通ですが，明確な定義となると様々なバリエーションがあります．以下にいくつかを紹介します．

　最も単純なコミュニティは，Webグラフに含まれるクリークです．クリークに属するページは，すべてお互いにリンクを張っています．このような単純なものでも実際に見つけることは容易ではなく，最も大きいクリークを見つけようとすれば，NP困難問題（本書の第6章「計算の複雑さ」を参照）を扱うことになってしまいます．

◯：コミュニティ

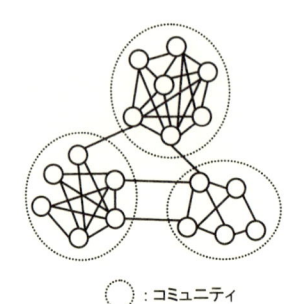

図6　コミュニティのイメージ

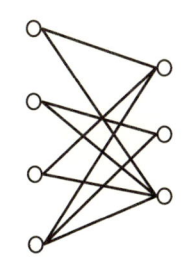

図7 二部グラフの例

　コミュニティとして密な二部グラフというものを考えるものもあります．二部グラフとは，点集合が2つの部分集合 V と W に分割できて，辺は V と W の間のみにあるグラフのことです (図7)．リンク先を共有するページ集合とそのリンク先ページ集合は二部グラフを形作っていますが，これを1つのコミュニティとするわけです．例えば，車に関心のあるページは，車メーカのページにリンクを張っており，これらは車というものを軸に1つのコミュニティを形成していると考えられます．二部グラフをベースとしたものとして，HITS [1] が有名です．これは，オーソリティとハブからなる二部グラフをコミュニティとします．関連するページへより多くリンクを持つページ (ハブ) は情報の連結点としてより重要であり，またより多くのハブページからリンクされているページ (オーソリティ) は，そのトピックについてより重要な情報を持っているという考え方をベースとしています．オーソリティとしての価値は自分にリンクを張ってくるハブの価値の合計，ハブとしての価値はリンクを張る先のオーソリティの価値の合計とすると，Web グラフの構造から各ページのオーソリティとしての価値とハブとしての価値が計算できます．そして，それぞれの価値の高いものを選び出してオーソリティおよびハブとすることによって，コミュニティを抽出します．

　他にも，孤立クリークや孤立擬クリークというもので定義することがあります [7]．孤立クリークとは，クリークとその外部との間の辺の数が，クリーク内部の点数の定数倍で抑えられるものと定義されます．イメージとしては，周囲とあまりつながっていないが内輪で密につながっている点集合です．ク

応用編

リークの条件を緩めた擬クリークというものについても，孤立擬クリークが同様に定義できます．孤立クリークは線形時間ですべて列挙できることが分かっており，孤立擬クリーク探索についてもアルゴリズムや計算量について調べられています．

5．今後の展望

スケールフリー性など新たな性質の探求や，それらの性質を満たすモデルの提案といった研究は一段落ついてきた様子です．現在は，前節で紹介したもののような，現実のネットワーク上での現象や機能，構造に関する研究が多くなっています．

本章で紹介したように，複雑ネットワークの研究は様々な分野と関係し，多くの知見が得られてきています．ただ，これまでの研究では，事例を調べたり，有効な仮説やモデルを提案・検証することが中心であったため，数学的な厳密性は犠牲になっている面もあります．

また，これまでは応用を指向した本格的な取り組みは少ない状況です．例えば，スケールフリーネットワークは次数の高い点への選択的攻撃に対して脆弱であるということが知られていますが，スケールフリーであることを活かした頑強なネットワークの設計法のようなものはまだありません．一般的なネットワーク設計法に関しては，離散数学や最適化理論の分野で深く研究されており，多くの結果があります．スケールフリーに限定すれば，さらに高速で効率的なアルゴリズムが得られるかもしれません．

複雑ネットワークは新しい分野であることもあってまだまだ混沌としているため，数学，特に離散数学分野のグラフ理論や最適化理論の研究者，工学的な応用研究者は，あまり参入していません．その一方で，いろいろいじって遊べそうな研究ネタが次から次へと供給されている状況です．つまり，まだ手付かずのネタがたくさんあって，手が付けられるのを待っています．だからこそ，複雑ネットワークは「これからまさにおいしい」研究分野と言え

るでしょう．

参考文献

[1] J. Kleinberg, "Authoritative sources in a hyperlinked environment", In Proc. 9th Ann. ACM-SIAM Symp. Discrete Algorithms, pp.668-677, ACM Press, 1998.

[2] アルバート＝ラズロ バラバシ, "新ネットワーク思考", NHK出版, 2002.

[3] R.Albert, A.-L., Barabási, "Statistical Mechanics of Complex Networks", Review of Modern Physics, Vol.74, pp.47-97, 2002.

[4] S.Bornholdt, H.G.Schuster et.al., "Handbook of Graphs and Networks: From the Genome to the Internet", Wiley-VCH, 2003.

[5] M.E.J.Newman, "The structure and function of complex networks", SIAM Review, Vol.45, pp.167-256, 2003.

[6] 増田直紀, 今野紀雄, "複雑ネットワークの数理", 産業図書, 2005.

[7] H.Ito, K.Iwama, T.Osumi, "Linear-time enumeration of isolated cliques", In Proc. 13th Annual European Symposium on Algorithms (ESA 2005), LNCS 3669, pp.119-130, 2005.

[8] R.Pastor-Satorras, A.Vespignani, "Evolution and Structure of the Internet: A Statistical Physics Approach", Cambridge, 2007.

[9] G.Caldarelli, A.Vespignani, et.al., "Large Scale Structure and Dynamics of Complex Networks: From Information Technology to Finance and Natural Science", World Scientific, 2007.

エピローグ

論文のできるまで
—— 一般化ハムサンドイッチ定理を題材にして ——

1. はじめに

　丸2年間，24回に渡って連載してきた「離散数学のすすめ」も今回で最後です．最終回は少し趣向を変えて，「離散数学の論文ができるまで」について記してみます．題材は[3]の論文(ジャーナル版は[4])です．

　論文の主題は「n 分割平面ハムサンドイッチ定理」で，この定理の内容を大ざっぱに言うと「平面上にばらまかれた赤点と黒点は n 個 (n は任意) の凸領域によって均等分割できる」というものです．岩波の数学辞典が2007年に約20年ぶりに改定され第4版が出ましたが[1]，そこにもこの結果が記載された[1] ことからも分かるように，たいへん基本的な性質で，それまで証明されていなかったのが不思議なくらいです．

　まず背景を知っておかないと理解できないので，少し長いですが次節で説明しておきます．

　ただし，限られたスペースで直感的に理解できることを優先し，厳密性は所々無視してますのでご理解下さい．

---

[1] 491 離散幾何学 —— B. 代表的なテーマと基本的な定理 —— 2) 均等分割 —— 8～12行目 (P.1610 右側の段の中ほど)

2. 古典的ハムサンドイッチ定理

離散幾何学の古典的な定理に「ハムサンドイッチ定理」(Ham Sandwich Theorem)というものがあります[2]．なお，点集合が**一般の位置**にあるとは，どの3点も一つの直線上に存在しないことを言います．

> **定理1** d次元空間上にd種類の点集合$S_1, \cdots, S_d$が存在し，各々偶数個の点を含んでおり，全点集合$S_1 \cup \cdots \cup S_d$は一般の位置にあるとする．このとき，ある$d-1$次元超平面が存在し，それによって分割される二つの領域(半空間)は各S_i ($i \in \{1, \cdots, d\}$)の点を丁度半分ずつ含む． □

3次元の場合を例にとると，

> ハムとレタスのサンドイッチを二人で分けようとしたとき，パンとハムとレタスの全てが丁度半分ずつになるように包丁でスパッと等分できる．

と言うことができます．

ここでは2次元版を考えます．定理1で$d=2$の場合を考えると，以下の定理になります．

> **定理2** 2種類の各々偶数個から成る点集合(赤点集合Rと黒点集合Bとする)が平面上に一般の位置で存在するとき，赤点と黒点を同時に等分する直線が存在する． □

図1に例を示しておきます．なお，本稿では赤点を白抜き四角，黒点を黒塗り四角で表現することにします．

---

[2] ここに示したものはもっとも基本的なもので，これより多少変形されたもののあります．

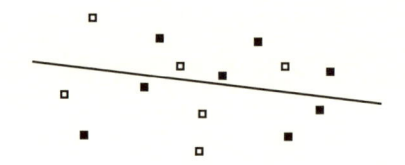

図1　赤点6個と黒点8個の例

この2次元版には，分かりやすい証明があります．なお，以下では直線は有向直線とします．例えば，二つの直線が例え同じ点集合を含んでいても，方向によって2種類の異なる直線が存在します．さらに任意の直線 ℓ に対し，その向きに沿って右側の半平面と左側の半平面を各々 ℓ^+, ℓ^- と表します（図2参照）．ℓ^+ に含まれる赤点の数を $\ell^+(R)$，黒点の数を $\ell^+(B)$ とし，同様に $\ell^-(R)$ と $\ell^-(B)$ も定めます．

定理2の証明　説明を簡単にするために，垂直に並んでいる2点は存在しないと仮定しておく[3]．まず垂直上向きの直線によって，赤点の等分を試みる．これが可能なことは，以下の様にして分かる．まず全ての点が右側に来るように直線 ℓ を置く．すなわち $\ell^+(R) = |R|$ となる．ℓ を垂直であることを保ったまま，少しずつ右に動かしていく．このとき，$\ell^+(R)$ は減少していくが，その変化量は常に1以下である[4]．最終的には $\ell^+(R) = 0$ となるので，その中間に $\ell^+(R) = |R|/2$ となる ℓ が存在する（中間値の定理）．

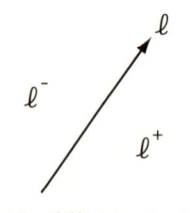

図2　直線 ℓ と ℓ^+, ℓ^-

---

[3] 存在した場合は，全体を微少角度回転させることで，この条件を満たすようにできる．この回転によって，分割の存在に影響が無いことは明らか．

[4] 垂直に並んだ2点は存在しないので．

これで垂直上向きの直線 ℓ によって，赤点が等分された．このとき，黒点も (偶然) 同時に等分されていれば，これが所望の直線となるので，そうでないと仮定する．このとき，黒点の数は右側が多い (すなわち $\ell^+(B) > |B|/2$) と仮定して一般性を失わない[5]．図 3(a) 参照).

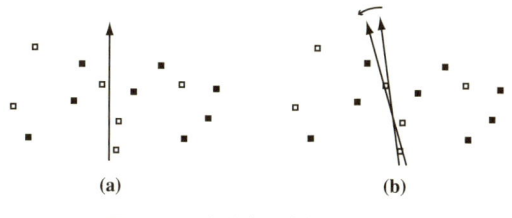

図3　ℓ の初期位置(a)と回転(b)

直線 ℓ を，「赤点を等分している」という条件を保ったまま，左回りに回転させる．これを可能にするには，赤点を乗り越える時には，ℓ^+ から ℓ^- へ 1 点，その逆向きにも 1 点，同時に乗り越えるようにすれば良い (図 3 (b) 参照)．この回転操作の際に，少し注意すれば，各領域の黒点数の変化量が常に 1 以下であるようにできる．

この回転を 180 度行った結果 (ℓ_1 とする) を考えると，回転し始めの状態 (ℓ_0 とする) と向きが異なるだけで，ピッタリと重ねることができる．従って $\ell_1^+(B) = \ell_0^-(B) < |B|/2$ が成立する．すなわち，$\ell^+(B)$ の値はこの回転によって $|B|/2$ より大きい値から $|B|/2$ より小さい値まで変化したことになる．上述の様に，$\ell^+(B)$ の変化量は常に 1 以下なので，中間値の定理より，$\ell^+(B)$ の値が丁度 $|B|/2$ と等しい様な直線 ℓ が存在する．これが所望の直線である．
□

---

[5] そうでなければ，上下を反対にして考えれば良い．

エピローグ

3. 金子・加納の一般化

1998年，金子篤司(工学院大，当時)と加納幹雄(茨城大)の離散数学者のコンビによって，定理2の驚くべき拡張が予想として出されました．それは後日，ほぼ同時に3つの異なるグループによって独立に証明されました[6]ので，ここは予想では無く，定理として書いておきます．

定理の記述の前に，少し用語を定義しておきます．二つ以上の領域が**互いに素**であるとは，共有する部分が無いことを意味します．領域 A が**凸**(convex)であるとは，直感的に言えば「凹みが無い」ことですが，数学的にきちんと定義すれば，「A 内の任意の2点 $x, y \in A$ に対して線分 xy が A に含まれている」ことを言います．

> **定理3** 赤点集合 R と黒点集合 B が平面上に一般の位置で存在する．ただし $|R| = pn, |B| = qn$ とする($n, p, q \geq 1$ は任意の自然数)．このとき，互いに素な n 個の凸領域 $A_1, \cdots, A_n$ で，各 A_i ($i \in \{1, \cdots, n\}$) は丁度 p 個の赤点と q 個の黒点を含むようなものが存在する． □

図4に例をあげておきます．定理3は，定理2を特殊な($n = 2$ の)場合として含んでいます．すなわち定理2の一般化となっています．

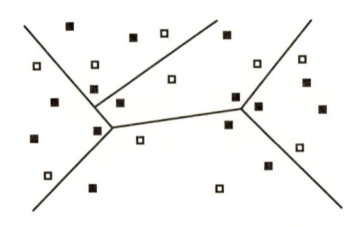

図4　$n = 5, p = 2, q = 3$ の例

---

[6] 1998年のJCDCGで[3]と[5]が，1999年のSoCGで[2]が発表されました．

4. 証明に向けて

　この予想(定理3)を筆者が聞いたのは1998年の7月に茨城大で行われた研究会における加納先生の講演でした．たいへん魅力的な予想であったので，それ以降の講演は上の空で考え続けました．その時点で分かったのは以下のことです[7]．

観察4　直線による2分割を帰納的に適用したのでは，できない場合が有る．
□

　つまり，例えば3分割の場合，「まず直線で1:2に分割し，次に大きい方の領域を半々に分ける」という手順では駄目な場合があります．例えば，図5のような配置の場合，直線で赤点を1:2に分けようとすると，(a)の様に青点はどうしても偏ってしまいます．しかしこの例でも，いきなり3分割ならば，(b)のようにすればできるのです．

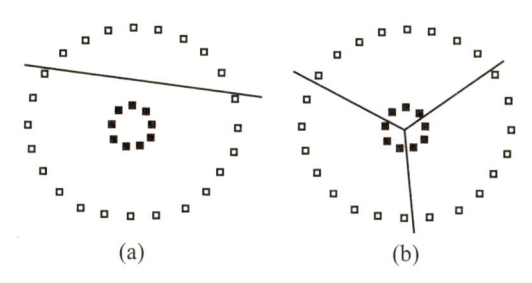

図5　直線で1:2に分けられない例

　次の観察はさらに重要です．

---

[7] ただし観察4は加納先生の講演の中でも触れられていたと思います．また観察5も口頭で簡単におっしゃっていたと記憶しています．

エピローグ

観察 5　$n=3$ の場合が証明できれば，一般の場合の証明も多分できる．　□

ここは曖昧な表現で申し訳無いのですが，正確な記述は省略します．この結果，あとは 3 分割 ($n=3$) の場合だけ証明すれば (多分) 良い，ということになります．3 分割ですから，図 5(b) の様な 1 点から放射状に伸びる 3 本の半直線による分割になります．

ここまでの議論をまとめると，証明の方針としては以下の様になります．

方針　$|R|=3p, |B|=3q$ (ただし p と q は任意の自然数) の場合を考え，直線で 1:2 に分割できない場合に上手い 3 分割が必ず存在することを示す．

さて，「直線で 1:2 に分割できない」とはどういうことか考えてみましょう．これを言い換えれば，「$\ell^+(R)=p$ となる任意の直線 ℓ について，$\ell^+(B)>q$ または $\ell^+(B)<q$ である」ということです．
「$\ell^+(B)>q$ または $\ell^+(B)<q$ である」と書きましたが，実はこれは混在することは無い，ということが言えます．すなわち「$\ell^+(R)=p$ となる任意の直線 ℓ」は「すべて $\ell^+(B)>q$ となる」か「すべて $\ell^+(B)<q$ となる」かのどちらかしか成り立たない場合を考えれば十分なのです．なぜかと言うと，次の補題が成立するからです．

補題 6　$\ell_1^+(R)=p$ かつ $\ell_1^+(B)>q$ となる直線 ℓ_1 と $\ell_2^+(R)=p$ かつ $\ell_2^+(B)<q$ となる直線 ℓ_2 が存在するならば，$\ell_3^+(R)=p$ かつ $\ell_3^+(B)=q$ となる直線 ℓ_3 も存在する．　□

証明の概略は以下の通りです．定理 2 の証明の後半で行ったように，ℓ_1 から ℓ_2 へ，$\ell_1^+(R)=p$ であることを保ったまま，$\ell_1^+(B)$ の値の変化量が高々 1 である様に回転させて直線を移すことができることが示せます．すると，やはり中間値の定理より，ℓ_3 が存在することになるのです．

「すべて $\ell^+(B) > q$ となる」か「すべて $\ell^+(B) < q$ となる」かはどちらも同じこと[8]なので，後者を仮定しておきます．すなわち以下が成立するとします．

観察 7　$\ell^+(R) = p$ となる任意の直線 ℓ について，$\ell^+(B) < q$ である．　□

こうなると，$\ell^+(R) = p$ という状態を保ったまま直線 ℓ をぐるっと回すと多分真ん中に黒点が集まった領域が残るはずです（例えば図 5 のように）．その領域内の点を中心として，きっと図 5(b) のような 3 分割する放射線が引けるに違い有りません．つまり，

> うまく領域を限定して，その中の任意の点 x を中心にした赤点を 3 分割する放射線が一通りに定まる様にしておいて，x の微少変化に対して黒点の変化が高々 1 であることを利用して，中間値の定理を用いて存在証明をする．

という様な方針が思い浮かびました．

5．証明の概略

その夜は出張先のホテルであったこともあって，なかなか寝つけずにこのアイデアを考え続けました．その結果，翌朝までにはほぼ証明の形はでき上がっていました．それは以下のようなものです．

点集合 $R \cup B$ を全て含む凸領域で最小なもの[9]を U とします．U 内の任意の点 x に対して，x から射出される 3 本の半直線による赤点の 3 分割を考えますが，これを一通りに定める為に，1 本の半直線は固定することにします．その為には，U の境界上に任意に一点 a をとり，一つの半直線は xa であるこ

---

[8] 赤点と黒点を入れ替えれば前者は後者になります．

[9] これを**凸包**と呼びます．

エピローグ

とにします(図6(a)参照). その様な3分割を $Y(x)$ と表現し, その3領域を図6(a)の様に $P_T(x)$, $P_R(x)$, $P_L(x)$ とし, xa 以外の2半直線と U の境界との交点を図6(a)の様に $b(x)$, $c(x)$ と名付けることにします.

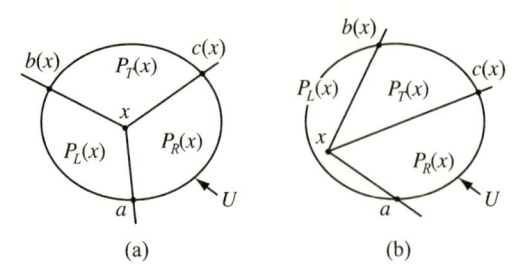

図6 標準的な分割 $Y(x)$

求める分割は凸分割ですので, $Y(x)$ がそもそも凸分割でなければいけません(例えば図6(b)の場合は $P_L(x)$ が凸ではありません). したがって, まず $Y(x)$ が凸になるような領域を以下の方法で求めます.

U の境界に点 b と c を $\ell^-(ab) = p$,

$\ell^+(ac) = p$ となるようにとる.

この結果 $Y(a)$, $Y(b)$, $Y(c)$ は凸になります(図7参照). さらに点 b から c へ, ある方法で折れ線折れ線 ℓ_a を引きます[10]. そして U 内で2直線 ab,

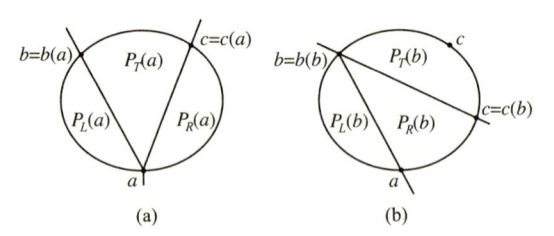

図7 $Y(a)$ と $Y(b)$ ($Y(c)$ は $Y(b)$ の左右対称な形になる)

---

[10] 3点 $b(x)$, x, $c(x)$ が一直線に並ぶ状態を保ちながら x を b から c へ動かした軌跡を ℓ_a とします.

316

ac と折れ線 ℓ_a に囲まれた部分 U_a が定まります (図 8 参照) が,実は,任意の $x \in U_a$ に対して $Y(x)$ が凸分割になることが証明できます.

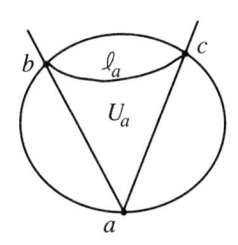

図 8 ℓ_a と U_a

$Y(x)$ は赤点を 3 分割しますので,それが黒点も同時に 3 分割するような $x \in U_a$ が存在することを,以下で導きます.まず,x が U_a の境界上にあるときに,黒点の分割がどうなっているかを見てみます.以下では,$P_T(x), P_R(x), P_L(x)$ に含まれる黒点数を各々 $m_T(x), m_R(x), m_L(x)$ とします.

観察 7 より以下のことが直ちに導けます.

補題 8 x が線分 ab 上にあるときは $m_L(x) < q$ であり,x が線分 ac 上にあるときは $m_R(x) < q$ であり,x が折れ線分 ℓ_a 上にあるときは $m_T(x) < q$ である. □

各点 x における,均等分割からのズレ方を表す関数を用意します (ただし $\lfloor * \rfloor$ は小数点以下切り捨て).
$$f(x) = \left\lfloor \frac{m_L(x) - m_R(x)}{2} \right\rfloor$$
$$g(x) = m_T(x) - q$$

$f(x) = g(x) = 0$ となる $x \in U_a$ を見つけることができれば,所望の分割を見つけたことになります.

まず $x = b$ を考えると,補題 8 より $m_T(b) < q$ かつ $m_L(x) < q$ であるので,

$m_R(b) > q$ が得られます[11]. 従って
$$f(b) < 0, \quad g(b) < 0 \tag{1}$$
同様に $x = c$ について考えると
$$f(c) > 0, \quad g(c) < 0 \tag{2}$$
となります．従って，中間値の定理より，U_a 内に $f(x) = 0$ を満たす領域 U' が b と c を分割する帯状に存在するはずです(図9参照)．U' は「ℓ_a 上の点(v とします)」と「線分 ab または線分 ac 上の点(w とします)」のどちらも含んでいますが，補題8より，前者では $m_T(v) < q$ より $g(v) < 0$ であり，後者では $m_R(w) = m_L(w) < q$ より $m_T(w) > q$，すなわち $g(w) > 0$ となります．よって，v と w を結ぶ曲線で U' に含まれるものを考えると，中間値の定理より，その上に必ず $g(x^*) = 0$ となる x^* が存在します(図9参照)．$x^* \in U'$ であることから，$f(x^*) = g(x^*) = 0$ となり，$Y(x^*)$ が所望の分割であることになります．

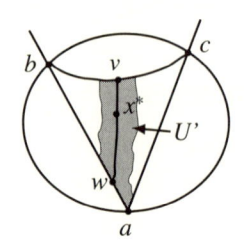

図9 U' と v と w と x^*

6．証明の欠陥と修正

これで証明ができたと思い，すぐに加納先生に連絡しました．そしてその年の12月に行われる離散幾何学の国際会議(JCDCG 98)にも，その結果を投稿しました．しかし，会議まで2ヶ月を切った10月17日，加納先生や金子

---

[11] $m_T(x) + m_R(x) + m_L(x) = 3q$ なので．

先生らに証明を説明している時に，なんと証明に穴が有ることが指摘されてしまいました．

それは最後の中間値の定理を用いる部分です．中間値の定理を用いる為には，関数 $f(x)$ と $g(x)$ が x の移動に伴って連続的に変化する，言い換えれば，十分近い2点 x, y に対しては $-1 \leq f(x)-f(y) \leq 1$ かつ $-1 \leq g(x)-g(y) \leq 1$ になっていないといけません．私はそこは自明だと思っていたのですが，「自明ではない」と指摘されたのでした．

良く考えてみると確かに問題が有ります．定義域が仮に1次元空間（すなわち線分上）だったとしたら，端から順番に分割を定義していけば，連続性を満たすようにできるでしょうから，「自明」と言っても良いのです．しかし，今扱っている問題の定義域は2次元なので，端から順番に定義していくことができません．例えばある点 x_1 から，ある程度離れた点 x_2 に，ある軌跡に従って x を移動させながら分割を定義していったとしても，x_1 から x_2 への軌跡は無数にありますので，それら全てが整合していて，かつ，連続性を満たしていることの保証はできないのです．

これは難問でした．**自明に見えることの証明は，かえって難しいことが多い**のです．論文を取り下げようかとも思いましたが，会議関係者から「結果が重要なので，あわてて取り下げなくても，ぎりぎりまで修正できないか考えなさい．取り下げるのは最後の最後で良い．」という励ましの言葉をいただいて，頑張ることにしました．

それから2〜3週間は，昼夜を分かたずその問題を考え続けました．そして，ついに解決の糸口を見つけました．それは，

> U_a 上のすべての点に対して分割を定義するのではなく，U_a 上に平面グラフを作り，そのグラフの節点に対応する点においてのみ分割を定義する（図10参照）．

という方法です．その平面グラフは内部極大[12] であり，隣接する2節点では

---

[12] どの面も3本の枝から成っている平面グラフのこと．

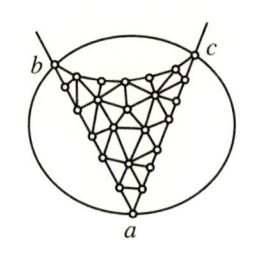

図10　U_a 上に作られたグラフ

分割が連続しているようにすれば，先の証明を適用することができます．これならば，分割が連続していない 2 節点間に節点を付加していく方法で，分割を定義するアルゴリズムを記述することができます．そのアルゴリズムが必ず停止することを証明すれば，このグラフの存在が証明でき，証明も完成する訳です．

会議まではもう 1 ヶ月もありません．そこからは時間との戦いでした．とにかく場合分けが多く，穴が無いように証明を完成させるのは膨大な作業で，1 ヶ月弱の間，寝る間も惜しんで，証明を検証し論文を書き続けました．結局論文は約 30 ページという，非常識な厚さのもの[13] になってしまいました [3]．そしてなんとか会議当日 1998 年 12 月 10 日，論文のコピーの束を持って，発表に間に合わせることができました．発表後，そのコピーはあっという間に無くなりました．

7. その後

この定理には，我々だけでなく，他の 2 グループからも，ほぼ同時に証明が出されました [2, 5][14]．面白いことに証明法は全て異なっています．ですか

---

[13] 論文は 10 ページ前後が普通です．
[14] 文献の年号がバラついていますが，会議録発行が会議後になったり，後日改訂版を論文誌に投稿したりした結果によるもので，元の結果はどれもほぼ同じ時期に独立に成されています．

ら今では，この3グループ同時の成果と認識されています．これらの著者である，Sergey Bereg（Bespamyatnikh から改名），David Kirkpatrick，酒井先生らとはその後，交流が続いています．特にセルゲイ（Sergey）とは共同研究を続けていて，今も次の共著論文を執筆中です．

8．むすび

　この結果は，「証明ができたと思っていたが，穴があった」ということで，その穴は埋めることができたとは言うものの，決して自慢できる話ではありません．しかし，あえてこの話を紹介したのは，論文作成の現場の緊迫感を皆さんにもお伝えしたかったからです．ただし一応弁解しておきますが，こういうことはそんなに頻繁にあるものではありません（笑）．私の場合，それが重要な結果において起こったので，特にドラマチックな思い出として記憶に残っているのです．

参考文献

[1] 日本数学会編，岩波数学辞典(第4版)，岩波書店，2007年3月．

[2] S.Bespamyatnikh, D.Kirkpatrick, and J.Snoeyink, Generalizing ham sandwich cuts to equitable subdivision, Proc. 15th Annual Symp. Computational Geometry, 1999, pp.49 – 58.

[3] H. Ito, H. Uehara, and M. Yokoyama, 2 – dimension ham sandwich theorem for partitioning into three convex pieces, Proc. Japan Conf. on Discrete and Computational Geometry (JCDCG'98)，LNCS, #1763, Springer, 2000, pp.129 – 157.

[4] H. Ito, H. Uehara, and M. Yokoyama, A generalization of 2 – dimension Ham Sandwich Theorem, IEICE Transactions, Vol.E84 – A, No.5, 2001, pp.1144 – 1151.

[5] T.Sakai, Balanced convex partitions of measures in R^2 , Graphs and Combinatorics, Vol.18, 2002, pp.169 – 192.

あとがき

　本書は「楽しく，分かりやすく離散数学の魅力を伝える」というコンセプトでまとめられました．皆様に楽しんでいただけましたでしょうか．

　多くの先生方のご協力をいただきましたが，皆様多忙な中，執筆を快くお引き受け下さいました．どの記事も分量の割に内容が豊富で，かつ読みやすく書かれており，私は個人的には，当初の目標は達成できていると考えています．しかし，本当にそうであるか否かは，読者一人一人のご判断によるものであることはもちろんです．

　離散数学の話題はここに挙げた他にも沢山あります．たった 24 回ではその全てを網羅するのは不可能なのですが，できるだけ色々な話題を集めたつもりです．（ただ，どうしても私の専門である，離散アルゴリズムやゲーム・パズルの話題が多くなっていますが．）それぞれの話題は，ここに書いただけでなく，もっと深く，面白い話題に繋がっています．分量の制約でそれらに触れることはできませんが，もし，興味をもった話題があれば，文献リストなどを参考に，関連書籍，論文を読まれることをお勧めします．

　本書がきっかけとなって，離散数学のファンが増え，さらに将来，この分野を目指す若者が一人でも増えて下さることを願いつつ筆を置くことにします．

（伊藤大雄）

索引

■数字・アルファベット

1対1対応	23, 78
2項定理	25
2証明者1ラウンドゲーム	225
Binet-Cauchyの公式	200
Delannoy数	274
DNA配列	270
Dyckパス	40
Gale-Shapleyのアルゴリズム	235
Kruskalのアルゴリズム	204
Narayana数	45
NP完全	95
NP困難	95
P≠NP?問題	5, 85, 203, 219
PCP定理	221

■あ行

アライメント	272
アルゴリズム	88
泡の問題	227
安定結婚問題	233
安定マッチング	234
一般項	21
エドゥアール・リュカ	136
オイラー	3
オイラーの公式	12, 52, 202
オイラーの定理	3, 86
オイラー閉路(一筆書き)	2, 86
黄金比	28
オーダー(表記)	49, 61, 89
オンラインアルゴリズム	249

■か行

階数関数	198
回転対称性	157
カクタス(表現)	190
確率的手法	71
数え上げ	21
カタラン数	29, 38
カット(点,枝)	183
完全ユニモジュラ行列	200
木	65
木,根つき木	38
帰着(可能)	93
帰納法	22
競合比	250
極値問題	51
近似アルゴリズム	220
近似困難性	221
近似率	220
組合せ数	24
クラスNP	91
クラスP	90
クラスタ係数	298
クラトウスキーの定理	173
グラフ	8
グラフマイナー	171
計算の複雑さ	87, 219
計算量	89
ケーキ分割問題	101
合意問題	262
格子経路	25

323

格子多角形	2
ゴスパー曲線	152
コテリ	211
ゴモリー・フー木	192

■さ行

再帰	138
サイクルシフト	41
最小木問題	203
最大カット問題	219
最短路木	65
最短路問題	59
最適性の原理	68
三角形分割	51
三並べ（チクタクトウ）	125
自己双対性（関数）	208
自己双対判定問題	215
指数時間	90
充足可能性問題	95
巡回セールスマン問題	203
順序木	38
状態遷移図	284
数列	20, 48
スケールフリー	296
スターリング数	33
スターリングの公式	50, 118
ストリームアルゴリズム	260
スモールワールド	297
漸化式	21, 273
双対関数	207
双対グラフ	201

■た行

ダイクストラ法	61

タイリング	156
タイリング（タイル張り）	227
多項式時間	90
単位距離問題	54
動的計画法	274
凸包	51
ドモルガンの定理	207

■な行

ならし解析	255
ネットワーク	58

■は行

バイオインフォマティクス	270
ハイパーグラフ	211
パスカルの三角形	24
ハドヴィガー予想	175
鳩の巣原理	15
ハノイの塔	136
母関数	35
ハミルトン閉路	4, 86, 221
ハムサンドイッチ定理	309
ビザンティン故障	262
ピックの公式	2
一筆書き	2, 276
ファジイ理論	290
フィボナッチ数	25, 137
深さ優先探索	39
複雑ネットワーク	295
フラクタル次元	155
フランク・ハラリィ	125
フロイド・ワーシャル法	65
平面グラフ	11, 172, 201
並列反復	225

ペトリネット　　　　　　　285
ベル数　　　　　　　　　　34
ポール・エルデシュ　　54, 71

■ま行
マーチン・ガードナー　　　152
マッチング　　　　　　　　233
マトロイド　　　　　　　　198
マルコフの不等式　　　　　76
無羨望分割　　　　　　　　107
メンガーの定理　　　　　　185

■や行
ユニークゲーム予想　　　　226
ユニオンバウンド　　　　　74
四色定理　　　　　　　　　171

■ら行
ラムゼイ数　　　　　　　　72
乱択アルゴリズム　　257, 266
ランダムグラフ　　　　　　299
リストアクセス問題　　　　248
量子ビット　　　　　　　　292
劣モジュラ性　　　　　　　199
連結度　　　　　　　　　　183
論理関数（ブール関数）　　207

■わ行
ワグナー予想　　　　　　　177

編著者紹介：

伊藤大雄（いとう・ひろお）

1985 年	京都大学工学部数理工学科卒業
1987 年	同工学研究科修士課程修了, NTT 基礎研究所入所
1995 年	京都大学博士（工学）
1996 年	豊橋技術科学大学講師
2001 年	京都大学大学院情報学研究科 助教授
2006 年	6月〜9月 英国ウォーリック大学計算機科学科 客員研究員
2007 年〜現在	京都大学大学院情報学研究科 准教授

グラフアルゴリズムと計算複雑さの理論, 離散幾何学, 組合せゲーム・パズルの研究に従事

宇野裕之（うの・ゆうし）

1987 年	京都大学工学部数理工学科卒業.
1989 年	同工学研究科修士課程修了.
1992 年	同工学研究科博士課程退学.

大阪府立大学総合科学部助手, カナダ国サイモンフレーザー大学応用科学部コンピュータ科学科客員研究員などを経て, 現在大阪府立大学大学院理学系研究科准教授. 主として離散構造とアルゴリズム, 組合せ最適化, およびそれらの手法の現実問題への適用に関する研究に従事するとともに, ゲームやパズルに興味を持つ. 工学博士（京都大学）.

離散数学のすすめ

2010 年 5 月 15 日　初版 1 刷発行

検印省略

編著者　伊藤大雄
　　　　宇野裕之
発行者　富田　淳
発行所　株式会社　現代数学社
〒 606-8425 京都市左京区鹿ヶ谷西寺ノ前町 1
TEL&FAX 075 (751) 0727　振替 01010-8-11144
http://www.gensu.co.jp/

印刷・製本　株式会社　モリモト印刷

ISBN 978-4-7687-0412-7

落丁・乱丁はお取替え致します.